TPM 2.0

安全算法开发示例实战

杨悦 杨军 谢坚 著

清华大学出版社
北京

内容简介

本书是针对TPM实战的编程实用书籍，将常用的TPM应用场景编写为C++与C#双语示例，配上详细代码说明，以浅显易懂、循序渐进的方式展示，在阅读后可以立即运用到项目开发之中。全书共19章：第1章和第2章介绍常用的安全基础概念，包括HASH算法、HMAC算法、对称密钥、非对称密钥、数字签名、数字信封、PKI等内容；第3～19章将理论付诸实践，讲解如何使用TPM提供的安全算法解决一些实际问题，包括生成随机数、计算HASH摘要、加密与解密文件、加密与解密消息、导入与导出密钥、管理存储分层、创建Child Key、构建Policy表达式、生成数字签名、实现PKI模型、迁移非对称密钥、使用NV Index存储数据、借助NV Index转移授权等内容。

本书对于有一定编程基础，并希望基于TPM芯片构建安全应用软件产品、提升企业信息安全等级、学习安全领域知识的IT从业人员，均能起到很好的指导作用。

图书在版编目(CIP)数据

TPM 2.0安全算法开发示例实战/杨悦，杨军，谢坚著. —北京：清华大学出版社，2023.9
ISBN 978-7-302-64255-8

Ⅰ. ①T… Ⅱ. ①杨… ②杨… ③谢… Ⅲ. ①密码算法 Ⅳ. ①TN918.1

中国国家版本馆CIP数据核字(2023)第145046号

责任编辑：贾 斌 张爱华
封面设计：刘 键
责任校对：韩天竹
责任印制：曹婉颖

出版发行：清华大学出版社
网 址：http://www.tup.com.cn，http://www.wqbook.com
地 址：北京清华大学学研大厦A座 **邮 编**：100084
社 总 机：010-83470000 **邮 购**：010-62786544
投稿与读者服务：010-62776969，c-service@tup.tsinghua.edu.cn
质量反馈：010-62772015，zhiliang@tup.tsinghua.edu.cn
课件下载：http://www.tup.com.cn，010-83470236
印 装 者：艺通印刷(天津)有限公司
经 销：全国新华书店
开 本：185mm×260mm **印 张**：19 **字 数**：466千字
版 次：2023年9月第1版 **印 次**：2023年9月第1次印刷
印 数：1～1500
定 价：89.00元

产品编号：098527-01

推荐序

随着数字化进程的快速推进，计算机中数据安全问题成为组织关注的焦点。数字化程度越高，业务与信息系统的相互依存与协同性要求就越高，数据的有效保存、读取和安全访问成为组织中业务稳定运行的关键要素。随着业务规模的扩张和内外部环境的复杂多变，安全威胁不仅来自外部攻击，而且多数源自组织内部。

5G、AI、区块链等新兴技术推动智慧城市、产业数字化转型、车联网等创新应用场景的应用，现今，安全防御不仅需要对网络环境和设备进行保护，同时需要加强对终端及安全算法的保护。如何统一存储、统一管理、统一使用安全算法来保证终端的安全可信，是组织面临的挑战。

TPM(Trusted Platform Module，可信平台模块)作为可信计算平台的核心组成部分，已成为计算机硬件系统的标准配置，作为可信容器，为主流算法提供安全运算、数据安全存储、安全管理的能力，从而保证硬件设备的可信。然而，TPM 技术规范不易于理解，掌握、运用它需要较强的理论功底，以及在安全领域丰富的实战经验。本书作者一直专注于安全领域的架构设计工作，在与我一路同行多年的创业道路中，他始终孜孜不倦地研读、钻研，并对技术无比热爱。通过多年在技术领域攻坚克难的实战经验，现将复杂难懂的 TPM 理论言简意赅地表述，通过丰富的示例代码清晰展示 TPM 的开发步骤与应用场景，为关注可信计算、安全算法的读者带来实战宝典。

深圳竹云科技股份有限公司 CEO、全国首家女创客协会会长

前言

随着 Windows 11 操作系统的正式发布，Microsoft 公司将 TPM 这个词语再次推向了普通公众的视野。Windows 11 相关的安全组件依赖 TPM 进行加密，因此 Windows 11 强制要求计算机主板安装 TPM 芯片。即使非 IT 从业人员，可能也曾在安装 Windows 11 的过程中查找过关于 TPM 的启用方式，从而对 TPM 有初步了解。

TPM 是一种安装在计算机主板内部的安全加密处理芯片，可以执行有关安全密钥的基础运算工作，并提供严格的物理安全防护机制。目前许多系统安全项目与应用程序开发项目已经将 TPM 作为基础安全层的核心模块，为上层应用生态系统提供基于底层硬件的高强度安全保护。

由于 TPM 官方发布的标准规范非常难理解，并且实现方式极为复杂，因此使得开发基于 TPM 的应用系统十分困难，也造成了 TPM 技术未能很好的普及。不过完全不用担心，这正是本书将要解决的问题。

1. TPM 能做什么

TPM 芯片通常安装在计算机主板上，其不仅可以管理各种类型的安全密钥，也能够通过编程的方式去使用这些安全密钥。

简单来说，TPM 的主要作用是为上层应用系统提供安全加密运算、安全密钥管理能力。

基于 TPM 可以实现如下场景：

(1) 生成安全密钥。例如 RSA、AES、ECC 等。

(2) 存储安全密钥。支持临时或永久存储密钥。

(3) 管理安全密钥。支持加密、导入、导出、迁移密钥。

(4) 保护安全密钥。支持以多种授权方式限制对密钥的读取，并抵御暴力破解。

(5) 使用安全密钥。应用系统以编程方式读取并使用密钥。

除此之外，TPM 还具有许多其他功能，本书将在第 3～19 章介绍 TPM 的常用功能。

2. 读者人群

如果已经购买并开始阅读本书，说明可能具有安全领域相关的从业经验、对 TPM 有初步了解或项目上有开发需求。因为 TPM 是一项较为复杂的安全技术，其涉及的安全知识也非常广泛，所以建议至少需要具备一定的安全理论基础与编程开发经验，这样阅读起来会感到非常轻松。

如果缺少有关系统安全方面的理论基础，也不必过于担心，因为本书已经尽量将阅读门槛降到最低。除此之外，本书第 1 章与第 2 章还会简要介绍安全方面的相关概念。

TPM 使用 C 语言作为标准应用程序接口(Application Programming Interface，API)，虽然最近也出现了基于高级语言的 API，例如.NET 或 Java 版本，但是其实这些所谓的高级语言 API 并非真正意义上的 API，它们只是对 TPM 底层 C 语言 API 的简单封装。在使用高级语言 API 时，有时仍无法避免需要处理底层指针与底层数据结构，并且经常需要处理字节流缓冲、内存、编码、解码等，所以，本书适合有一定开发经验的 IT 从业人员。当然，如果已经熟悉 C 或 C++ 语言，那就再好不过了。关于 TPM 开发语言的选择将在第 3 章介绍。

综上所述，本书适合的人群以及建议的阅读方式为：系统分析师（快速阅读）、系统架构师（完整阅读）、开发人员（完整阅读）、测试人员（完整阅读）、项目经理（部分阅读）、产品经理（部分阅读）。

3. 如何阅读

做任何事情都需要花费成本，读书也是一样。但是，如果上来就用大量篇幅强行灌输复杂难懂的 TPM 理论知识，可能使读者直接产生"从入门到放弃"的想法，这也是许多 IT 从业人员只喜欢看视频教程却不喜欢看书的原因。许多教材、文档及技术规范可能通篇只介绍理论概念，阅读起来需要极大的耐心与扎实的技术功底，这不是每个人都能做到的。

本书不会对 TPM 的理论知识从头到尾进行深入讲解，而是在简要介绍基础概念后，立即以示例代码形式演示 TPM 的实际开发过程。随着内容的逐渐深入，本书在介绍示例代码的同时也会穿插一些新的理论知识，以增量方式让读者潜移默化地完成 TPM 开发方法的学习。

作者也是程序员，每天都要阅读大量的产品手册与协议规范，并运用到实际的方案设计与项目开发之中，深知程序员的时间何等珍贵。如何快速消化、吸收那些动辄上千页的技术规范，并立即设计出安全可靠的系统架构方案才是眼下最关心的问题。程序员与研究员不同，没有时间逐字逐句地研究技术规范，因此，本书的理念是以清晰直观的示例代码指导读者轻松地开发 TPM 应用程序。

4. 快速开始

TPM 的官方规范非常难以理解，通篇都在介绍 TPM 的底层数据结构。如果再结合系统安全知识展开来讲，TPM 开发将会是一门非常复杂的系统安全学科。更不友好的是，TPM 自身的 API 架构十分接近硬件底层，并以 C 语言为通信接口，使得开发人员使用起来难上加难，使原本有趣的编程工作沦为一种精神折磨。即使现在已经出现了基于 C# 或 Java 的高级语言 API，但是直接阅读官方的示例代码依然会使人一脸茫然。

不过不必担心，本书只会精选 TPM 标准规范中常用的功能部分，以通俗易懂的文字解释其背后的工作原理与实际应用场景，真正做到使读者快速入门、快速掌握、快速开发。对于 TPM 标准规范中一些不常用的特性（例如审计）或深入的理论知识，本书有意不涉及。如果读者有兴趣且有时间，建议在阅读完本书后，尝试阅读 TPM 官方发布的标准规范，这对深入理解 TPM 理论知识非常有帮助。

虽然本书主要以示例代码为主，但并不是说可以完全忽略 TPM 背后的理论知识。无论是系统分析师、系统架构师还是编写代码的程序员，都是企业安全与系统安全的直接责任人，只有具备了深厚的理论基础，才能面对系统安全设计的严酷挑战。

TPM 是为企业信息安全保驾护航的那把锁，时刻守护着上层应用系统与企业数字资产的安全。随着近年来安装有 TPM 芯片的计算机的日益普及，越来越多的应用系统开始整合 TPM。掌握 TPM 技术已经成为一项新的流行技能，赶快跟随本书进入 TPM 的开发之旅吧！

目录

第1章

系统安全基础

TPM 的核心功能是提供多种类型的安全算法，并为密钥提供安全管理与安全防护能力。在正式开始学习 TPM 开发之前，有必要先回顾一些有关网络安全方面的基础知识。

计算机网络安全是专业领域的系统综合科学，涉及编程学、密码学、算法学、网络工程学、系统安全学、社会学、心理学等诸多内容。本章无法仅用几页篇幅就将这些知识全都包含在内，仅归纳了一些需要了解的网络基础安全知识，点到即止。

已拥有 CISA 认证或网络安全领域的专业从业人员，可直接跳过本章。

1.1 常用攻击手段

针对计算机系统或网络设备的攻击有多种方式，有些攻击行为是直接与 TPM 相关的，但大多数是针对构建在其上层的应用系统的。本节列举了一些常见的攻击方式，包括字典攻击、HASH 反查表攻击、彩虹表攻击、中间人攻击、战争驾驶、窃听、重播攻击、网络钓鱼以及社会工程学。

1.1.1 字典攻击

字典攻击又称为暴力攻击，是一种较为原始、初级的攻击方式。对于仅用简单密码保护的应用系统来说，此攻击方式虽然简单粗暴，但非常有效。攻击者使用随机字符生成器或预先定义的字典，逐一尝试所有可能的密码组合。

假设某个应用系统的登录密码设置为 password，使用字典攻击可能仅需几秒即可完成破解。字典攻击往往出现在早期的攻击方式中，那时的系统安全框架与人们的安全意识都非常薄弱。Windows NT 时期就出现了许多针对系统登录密码的暴力破解工具，不仅黑客们经常使用这些工具扫描系统的弱密码，网络管理员也常常使用这些工具找回遗忘的密码。

阻止此类攻击的方法非常简单，即增加密码长度与复杂度。字典攻击的难度与密码长度、复杂度成正比，例如，长度为 32 位且包含特殊符号、大小写字母、数字组合的密码，字典攻击破解可能需要几年时间，这样的时间成本对于大多数攻击者显然是无法接受的。

1.1.2 HASH 反查表攻击

随着信息安全意识的逐步提高，人们通常不会直接将敏感的明文密码存储在数据库中，而是存储经过 HASH（哈希）计算的摘要信息。由于摘要是无规律且不可逆的（无法反向计算明文值），因此无法使用字典对数据表直接进行暴力穷举，于是聪明的人们进一步发明了一种预先计算的 HASH 表（存储对应明文与摘要），以反向查询的方式进行暴力穷举。

生成 HASH 反查表的代价非常高。20 世纪曾出现了一些在线生成 MD5 摘要的网站，一方面是为了便于人们将明文转换为 MD5 摘要，另一方面利用"云＋大数据＋分布式"的方式收集全世界用户贡献的 MD5 摘要，思想十分超前。这相当于每时每刻，全球的计算机都在为生成中央 HASH 表做贡献，最终这张巨大的 HASH 表可以用于暴力穷举。

1.1.3 彩虹表攻击

彩虹表是对 HASH 反查表的重大改进，它使用预先计算的表存储逆向摘要后的输出链（并不是说摘要直接可逆，而是探测值），是一种权衡磁盘空间与计算时间的方法。通俗地讲，彩虹表是将逆向摘要后的可能值进行分组，再利用计算概率的方式最终锁定真正的明文字符。

这一过程有些类似数据库中的索引概念（这样比喻仅是为了帮助理解），例如，当在一张具有上百万条记录的数据表中执行 SELECT * FROM Users WHERE UserID＝50001 查询语句时，如果逐个数据页（存储数据的最小磁盘单位）进行地毯式查找（Table Scan），可能需要很久的时间；但是，使用定义在 UserID 字段上的聚集索引查询（Clustered Index Seek），则仅需要几毫秒，而存储索引又不会占用太多的磁盘空间。不熟悉数据库的读者可以将索引理解为通过一本书的目录查找感兴趣的内容，这样要比一页一页地翻书快得多。

彩虹表在计算时先利用碰撞方式大致定位，再进行中间过程的深度计算。如图 1-1 所示，彩虹表在短短 3s 内就能破解出系统弱密码账号。多线程 CPU 或 GPU 通常是不错的选择，可以显著提升破解速度。

▾	Username	NTLM Hash	NTLM Password	NTLM State
1	Administrator	3FA45A060BD2693AE4C05B601D05CA0C	000000	Cracked (Dictionary:Fast): 3s
2	DefaultAccount			No Password Hash
3	Guest			No Password Hash
4	sqlserver	CC49D017C00D59FAACDCFEE0ED231C94		Not Cracked
5	Vincent	3FA45A060BD2693AE4C05B601D05CA0C	000000	Cracked (Dictionary:Fast): 3s
6	WDAGUtilityAccount	53548796A7EB2D1CEAFA90D58DAE9BE8		Not Cracked
7	winservice	CC49D017C00D59FAACDCFEE0ED231C94		Not Cracked

图 1-1 彩虹表破解系统弱密码

1.1.4 中间人攻击

中间人攻击（Man-In-The-Middle Attack，MITM 攻击）是一种古老但非常有效的攻击方式。攻击者在两个系统之间建立连接，使双方都误以为是在与对方真实的系统进行通信。在双方系统进行身份认证阶段，攻击者可能会故意放行身份认证请求与响应或将伪造的身份凭据返回给鉴别方；当身份认证完成后，攻击者即以当前真实用户的身份或自行伪造的身份访问应用系统或网络资源。

攻击者既可以默默地备份数据流，也可以修改数据包内容，例如，DNS欺骗是中间人攻击的一种具体实现方式，攻击者通常会修改DNS响应，将IP地址更改为某个与真实网站看起来完全一样的虚假网站IP地址，而用户完全不会察觉。随后，攻击者可以继续进行钓鱼攻击并截获用户输入的敏感信息。

1.1.5 战争驾驶

战争驾驶（War Driving）又称为战争漫步（War Walking），是一种针对无线局域网（Wireless Local Area Network，WLAN）的有效且成本低廉的攻击方式。攻击者驾驶普通车辆或带有信号放大装置（如高功率无线接收器）的车辆或以步行方式，在写字楼或机房区域附近扫描WLAN热点。WLAN热点的安全协议五花八门，攻击者根据安全协议的配置情况，寻找漏洞或弱点，进一步尝试入侵行为。

例如，某企业的WLAN热点使用预共享密钥协议（Pre-Shared Key，PSK）并设置了较为简单的密码，且广播此热点的无线网络控制器（Access Controller，AC）或无线网络接入点（Access Point，AP）直接接入核心交换机，攻击者即可轻松获取整个网络的访问权限。

1.1.6 窃听

由于TCP/IP网络基于广播与明文传输的特性，因此攻击者可以在系统或网络设备中安装木马程序，从而截获并备份有价值的敏感信息，例如信用卡号、合同文档、账号与密码等。

防范此类攻击的方式并不是被动地安装杀毒软件或防火墙，而是要在设计系统时充分考虑敏感数据的加密，因为真正的攻击者不会直接使用互联网上现有的木马程序。

1.1.7 重播攻击

重播攻击（Replay Attack）是指攻击者预先录制一定量的合法网络数据包（如用窃听方式录制），然后在特定的时间点，将预录制的数据包重新发送至网络中，从而欺骗消息接收方。

这种攻击方式实现起来非常容易，通常与窃听、身份欺骗等方式共同协作，例如，攻击者首先以窃听方式录制某个计算机发出的合法RESTful API请求，从而获取响应数据包或身份令牌，然后在其他计算机上使用录制的数据包或自行构造包含身份令牌的HTTP头，再次提交身份认证请求，以达到身份欺骗、访问网络资源的目的。

又如，攻击者使用预录制的合法交易数据包，对电商平台进行重播，以实现重复下单。

1.1.8 网络钓鱼

网络钓鱼是指攻击者通过伪造电子邮件、网站、电话等方式，诱骗用户输入敏感信息。近年来浏览器强制要求使用HTTPS，有效降低了此类攻击方式的发生。

HTTPS以非对称密钥算法为基础，这说明了网络安全加密、系统安全加密以及本书将要介绍的TPM安全算法对于网络安全与系统安全的重要性。

1.1.9 社会工程学

社会工程学是指攻击者利用尾随、入职、冒充客户等方式进入真实的办公场所，寻找具有安全漏洞的网络设备、应用系统或人为制造漏洞，从而获得企业内部网络访问权限与敏感数据的行为。

社会工程学的例子：攻击者尾随合法员工进入企业办公区域后，趁午餐时间，访问某个合法员工忘记锁屏的计算机桌面，并植入木马程序。

使用生物识别、双因素身份认证（Two-Factors Authentication，2FA）、多因素身份认证（Multi-Factors Authentication，MFA）技术，能有效阻止此类攻击行为，其背后的原理也与TPM有着紧密联系。

1.2 安全算法

安全算法作为TPM的核心，为应用程序、数据存储、网络消息提供了加密性、真实性、完整性、不可抵赖性。安全算法并不是TPM独有的，而是目前整个网络安全体系的重要基石。

TPM虽然在设计时充分考虑并选择了一些经典、常用、安全的算法集，但是并不意味着这些安全算法就无懈可击。算法的安全程度除了与自身的数学模型有关以外，也取决于密钥长度、密钥复杂度以及时间尺度。TPM选择的安全算法集经历了数年到数十年的攻击考验，在量子计算机真正大规模商用前，能够有效抵御绝大多数针对密码层的攻击行为。

1.2.1 HASH 算法

HASH算法又称为哈希算法、散列算法或摘要算法，是将任意长度的数据，经HASH函数运算后，转换为固定长度的值，称为消息摘要（Message Digest），简称摘要。摘要类似人类的指纹，是独一无二的，可以作为身份标识、文件标识、数据标识，也可以用于完整性查验。

HASH算法是目前网络安全框架基础中的基础，其重要性不言而喻。就好比统治宇宙的四大基本力，如果哪天证明某个力不存在，那么发展了数百年的物理模型也就瞬间崩塌了；同样，如果某天HASH算法被证明存在重大缺陷，目前全部的IT系统与通信协议也都会瞬间瓦解。

将字符串tpm进行HASH运算的例子如下。

MD5-HASH(tpm) = 6e053d298ab2fe4bc4326c56f4cbe649

其中，tpm为输入字符串；MD5-HASH为HASH算法的一种；等号右侧为输出的摘要结果。

HASH算法有以下特点：

(1) 不可逆性：不能将摘要逆向转换回明文数据。

(2) 确定性：两个相同的数据生成的摘要必定相同。

(3) 不相关性：两个非常近似的数据生成的摘要完全没有相似性。

(4) 碰撞保护：两个不同的数据生成的摘要极大概率不同。

(5) 偶发冲突：相同的摘要未必源于相同的数据，尽管概率极低。

常用的 HASH 算法如下：

(1) MD4：接触编程较早的读者应该非常熟悉此算法，它是 MIT(麻省理工学院)的 Ronald L. Rivest 于 1990 年设计的，具有 128 位长度。

(2) MD5：MD4 算法的改进版，发布于 1992 年，长度依然为 128 位。MD5 算法生命力顽强，至今仍广泛使用。

(3) SHA-1：由美国国家标准与技术研究院(National Institute of Standards and Technology，NIST)发布于 1995 年，是 MD4 算法的模仿者，长度为 160 位。SHA-1 算法曾经是 TPM 1.2 的核心算法，由于该算法已被证明不够安全，因此成为推动 TPM 1.2 标准改革的主要原因。

(4) SHA-2：可能很少看到 SHA-2 这个名称，因为它其实是一系列 HASH 算法的集合，包括常用的 SHA-256、SHA-384、SHA-512 算法等，是目前主流的 HASH 算法家族。比特币区块链协议采用的就是 SHA-256 算法。

(5) SHA-3：提到 SHA-3，不得不提到 Keccak 算法。在 NIST 于 2007 年举办的加密算法竞赛中，Keccak-256 算法脱颖而出赢得冠军宝座，成功当选为 SHA-3 背后的官方算法。NIST 在 2015 年进行标准化的过程中，对 Keccak-256 算法进行了效率上的微调并修改了部分参数，正式发布为 SHA-3 算法。

(6) Keccak-256：虽然 Keccak-256 算法赢得了冠军，并最终成为 SHA-3 的官方算法，但是由于 NIST 对该算法的微调，导致一些人认为 NIST 在 SHA-3 算法中留下了后门。于是，原始且未经修改的 Keccak-256 算法自我单飞，独立成为一种新的 HASH 算法。以太坊区块链网络(Ethereum，ETH)的底层协议就是以 Keccak-256 算法为基础的，开发团队经常将其也称为 SHA-3 算法。在实际开发中需要注意区分两种算法，避免将两者混淆。SHA-3 算法与 Keccak-256 算法生成的摘要完全不同，也没有任何相似性。

虽然 HASH 算法有很多种类型，但是 TPM 仅支持其中的一部分，并以 SHA 算法家族为主，例如 SHA-1、SHA-256、SHA-384。

1.2.2 HASH 扩展

HASH 扩展(HASH Extend)在 TPM 中被广泛使用。HASH 扩展以 HASH 算法为基础，工作原理非常简单，即将新的数据追加到现有数据上，重新计算摘要并替换现有摘要。

HASH 扩展的例子如下：

(1) 给定某个内存空间以及指向该内存空间的指针 h。

(2) 将数据 hello 使用 HASH 函数计算摘要并存储：

```
*h = 2cf24dba5fb0a30e26e83b2ac5b9e29e1b161e5c1fa7425e73043362938b9824
```

(3) 将数据 hello 的摘要与 world 合并，再次计算摘要并替换现有内存：

```
*h = b94d27b9934d3e08a52e52d7da7dabfac484efe37a5380ee9088f7ace2efcde9
```

(4) 重复步骤(3)，继续追加新的数据并替换现有内存。

为什么 HASH 扩展如此重要呢？因为通过不断扩展获得新的摘要，可以形成一条完美的证据链或信任链，它是用户或应用程序执行一系列动作的最佳证明，体现了数据完整性与不可抵赖性，可以在远程通信中比较两个应用系统的工作状态，及时发现异常情况。

以 SQL Server 为例，其早期版本实现的日志传送技术以及后续版本引入的数据库镜像方案是两套平行工作的数据库冗余系统，它们的事务日志应当保持内容一致、顺序一致，从而实现数据完整性。HASH 扩展可以在系统 A 生成事务日志时，不断地计算新的摘要，并定期用同样的方式在系统 B 的事务日志上重新计算摘要，通过比较两者即可确认事务日志是否在网络传送中缺失或被非法篡改。

1.2.3 HMAC 算法

HMAC(HASH-based Message Authentication Code，HASH 消息身份验证码）是由 H. Krawezyk、M. Bellare、R. Canetti 于 1996 年提出的一种基于 HASH 算法与密钥的消息认证方法。HMAC 算法在标准 HASH 算法提供数据完整性的基础上，新增了身份认证的能力。简而言之，HMAC 算法既能验证数据完整性，又能鉴别消息来源。

HMAC 算法函数如下。

$$\text{HMAC} = (\text{Key} + \text{message})$$

其中，Key 为密钥；message 为原始消息；HMAC 为摘要计算结果。

HMAC 算法通常需要消息发送方与接收方共享预定义密钥。当接收方收到消息后即可重新计算 HMAC 摘要以验证消息是否在传输过程中被篡改（验证完整性），同时还能确定消息是否来源于发送方（验证身份）。

HMAC 算法在 TPM 中的地位十分重要，因为 TPM 的内存空间非常有限，所以经常需要使用"虚拟内存"技术将数据反复在内部与外部移动。TPM 通过维护只有自己知道的 Key，可以放心地将数据临时移动至外部，并在以后需要取回数据时使用 HMAC 算法验证数据是否完整且源于自己。

1.2.4 对称密钥

对称密钥是一种在消息发送方与接收方之间预先约定的密钥，此密钥对于加密过程与解密过程是相同的，即加密与解密过程共用密钥。对称密钥具有计算速度快的优点，适合处理大量数据。

使用对称密钥的例子是 HTTPS。在 HTTPS 中，服务端需要向客户端传输大量的网页数据，为了不影响网页响应速度，这些数据都是用对称密钥进行加密的。

常用的对称密钥算法如下：

(1) DES 算法：DES(Data Encryption Standard，数据加密标准）算法最早由 IBM 公司开发，后来被美国联邦政府国家标准局（National Bureau of Standards，NBS，现在称为 NIST）于 1977 年定义为联邦信息处理标准（Federal Information Processing Standards，FIPS)，授权在非密级政府通信中使用。DES 算法的优点是运算速度快，适合大量数据加密与解密，但是缺点也非常明显，即 56 位密钥长度如今不够安全。

(2) 3DES 算法：DES 算法的升级版本，通过使用两个密钥重复进行 3 次 DES 运算，安全性足够高，是经典的对称密钥算法。

(3) AES 算法：AES(Advanced Encryption Standard，高级加密标准）算法由 NIST 于 2002 年正式发布。从名称即可看出此算法的安全性目前是民用领域最高级别的。AES 算法支持多种加密模式，密钥长度有 128、192、256 位可供选择，目前已成为网络安全框架中最重要的加密算法之一。

(4) SM4 算法：在业内通常称为国密算法，是中华人民共和国政府公开的一种用于无线局域网产品的商用密码标准，由国家密码管理局于 2012 年正式发布。SM 算法家族包含多种不同类型的安全算法，例如 SM1、SM2、SM3、SM4、SM7、SM9 算法等。这些算法有些是非公开的，用于我国电子政务领域或其他重要领域；而另一些算法是公开且允许商用的。SM4 算法的工作原理与 DES 算法类似，密钥长度为 128 位。

1.2.5 非对称密钥

非对称密钥是一组密钥对，分为私钥与公钥。私钥应当由密钥生成者或有权限的人保管，而公钥则允许任何人使用。非对称密钥很好地避免了消息传输双方需要经常交换密钥的情况，相比较对称密钥极大地提高了安全性。

非对称密钥有以下特点：

(1) 如果用私钥加密，则只能用公钥解密。

(2) 如果用公钥加密，则只能用私钥解密。

(3) 如果用公钥加密，则不能用公钥解密。

(4) 如果用私钥加密，则不能用私钥解密。

(5) 私钥可以生成公钥，但是公钥不能反向推导出私钥。

非对称密钥有以下用途：

(1) 数据加密：发送方使用公钥加密消息，接收方收到消息后使用私钥解密。

(2) 数字签名：发送方使用私钥加密(签名)消息，接收方收到消息后使用公钥解密(验证签名)。

常用的非对称密钥算法有：

(1) RSA 算法：RSA 是 Ron Rivest、Adi Shamir、Leonard Adleman 三人姓氏开头字母的缩写。RSA 算法自 1977 年提出到现在已经有四十多年，运行在各种网络基础协议与应用系统之中，经历了长期严苛的攻击考验，已成为当今最优秀的公钥方案。RSA 算法为全球的信息系统安全保驾护航，它每时每刻都在为人们的日常生活服务，例如，弥漫在空间的 WiFi 信号或是手机扫码支付，都有 RSA 算法的身影，可以说，没有 RSA 算法就没有如今的网络发展。

(2) ECC 算法：ECC(Elliptic Curve Cryptography，椭圆曲线加密)算法由 Neal Koblitz 和 Victor Miller 于 1985 年提出，是基于椭圆曲线数学的非对称加密算法，相比 RSA 算法具有密钥长度小、运算速度快的优点。

(3) DSA：DSA(Digital Signature Algorithm，数字签名算法)是 Schnorr 和 ElGamal 签名算法的变种，NIST 将此算法定义为签名算法标准。DSA 算法的安全性与 RSA 算法相当，但不能用于加密，仅能用于数字签名。

(4) ECDSA：ECC 算法与 DSA 算法的结合，主要用于数字签名。以太坊网络使用 ECDSA 验证交易事务的完整性。

1.2.6 Nonce

Nonce(Number once)在密码学中虽然不如其他算法名气大，但却有着不可缺失的重要作用。Nonce在一般情况下是持续递增的数字，也可以是随机数，并且只能使用一次。Nonce通常被包含在消息、事务或交易中，用来抵抗重播攻击。

使用Nonce增强消息完整性的步骤如下：

(1) 消息接收方首先生成Nonce，记录在案，并发送至发送方。

(2) 发送方构建包含Nonce的消息结构体。

(3) 发送方为消息计算摘要。

(4) 发送方将消息与摘要发送至接收方。

(5) 接收方使用记录的Nonce与接收到的消息重新计算摘要，并与收到的摘要进行比较。

(6) 接收方将Nonce标记为已使用，并递增Nonce。如果遇到摘要不一致的情况，则认为消息被篡改或是重播攻击。

1.2.7 KDF

KDF(Key Derivation Function，密钥扩展函数)属于HASH算法的一种，用于将较低长度的熵(entropy)加上盐(salt)，转换为较高长度的种子(seed)。entropy、salt、seed之间关系密切，对TPM也至关重要。

KDF可以简单理解为以下公式。

$$\text{entropy} + \text{salt} = \text{seed}$$

其中，entropy为熵，通常为完全不相关的随机数的集合；salt为盐，通常为较复杂的密码；seed为生成的种子。

区块链技术其实是本章介绍的各种攻击手段的预防方法与安全算法的深度整合应用。学习区块链的底层运行原理对于提升系统安全意识、深刻理解TPM的安全算法十分有帮助。可以说理解了区块链，就理解了一般情况下的网络安全设计原则与设计思想。如果曾经使用过任何一款区块链客户端软件(PC软件或手机App)，应当记得在配置向导界面，通常会要求记忆(备份)24个英文助记词，并输入短语(密码)。这些助记词就是entropy；短语就是salt。entropy与salt是KDF的输入参数，输出结果是seed。主流的区块链客户端软件可以管理多种混合网络，而每种网络都有大量的私钥需要管理。当用户更换计算机或手机时，既不用单独备份或导出每个私钥，也不用担心计算机或手机损坏导致私钥全部丢失，因为通过seed可以完整还原全部私钥。

引入区块链的例子是为了帮助理解TPM的密钥管理体系，因为它们的工作原理非常类似。TPM为了不影响计算机行业的整体销售利润，严格控制(节约)自身芯片的制造成本，真正做到了能省就省。TPM有着极为窘迫的内存空间(通常只有6KB左右，而Intel 80286计算机的内存空间有1～2MB)，最多只能存储3个密钥。TPM无法像传统应用程序那样使用大量的磁盘持久存储数据，而是需要不断将内存中的数据临时转移至外部，以节约内存空间；另外，由于某些安全原因，应用系统可能也不希望将密钥持久化存储在TPM中，而是希望在需要时重新创建它们。seed作为一系列私钥的起源，就像树的种子，茂密的树枝好比私钥集合，即使整棵树被砍，种子也能重新完整地生长出一模一样的树(私钥集合)。

综上所述，有关 entropy、salt、seed 的总结如下：

(1) entropy：热力学或物理学概念，表示系统的混沌程度。经典的 entropy 例子是：将耳机线整理好放进口袋，下次再拿出来时就会乱了。这种无序状态的大小就是 entropy 的程度。entropy 这一概念后来被运用到信息学与密码学中，通常表示信息的不确定性程度。entropy 作为 seed 的起源，entropy 越大，seed 越安全。随机数即是 entropy 的一种实现形式。

(2) salt：通过在消息中加入 salt，可以使生成的摘要完全不同。salt 是对 entropy 的扩大，是对彩虹表的有效抵御。使用在线工具可以查询 SHA-256(hello)的摘要，却无法直接查询 SHA-256(hello+salt)的摘要，因为 salt 通常只有少数人知道。salt 与 HMAC 算法比较类似，但又不完全一致。添加 salt 是简单粗暴地将数据与 salt 合并在一起，然后计算摘要；HMAC 则是利用较长的密钥(通常 256 位或更高)，经过与数据分组后进行多轮逻辑计算。

(3) seed：KDF 的运算结果，是对 entropy 与 salt 的进一步扩大，同时也是私钥的起源。KDF 通常需要多轮运算，以提供足够强度的安全性，例如，区块链 BIP-39 号规范中定义：生成 seed 时需要 KDF 经过 2048 轮运算，这样生成的 seed 数量为 10^{154}，远超可观测宇宙区域内原子总量。虽然 seed 自身的意义是表示巨大的不确定性与随机性，但 seed 的值是固定的，即同样的 entropy 加上同样的 salt，总是生成同样的 seed。

1.3　本章小结

本章回顾了系统安全与网络安全领域常见的攻击场景，例如彩虹表攻击、中间人攻击、重播攻击、战争驾驶等，并介绍了在系统设计与开发中常用的安全算法，例如 SHA-1、SHA-256、RSA、3DES、AES 等。大致理解这些攻击方法与安全算法，无论对于理解 TPM 的相关概念，还是在 TPM 之上构建安全的应用系统，都十分必要。

第2章

身份认证与安全协议

身份认证(Authentication)是指通过一定的方法,鉴定、验证、确认用户真实身份的过程。访问网络与应用系统中的敏感资源之前通常需要进行身份认证,如何证明用户是其所声称的合法访问者是身份认证需要解决的问题。授权(Authorization)与身份认证不同,授权是向已经完成身份认证的用户授予适当的访问权限,或判断用户是否有资格访问特定资源的过程。授权通常发生在身份认证之后。简单来说,身份认证决定了用户是否能进入网络或应用系统;而授权则决定了用户访问系统资源的程度。

有关身份认证与授权的例子是:在机场安检时被要求同时出示身份证(或护照)与登机牌。出示身份证(或护照),是为了证明你是你(身份认证);出示登机牌,是为了证明有权限登上特定的航班(一级授权),登机牌上的座位号码进一步限定了乘机舱位与座位(二级授权)。假设一名旅客只有登机牌(授权),但没有身份证(或护照)(身份认证),则无法顺利通过安检并进入候机楼(应用系统或网络设备)。

第1章介绍了一些常用的安全算法,这些算法往往不是孤立使用的。如何将这些安全算法组合运用到系统安全设计中,正是本章将要讨论的问题。这个问题看似有些难,但就像编程中的设计模式,人们已经总结了一些安全算法的经典组合模式,称为规范、用例或更具有强制性的协议。在设计系统安全架构时,只需灵活地运用已有的安全模式,并加以改进,即可设计出高安全性的系统,例如,基于成熟的变速箱与引擎(安全模式)造车比从设计变速箱图纸(安全算法)开始要容易得多。当然,这并不是说不能这样做,TPM提供的安全算法就好比基础的"积木颗粒",如果有时间也有能力,完全可以尝试基于这些原材料设计一套全新的协议标准。

本章将简要地介绍经典安全模式的使用场景,至于背后的原理,不做深入解读。

已拥有CISA认证或网络安全领域的专业从业人员,可直接跳过本章。

2.1 消息安全模式

消息安全模式是在消息发送方与接收方之间运用安全算法的最佳实践,虽然不具有强制性约束,却很好地指导了系统安全设计中的基本原则,例如,用户A向用户B发起一笔转账交易,消息安全模式用于保证以下交易细节:

(1) 交易中的敏感信息(如银行卡号)不被窃听。

(2) 转账金额不被篡改。

(3) 用户 B 收到转账后不能谎称没有收到。

(4) 转账确实是 A 的真实意图,没有被第三人伪造。

(5) 转账只能执行一次,不能重复执行。

(6) 转账只能到达用户 B,不能转给第三人。

2.1.1 数字签名

数字签名与手写签名作用类似,是消息发送方真实身份的体现,是真实意图的表达,其他任何人无法伪造。数字签名基于非对称密钥技术实现,消息发送方使用私钥签名,消息接收方使用公钥验证签名。

数字签名过程如下:

(1) 发送方计算消息摘要。

(2) 发送方使用私钥加密摘要,生成数字签名。

(3) 发送方将消息与签名发送至接收方。

(4) 接收方使用公钥解密签名,获得消息摘要。

(5) 接收方重新计算消息摘要,与步骤(4)的摘要进行比较,如果一致,则证明消息未被篡改。

数字签名实现了如下能力:

(1) 身份认证:消息确实是由发送方发出的,因为没有其他任何人能够生成相同的签名。

(2) 完整性:消息在网络传输过程中未被篡改。

(3) 不可抵赖:签名是发送方发送消息的证据,无法抵赖。

为了单纯地介绍数字签名的概念,本节没有将 Nonce 引入进来。在实际的应用场景中,数字签名通常与 Nonce 联合使用,以实现抵抗重播攻击的能力。

2.1.2 数字信封

数字信封与数字签名的作用不同,数字签名主要用于实现数据的完整性与真实性,而数字信封主要用于实现数据的机密性。数字信封使用对称密钥与非对称密钥双层加密消息,保证只有接收方才有资格读取消息内容,不仅避免了在网络中传输明文密钥,也支持处理大容量消息,且安全性非常高。

数字信封过程如下:

(1) 发送方生成对称密钥。

(2) 发送方使用对称密钥加密消息。

(3) 发送方使用公钥加密对称密钥,生成数字信封。

(4) 发送方将加密后的消息与信封发送至接收方。

(5) 接收方使用私钥展开信封,获得对称密钥。

(6) 接收方使用对称密钥解密消息。

2.1.3 证书

既然非对称密钥可以加密消息，也无须传输敏感的私钥，那么是否意味着使用非对称密钥在网络中传输加密消息就无懈可击了呢？非对称密钥通常由消息接收方生成，私钥需要留在接收方，公钥需要交给发送方，而正是在转移公钥的过程中蕴含着巨大危机。

假设有一名中间人，在消息接收方向消息发送方传输公钥的时间点，恰好处于他们的通信连接上，那么就可以将真实的公钥替换为预先准备的虚假公钥并返回给消息发送方。当发送方使用假公钥加密消息后，中间人截获消息并用自己的私钥解密，从而获取敏感数据。最后，中间人使用真实的公钥加密消息并返回给接收方。整个过程对于发送方与接收方均完全透明。

中间人使用虚假公钥截获消息的过程如图 2-1 所示。

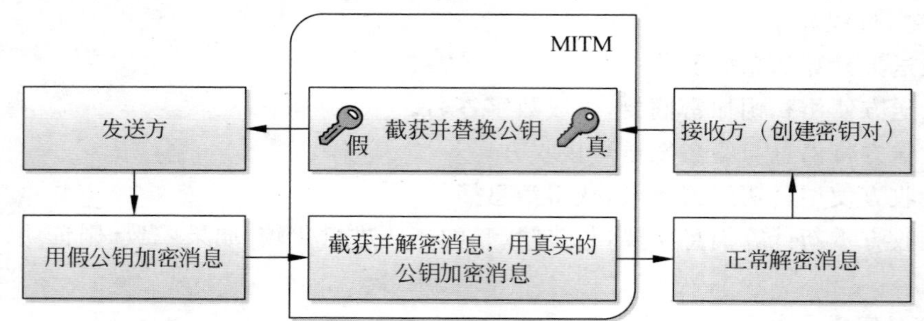

图 2-1　中间人使用虚假公钥截获消息

证书的目的是解决"凭什么相信你给我的公钥是真的"这一问题。证书通常由可信任的第三方机构颁发，称为证书认证机构（Certificate Authority，CA）。使用证书的例子如下：

甲：凭什么相信你有审计信息系统的能力？

乙：我可以出示 CISA 证书。

甲：万一这张证书是假的怎么办？

乙：不相信可以到 ISACA（国际信息系统审计协会）官方网站查询。

示例中的 ISACA 官方网站就好比 CA。

证书签发过程简述如下：

（1）消息接收方生成密钥对。

（2）接收方将公钥与其他属性合并后生成证书签名请求（Certificate Signing Request，CSR），发送至 CA。

（3）CA 根据 CSR 生成证书。

（4）CA 使用自己的私钥签名证书。

（5）接收方从 CA 下载证书。

证书包含了接收方的公钥、属性以及数字签名。引入证书的概念后，当消息发送方向消息接收方请求公钥时，接收方即可直接出示证书。随后，发送方使用 CA 的公钥验证证书的数字签名与相关属性，确认证书安全可信且真实有效；与此同时，发送方也能直接从证书中提取真实的公钥。

使用证书保护公钥传输安全的过程如图 2-2 所示。

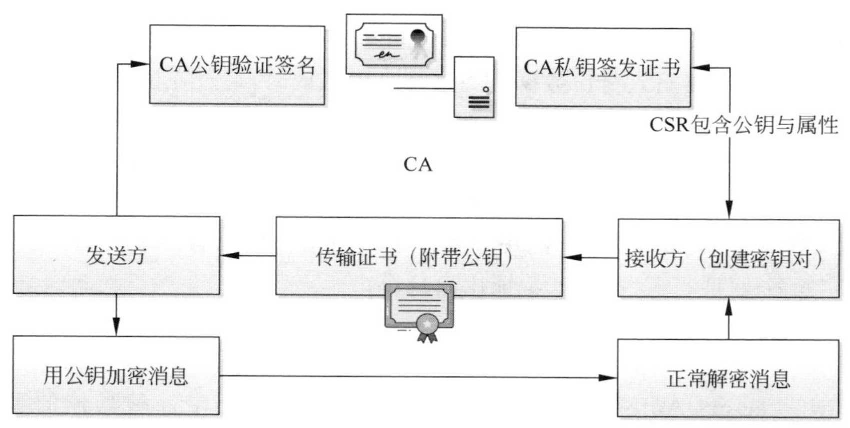

图 2-2 使用证书保护公钥传输安全的过程

2.2 身份认证方式

身份认证方式不仅指网络设备或应用系统鉴别用户身份的方式，也包含各种网络设备之间、应用系统之间以及消息发送方与接收方之间互相鉴别对方身份的方式。不同的身份认证方式组合了不同的消息安全模式，身份认证方式也为身份认证协议提供了验证身份的基础能力。

2.2.1 密码认证

静态密码是最简单、最古老、最常用的身份认证方式，基于“只有你知道的东西”（The things that you know）验证用户的真实身份。

用户在登录操作系统、读取网络资源、访问应用系统时，通常需要输入账号与密码；客户端程序访问网络资源时，也必须使用与服务端程序预先约定的静态密码（又称为共享密码）进行身份认证。密码的长度越长、复杂度越高，抵御字典攻击的能力也越强。

使用密码登录操作系统的界面如图 2-3 所示。

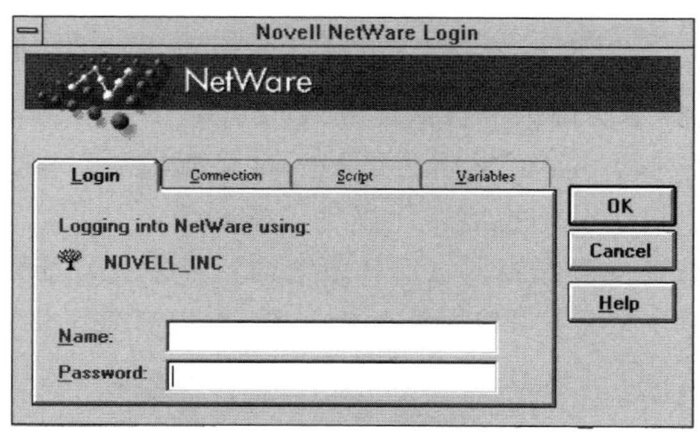

图 2-3 使用密码登录操作系统的界面

2.2.2 IC 卡或智能卡认证

IC 卡（Integrated Circuit Card，集成电路卡）又称为智能卡（Smart Card），基于“只有你

拥有的东西"(The things which you have)验证用户的真实身份。智能卡由专门的制造商生产,并由专门的写卡器写入身份数据。当进行身份认证时,通过在读卡器上扫描智能卡识别用户身份。

一些智能卡基于 RSA 或 ECC 算法实现,在智能卡的存储区域生成密钥对,并由 CA 签发证书。其中,私钥永久存储在智能卡芯片内部,不能被外部访问;证书通常存储在客户端或活动目录(Active Directory,AD)的用户属性中。当用户登录客户端时,智能卡读卡器与客户端通过"签名-验证签名"的方式验证用户身份。

2.2.3 2FA 认证

2FA(Two-Factors Authentication,双因素身份认证)并不是一种具体的身份认证方式,它是通过将两种不同的身份认证方式组合在一起,从而提高身份认证的安全性,例如,密码认证与智能卡认证的组合不仅要求用户拥有智能卡(The things which you have),也要求用户知道正确的密码(The things that you know),从而防止因智能卡失窃或密码泄露造成的安全风险。

2.2.4 生物特征认证

生物特征认证简称生物认证,是利用人体某方面的特征属性作为身份的唯一标识。常见的生物认证方式包括人脸认证、指纹认证、虹膜认证、视网膜认证、声音认证、掌纹认证、静脉认证、DNA 认证等。从实际效果来看,生物认证的安全性与准确性还有较大的提升空间,目前还没有哪种生物认证方式是完美的,甚至一些生物认证方式相比传统身份认证方式更容易被伪造。

2.2.5 U 盾认证

U 盾认证与智能卡认证的使用方式类似,工作原理也基本一致,只是 U 盾与智能卡的外形有所区别。

2.2.6 OTP 认证

OTP(One-Time Password,动态口令)又称为动态令牌、一次性密码,是通过在客户端与服务端之间共享密钥技术实现的身份认证方式。OTP 基于对称密钥、HASH、HMAC 算法实现,支持多种工作机制,目前最常用的是基于时间型的动态口令生成机制。OTP 既能基于软件算法实现(如手机 App),也能基于硬件设备实现。

顾名思义,相较于传统的静态密码,OTP 最大的特点就是动态性。OTP 在特定的时间间隔内(通常是 30～120s)生成不可以预测的随机数,可以有效抵御暴力破解与重播攻击。

2.2.7 FIDO 认证

FIDO(Fast Identity Online,线上快速身份认证)联盟成立于 2012 年,成员包括 PayPal、Nok Nok Labs、Synaptics、Infineon(TPM 芯片制造商)等。其目标是定义一套标准的、开放的、可扩展的身份认证协议规范,减少用户对传统静态密码的依赖程度。

传统的网络身份认证方式,无论是密码认证、2FA 或是生物认证,都需要将用户的敏感数据(如密码摘要或指纹特征)存储在服务端,这些敏感数据不仅需要经常在网络中传输,服务端的存储安全与物理安全也是必须密切关注点的风险点。

FIDO 将各种分散的身份认证方式全部下放至客户端,不在服务端存储任何用户敏感数据,降低在网络传输中泄露的风险。当用户在客户端进行身份认证后,通过标准的协议与服务端完成最终握手过程。

FIDO 是一种高度抽象的身份认证规范,并不是具体的身份认证方式,其不仅支持传统的身份认证方式如密码认证、智能卡认证,也支持新型的生物认证方式如人脸认证、指纹认证、虹膜认证等。用户属性或生物特征通常以一种安全且无法被外界访问的方式存储在客户端本地,最常见的保护方式是 TPM,即将私钥与用户属性存储在 TPM 芯片中,即使计算机失窃也不存在泄露风险;公钥通常存储在服务端的数据库或 AD 中。当用户在客户端完成身份认证后,才能解锁 TPM 中的私钥,然后使用私钥签名 FIDO 响应消息,发送至服务端。最后服务端使用公钥验证签名,建立用户会话。

FIDO 身份认证架构如图 2-4 所示。

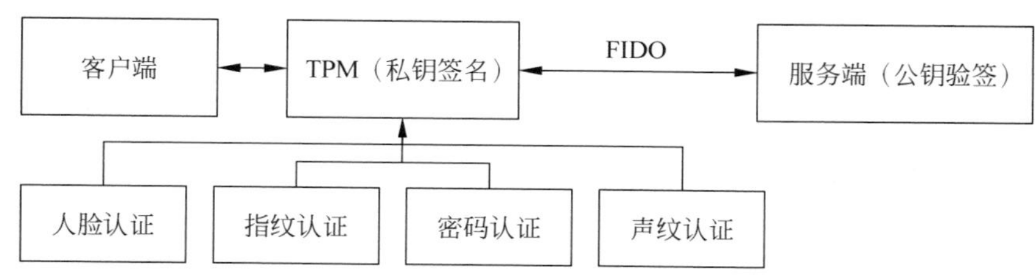

图 2-4 FIDO 身份认证架构

FIDO 身份认证过程简述如下:

(1) 用户使用特定的身份认证方式在客户端验证身份。

(2) 客户端解锁 TPM 私钥。

(3) 使用私钥签名 FIDO 挑战-响应(Challenge-Response,CR)消息。

(4) 客户端将消息与签名发送至服务端。

(5) 服务端使用公钥验证签名,建立用户会话。

FIDO 是一种新型的身份认证规范,用户数量在迅速增长,其安全性与可靠性还有待时间的检验。

2.2.8 Windows Hello

Windows Hello 是 FIDO 规范的一种具体实现形式,支持包含无密码(No-Password)登录在内的多种身份认证方式。Windows Hello 与 TPM 深度整合,提供了更高层、更抽象的开发接口(由于此接口不直接对 TPM 进行操作,故不在本书介绍范围内)。

Windows Hello 身份认证的配置界面如图 2-5 所示,可在此界面配置指纹认证、人脸认证等认证方式。

2.2.9 MFA

MFA(Multi-Factors Authentication,多因素身份认证)是在 2FA 的基础上,增加一级或多级的身份认证方式。MFA 比 2FA 进一步提高了身份认证的安全性,但同时也增加了

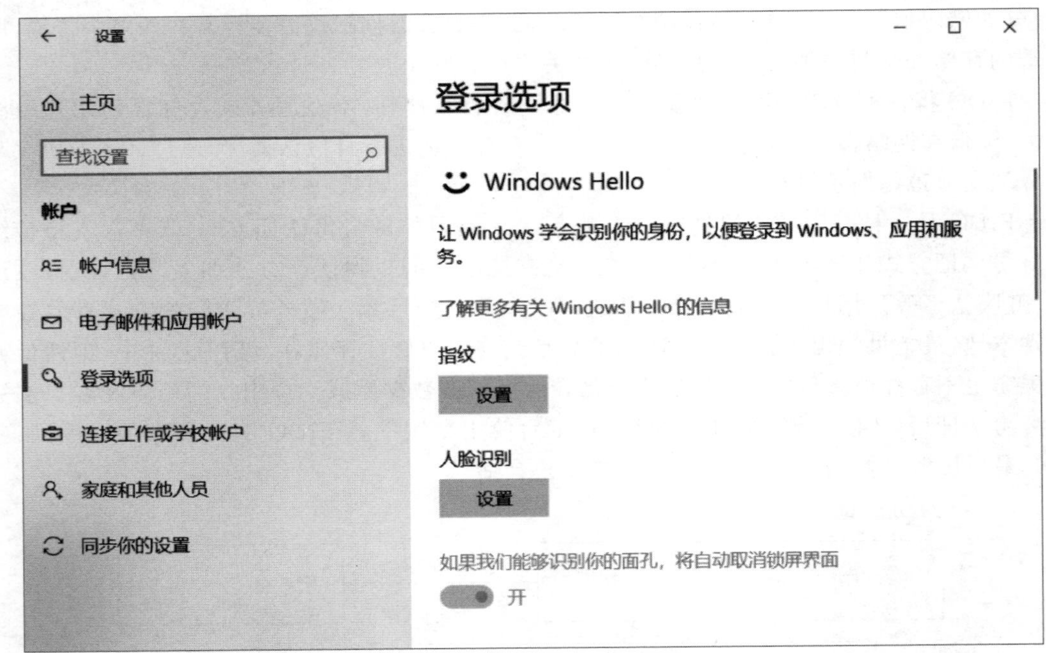

图 2-5　Windows Hello 身份认证的配置界面

用户在身份认证时的复杂性。

MFA 通常包含的因素如下：

(1) 你所拥有的东西(The things which you have,如智能卡)。

(2) 你所知道的东西(The things that you know,如密码)。

(3) 你身体的一部分(The things coming from your body,如指纹)。

典型的 MFA 例子是在访问银行保险柜时,需要依次出示身份证、扫描指纹与虹膜、输入密码后才能访问自己的储物柜。

2.3 身份认证协议

身份认证协议是消息安全模式与身份认证方式在更高维度的抽象组合,通过强制要求消息发送方与消息接收方严格遵守一系列的编码规范、流程步骤以及实施方法,从而实现消息传输的机密性、完整性、真实性、不可抵赖性以及抗重播性,保证消息的传输安全。

由于身份认证协议的种类非常多,本节仅选取几种常见的身份认证协议进行简要介绍,其中也包含一些身份认证框架(比协议更高维度的抽象)。因为身份认证框架与身份认证协议类似,所以放在一起介绍。

讲解各种身份认证方式与协议的作用是为了理解其本质,它们只不过是第 1 章介绍的各种安全算法的组合。随着科技的发展,新的协议也会层出不穷,但是构成它们的底层基础是相同的。

2.3.1 SSL

SSL(Secure Sockets Layer,安全套接字层)协议为消息通信提供了安全性与完整性的保护机制，其被公众熟知是因为已经广泛运用在Web浏览器与服务器之间的内容安全传输中。SSL协议工作在OSI模型的传输层与应用层之间，不仅能为HTTP提供安全连接，也能为其他协议如VPN、802.1x提供安全传输能力。

SSL是协议栈，包含的内容较多。以HTTPS为例，其使用HTTP作为基础协议，并使用SSL或TLS作为身份认证与传输安全协议。HTTPS为了兼顾安全与效率，使用对称密钥加密消息，使用非对称密钥加密密钥。

HTTPS的身份认证过程简述如下：

(1) 客户端请求服务端的资源。

(2) 服务端返回证书至客户端。

(3) 客户端使用CA公钥验证证书签名与相关属性，确认证书真实有效。

(4) 客户端生成对称密钥。

(5) 客户端使用服务端公钥(从证书中提取)加密对称密钥。

(6) 客户端发送加密后的对称密钥至服务端。

(7) 服务端使用私钥解密获得对称密钥。

(8) 服务端使用对称密钥加密消息。

(9) 服务端发送加密后的消息至客户端。

(10) 客户端使用对称密钥解密消息。

2.3.2 TLS

TLS(Transport Layer Security，传输安全层)协议是对SSL v3.0协议的进一步增强。TLS协议的原理与SSL协议基本类似，但使用了更安全的加密算法与HASH算法。HTTPS既可以使用SSL协议，也可以使用TLS协议。

2.3.3 Kerberos

Kerberos是一种重量级的身份认证协议，其通过票据分发中心(Key Distribution Center，KDC)生成票据(又称为Ticket)，用于网络资源的身份认证与访问授权。Kerberos协议的主要作用是避免密码或密码摘要在网络中传输，使服务提供方能够对客户端进行身份认证与授权控制。AD使用的身份认证协议就是Kerberos。

如果要详细介绍Kerberos协议，整本书都未必能讲完。因为本书以TPM为主，所以只需了解其中的基础概念。

Kerberos协议主要有以下特点：

(1) Kerberos架构主要由身份验证方(Authentication Server，AS)、KDC、客户端以及服务提供方(简称服务)组成。

(2) 客户端与服务提供方共同信任某个第三方，即KDC。

(3) 以HASH算法与对称密钥为基础，以Ticket为传输载体。

(4) 密码无须在网络中传输。

(5) 客户端与服务提供方之间可以双向认证。

(6) 服务提供方不直接与KDC通信。

Kerberos协议的身份认证过程简述如下(为了便于理解已尽量简化)：

(1) 客户端向 KDC 申请 TGT(Ticket Granting Ticket)。TGT 不同于真正的 Ticket，请求 TGT 只是为了置换真正的 Ticket。

(2) KDC 生成对称密钥 S1(用于 KDC 与客户端之间的通信)，使用客户端密码加密 S1，记作 ES1；同时 KDC 使用自己的密码加密 S1 与客户端身份信息后生成 TGT。最后将 ES1 与 TGT 一起发送至客户端。

(3) 客户端获得 TGT，使用自己的密码解密 ES1 后获得 S1。

(4) 客户端使用 S1 加密自己的身份信息与服务 A 的名称。

(5) 客户端将步骤(4)的加密信息与 TGT 发送至 KDC，表示“需要一张访问服务 A 的 Ticket”。

(6) KDC 解密 TGT，取出 S1 与客户端身份信息 D1，继续使用 S1 解密步骤(5)的加密信息，获得客户端信息 D2。

(7) KDC 比较客户端身份信息 D1 与 D2，如果一致，则继续步骤(8)。

(8) KDC 生成新的对称密钥 S2(用于客户端与服务 A 之间的通信)，使用客户端密码加密 S2，记作 ES2；同时 KDC 使用服务 A 的密码加密 S2 与客户端身份信息后生成 Ticket。最后将 ES2 与 Ticket 一起发送至客户端。

(9) 客户端获得 Ticket，使用自己的密码解密 ES2 获得 S2。

(10) 客户端使用 S2 加密自己的身份信息，与 Ticket 一起发送至服务 A。

(11) 服务 A 解密 Ticket，取出 S2 与客户端信息 D3，继续用 S2 解密步骤(10)的加密信息，获得客户端信息 D4。

(12) 服务 A 比较客户端身份信息 D3 与 D4，完成身份认证。

2.3.4 PKI

PKI(Public Key Infrastructure，公钥基础设施)严格来说不能算是一种基于纯技术实现的身份认证协议，它是一组包含人员、软件、硬件、策略以及规章制度的集合，实现了基于非对称密钥安全体系的证书申请、签发、存储、验证以及吊销等基础功能。

CA 是 PKI 的核心，负责管理公钥与证书的全部生命周期。在企业中，非对称密钥中的私钥通常由用户自行保管，而大量的公钥不能以无序、混乱的方式散布在企业网络中。假设将公钥存储在文件服务器的共享盘中，则很容易被非法替换。因此，公钥必须以一种安全、有效、真实、可验证的方式统一集中管理。CA 的信任模型以树状结构设计，多级 CA 之间建立单向信任关系，并以根 CA 作为最终信任源；上级 CA 为下级 CA 颁发证书，最终形成一条完整的证书信任链。

PKI 作为重要的安全基础设施，提供了身份认证、数据机密性、数据完整性、不可抵赖性、数据公正性等安全能力。

2.3.5 RADIUS

RADIUS(Remote Authentication Dial In User Service，远程认证用户拨号服务)是 AAA(Authentication-Authorization-Accounting)协议的一种具体实现形式。RADIUS 协议早期曾出现在调制解调器拨号、ISDN 拨号、ADSL 拨号等需要身份认证、权限授予、流量控制、计费的场景中，是 20 世纪 80—90 年代访问企业网络的重要方式。RADIUS 协议后来经过不断的发展与完善，现已成为网络身份认证与访问控制的重要协议。

RADIUS 是一种 C/S 架构协议，由客户端、服务端、网络访问服务(Net Access Server，NAS)组成，结构清晰简单、可扩展性强。RADIUS 协议可以包含多种子身份认证协议如 PAP、CHAP、MS-CHAP v2、EAP-PEAP 等，而实现这些协议的基础依然是 HASH 算法、对称密钥、非对称密钥、证书、CA、TLS 等基础算法或基础协议，只是各种协议所选用的安全算法组合与逻辑有所不同。

AAA 协议主要有以下能力：

(1) 认证(Authentication)：验证用户身份，判断其是否可以登录网络系统。

(2) 授权(Authorization)：为已通过身份认证的用户授予访问资源的权限。

(3) 计费(Accounting)：审计用户使用资源的情况。

2.3.6 EAP

EAP(Extensible Authentication Protocol，可扩展身份认证协议)是一种当前被广泛使用的网络身份认证框架，适用于无线网络与有线网络。EAP 包含了数十种具体的身份认证协议如 EAP-MD5、EAP-OTP、EAP-TLS、EAP-PEAP 等，其中最安全的是 EAP-TLS 协议，它将 PKI 与 TLS 协议引入进来，甚至支持与智能卡、2FA 等身份认证方式相结合。EAP-TLS 协议虽然非常安全，但缺点也很明显，即配置 PKI 基础设施过于复杂，不适合缺少 IT 专业知识的终端用户使用。EAP-PEAP 协议则更为流行，其同样使用证书与 TLS 协议提供较高的安全性，但相比 EAP-TLS 协议简化了流程，并且无须引入复杂的 PKI。

2.3.7 SAML

SAML(Security Assertion Markup Language，安全性断言标记语言)是一种用于服务端验证用户身份、避免密码在网络中传输的协议，它是结构化信息标准促进组织(Organization for the Advancement of Structured Information Standards，OASIS)安全服务技术委员会的产品，目前主流版本是 2.0，功能非常强大。SAML 协议非常复杂，以 XML 为传输载体，以 POST 机制为交换方式，不仅可以用于身份认证，而且能提供出色的授权能力。SAML 协议与其他身份认证协议最大的不同是要求用户证明“你拥有什么”(What you have)，而无须证明“你是谁”(Who you are)。

SAML 协议的附加作用是为网络中不同的应用系统提供单点登录(Single Sign-On，SSO)能力。SAML 虽然是支持 SSO 能力最全面的协议，但 SSO 并非 SAML 协议的专利，其他身份认证协议如 Kerberos、OAuth、OIDC 也支持 SSO 能力。

2.3.8 JWT

JWT(JSON Web Token，JSON 网页令牌)是一种用于分布式网络服务的身份认证协议。JWT 协议被设计为无状态，以 Token 为载体，主要是为了解决 Cookie 的跨域问题与 Session 的状态与性能问题，常用于 RESTful 接口的身份认证。

JWT 协议基于 HMAC 算法、对称密钥以及数字签名实现，协议主体由如下 3 部分组成：

(1) Header：算法类型，通常为 HMAC-SHA-256 算法。

(2) Payload：主体内容，存储用户身份数据。

(3) Signature：Header 与 Payload 的 HMAC 签名。

JWT 协议虽然优点很多，但就像每个协议都不是完美的一样，它也有明显的缺点，即 JWT 协议本身并未实现数据机密性，也无法抵御中间人攻击。

2.4 本章小结

在学习完本章之后，应该已经发现了一些基本规律，即 HASH 算法是安全算法的基础、安全算法是安全模式的基础、安全模式是身份认证方式的基础、身份认证方式是身份认证协议的基础、身份认证协议又是身份安全框架的基础。从最底层的 HASH 算法到上层的安全协议之间的层级如图 2-6 所示。

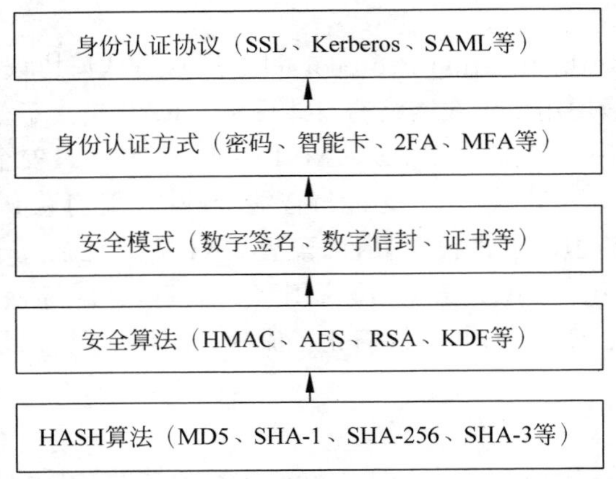

图 2-6 HASH 算法到安全协议之间的层级

本章的重点是理解 HASH 算法、HMAC、对称密钥、非对称密钥等底层安全算法对当今信息系统安全的重要性。TPM 正是保管这些安全算法与密钥的保险库。

第3章

开发准备

虽然第1章与第2章的内容有些枯燥，但理解安全算法与安全协议是开发基于TPM应用系统的前提条件。关于底层安全算法的开发确实不如编写Web应用程序或手机游戏让人兴奋，甚至是非常折磨人的，经常需要处理各种协议规则、编码、解码以及加解密等。但好的方面是，一旦掌握了其中的规律，对安全架构的理解就进入了全新的阶段。

为了照顾不同层次、不同经验的读者，本书不过多地介绍TPM的相关概念，而是直接准备搭建开发环境。有关TPM的理论知识，会逐步分散到本书各章中，这种编排结构降低了阅读理解的难度。

本章首先简要介绍TPM的发展历史，以及可供开发人员选择的应用程序接口（API），随后开始搭建开发环境。

3.1 初识TPM

虽然本章不会深入介绍TPM的工作原理，但是有关TPM的一些基本术语以及API类型，有必要稍作了解。

3.1.1 什么是TPM

TPM是一种安全算法处理的国际标准，基于专用的硬件电路模块提供安全算法与密钥管理能力。

TPM主要实现如下功能：

（1）安全运算：支持HASH、HMAC、AES等基础摘要或密码运算。

（2）密钥管理：生成、加密、存储、导入、导出密钥。

（3）存储容器：提供有限的安全存储空间，存储敏感数据。

（4）随机生成：真正的硬件随机生成器，比软件算法更安全。

（5）可信证据：生成证据链，为设备或系统提供状态完整性监测。

（6）安全防护：基于硬件的安全防护，防篡改、防木马、防攻击。

3.1.2 TPM历史

TPM技术规范由可信计算组织(Trusted Computing Group,TCG)设计与编写。TCG正式成立于2003年,其前身是可信计算平台联盟(Trusted Computing Platform Alliance,TCPA),最早可追溯到1999年,成员包括Intel、AMD、IBM、Microsoft、Cisco等公司。2011年,TCG发布了TPM 1.2版本规范;2016年,TPM 2.0版本规范正式发布。

TPM 2.0与TPM 1.2版本在架构层面有很大不同,本书将完全基于TPM 2.0版本进行介绍。如无特殊声明,本书将TPM 2.0统一简称为TPM。

3.1.3 编程接口

TPM软件栈(TPM Software Stack,TSS)是TPM官方发布的API实现规范,包含了从低级到高级的不同类型的API实现方式,例如最底层的TPM Command API,中间层的SAPI(System API)、ESAPI(Enhanced System API)和较高层的FAPI(Feature API)。虽然TSS API分为多种类型,但它们的作用是类似的。API越低级,实现方式就越接近原始的TPM技术规范,功能也越强大;API越高级,封装的结构就越多,使用也越方便。

如果曾经尝试使用过TPM的原始API(TPM Command API),就能深刻体会到这是一场噩梦,即需要手工构建命令请求、解析响应、创建策略会话以及验证数据完整性等,不仅复杂而且容易出错。FAPI的出现让TPM的开发过程变得相对简单,它实现了大部分的TSS规范,封装了底层复杂的通信过程与数据结构,可以满足大多数应用系统的开发需求。本书将完全基于FAPI进行介绍。

Microsoft公司基于TSS规范实现了一套较为完整的FAPI,支持主流的C++、C#、Java、Python等语言。C++与C#版本的API对于TSS规范的实现程度最为完整,而其他语言的API实现TSS规范的程度相对较弱。虽然本书的示例代码覆盖了C++与C#双语版本,但还是建议尽量选择C++版本。毕竟,TPM开发是面向底层硬件的交互过程,而C++正是一种较为底层的编程语言。语言越高级,使用越方便,但损失的能力与性能也越多,灵活性也越弱。Microsoft公司发布的这套FAPI已经实现了高度抽象与封装,同时提供了较强的灵活性。

Microsoft TSS API可以从以下网址下载:

```
https://github.com/microsoft/TSS.MSR
```

3.2 准备工作

在正式开始TPM开发之前,还有一些准备工作需要完成。准备工作根据开发设备与开发语言有所不同。

3.2.1 TPM芯片

TPM是一种技术规范,不具有强制性。对于TPM规范的解读、实现方式以及实现程度,由各个芯片制造商自行决定。制造商出于成本或某些因素考虑,可能没有按照标准的

TPM 规范实现全部功能，或对规范的实现方式有局部调整。

确认开发设备是否安装有 TPM 芯片以及了解 TPM 芯片对于规范的实现程度，是准备工作的第一步。

在安装有 Windows 操作系统的计算机上，单击"开始"菜单，在弹出的菜单中选择"运行"命令，输入 tpm.msc，单击"确定"按钮，进入 TPM 管理控制台，如图 3-1 所示。在此界面可以进行如下操作：

(1) 初始化：TPM 在首次使用之前需要进行初始化，此过程通常由操作系统自动完成。

(2) 重置：清除 TPM 中存储的密钥与数据，类似恢复出厂设置。

(3) 查看：查看 TPM 芯片制造商与版本。

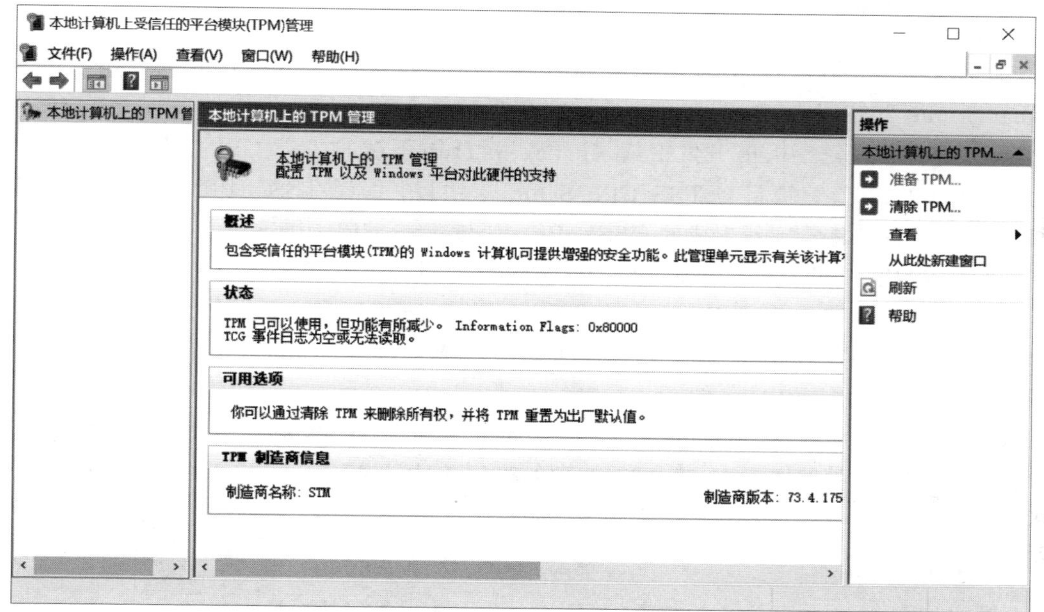

图 3-1 TPM 管理控制台

3.2.2 TPM 模拟器

TPM 模拟器以纯软件的方式完整地实现了 TPM 技术规范，可以在 x86 架构计算机上协助开发、测试、调试 TPM 的相关功能。

TPM 模拟器主要有以下特点：

(1) 支持跨平台开发，将模拟器部署在一台 Windows 服务器上，其他计算机(Linux、macOS 等)通过 TCP/IP 网络远程连接，进行远程开发。

(2) 运算速度比 TPM 芯片快很多。

(3) 易于恢复出厂设置。

(4) 支持通过源代码断点调试。

预编译的模拟器可以从以下网址下载：

```
https://www.microsoft.com/en-us/download/confirmation.aspx?id=52507
```

模拟器的使用方式非常简单，只需解压缩后双击即可。模拟器运行后将侦听 TCP 2321 端口，如图 3-2 所示，同时将在模拟器程序主目录生成名为 NVChip 的文件，用于模拟 TPM 的内存。如果想重置模拟器，只需简单地删除 NVChip 文件即可。

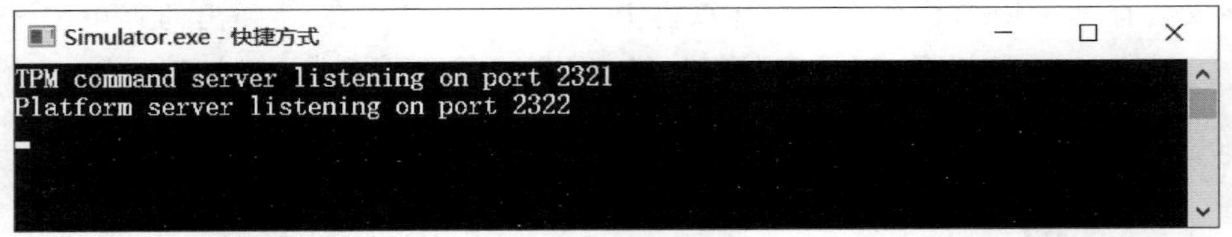

图 3-2 运行 TPM 模拟器

3.2.3 C++开发环境

如果选择 C++语言的 API，那么最低的 IDE 版本建议为 Visual Studio 2017。本节以 Visual Studio 2019 为例，按照如下步骤详细介绍 C++ API 的准备工作：

(1) 启动 Visual Studio 开发工具，打开从 GitHub 下载的 TSS. CPP 项目，TSS. CPP 解决方案包含 TSS. CPP 项目与 TSS. CPP Samples 项目；编译 TSS. CPP 项目，如果一切顺利，在 Debug 目录将看到新生成的 TSS. CPP. dll 与 TSS. CPP. lib 文件。

(2) 新建项目，模板类型选择 C++\Windows\控制台应用，单击“下一步”按钮。

(3) 填写项目名称 TPMDemo 与存储路径，单击“创建”按钮。

(4) 将步骤(1)生成的 TSS. CPP. lib 文件复制到新项目的 lib 目录中，将 include 目录复制到新项目的根目录中。

(5) 打开项目属性，在“TPMDemo 属性页”对话框中选择 “链接器”→“输入”命令，然后在“附加依赖项”文本框新增 TSS. CPP. lib 文件的路径，例如 lib\tss. cpp. lib，如图 3-3 所示。

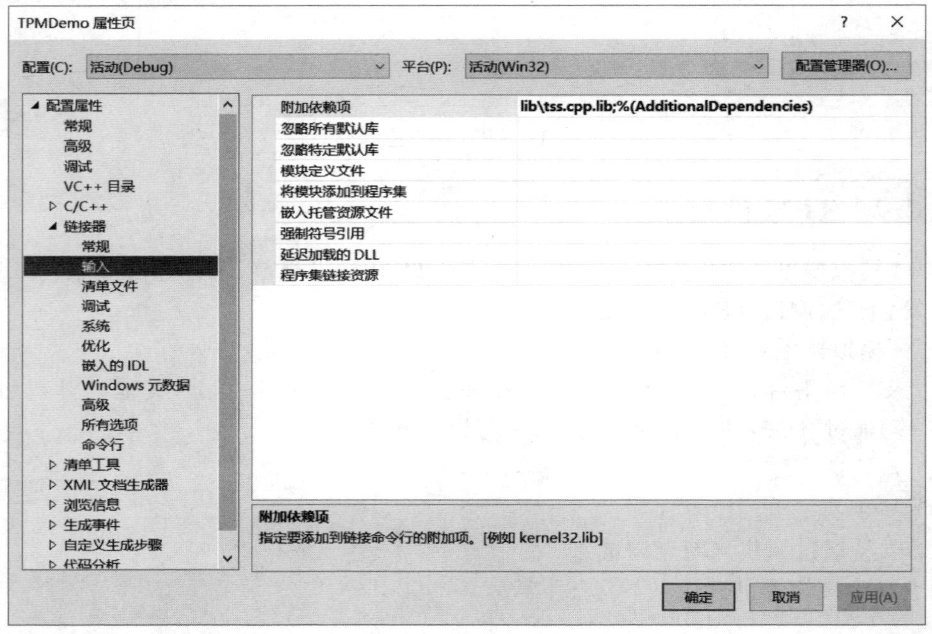

图 3-3 C++项目配置链接器

(6) 在“TPMDemo 属性页”对话框中选择 C/C++→“常规”命令，然后在“附加包含目录”文本框新增 include 目录，如图 3-4 所示。

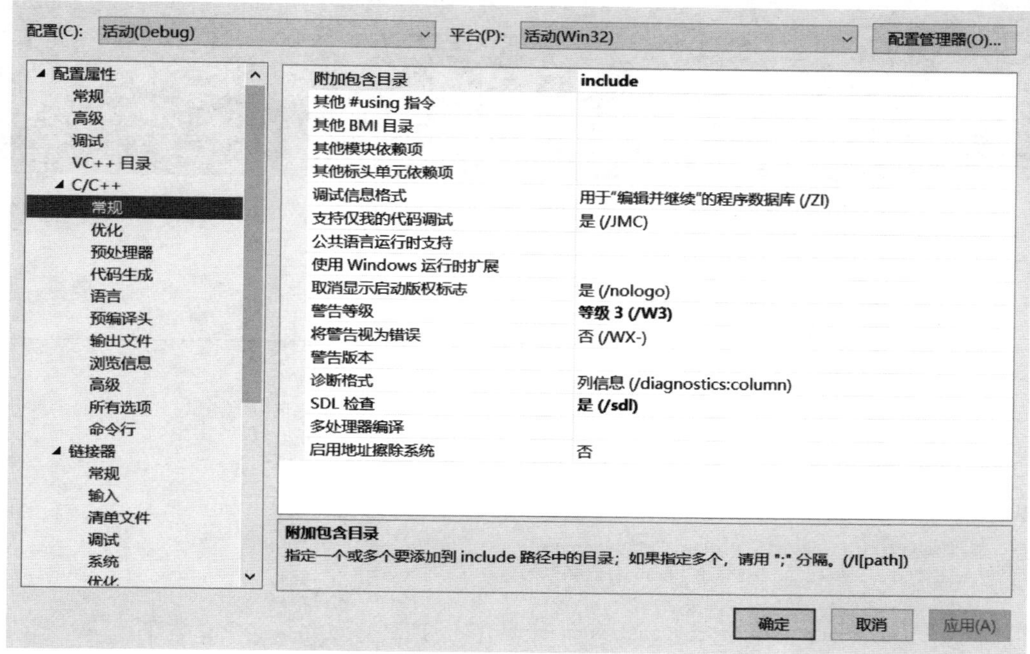

图 3-4　C++项目配置包含目录

(7) 将默认的 cpp 文件替换为代码 3-1。

代码 3-1　使用 C++连接 TPM 模拟器

```
#include <iostream>
#include "Tpm2.h"
using namespace TpmCpp;

int main()
{
    TpmDevice* device = new TpmTcpDevice("127.0.0.1", 2321);
    if (!device || !device->Connect())
    {
        throw runtime_error("Can't connect to TPM.");
    }
    device->PowerCycle();
    std::cout << "Connected to TPM!\n";
    device->PowerOff();
    delete device;
}
```

(8) 编译项目，将步骤(1)生成的 TSS.CPP.dll 文件复制到应用程序的输出目录中。

(9) 运行模拟器，然后运行项目。如果一切顺利，将看到如图 3-5 所示的输出信息，表示已经成功连接 TPM 模拟器。

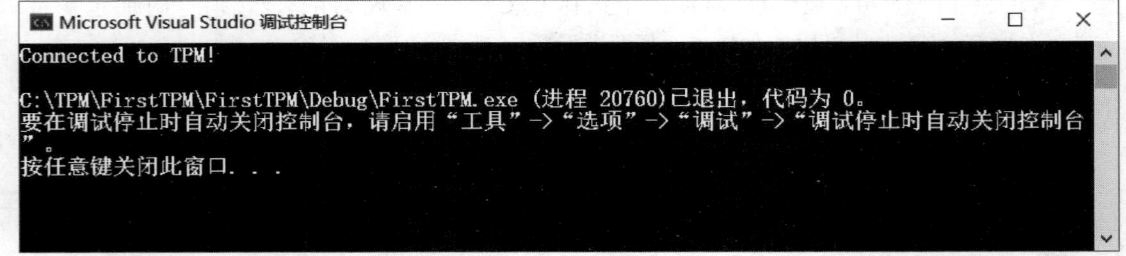

图 3-5　使用 C++连接 TPM 模拟器

(10) 如果连接硬件 TPM 芯片，可以使用代码 3-2。

代码 3-2　使用 C++连接 TPM 芯片

```
#include <iostream>
#include "Tpm2.h"
using namespace TpmCpp;

int main()
{
    TpmDevice* device = new TpmTbsDevice();
    if (!device || !device->Connect())
    {
        throw runtime_error("Can't connect to TPM.");
    }
    std::cout << "Connected to TPM!\n";
    delete device;
}
```

3.2.4　C#开发环境

如果选择 C#语言的 API，除了需要安装 Visual Studio 2017 或以上版本之外，还需要安装.NET Framework 4.7.2 或以上版本。本节以 Visual Studio 2019 为例，按照如下步骤详细介绍 C# API 的准备工作：

(1) 启动 Visual Studio 开发工具，打开从 GitHub 下载的 TSS.NET 项目，TSS.NET 解决方案包含 TSS.NET 类库项目与 Samples 项目集；编译 TSS.NET 项目，如果一切顺利，在 Debug 目录将看到新生成的 TSS.NET.dll 文件。

(2) 新建项目，模板类型选择 C#\Windows\控制台应用(.NET Framework)，单击“下一步”按钮。

(3) 填写项目名称 TPMDemoNET 与存储路径，单击“创建”按钮。

(4) 将步骤(1)生成的 TSS.NET.dll 文件复制到新项目的根目录中。

(5) 在“解决方案资源管理”窗口右击“引用”，在弹出的快捷菜单中选择“添加引用”命令；在“引用管理器”对话框将 TSS.NET.dll 文件添加至项目引用。

(6) 将默认的 cs 文件替换为代码 3-3。

代码 3-3　使用 C#连接 TPM 模拟器

```
using System;
using Tpm2Lib;
namespace TPMDemoNET
{
    class Program
    {
        static void Main(string[] args)
        {
            Tpm2Device device = new TcpTpmDevice("127.0.0.1", 2321);
            device.Connect();
            device.PowerCycle();
            Console.WriteLine("Connected to TPM");
        }
    }
}
```

(7) 运行模拟器，然后运行项目。如果一切顺利，将看到如图 3-6 所示的输出信息，表示已经成功连接 TPM 模拟器。

图 3-6　使用 C#连接 TPM 模拟器

(8) 如果连接硬件 TPM 芯片，可以使用代码 3-4。

代码 3-4　使用 C#连接 TPM 芯片

```
using System;
using Tpm2Lib;
namespace TPMDemoNET
{
    class Program
    {
        static void Main(string[] args)
        {
            Tpm2Device device = new TbsDevice();
            device.Connect();
            Console.WriteLine("Connected to TPM");
        }
    }
}
```

3.3　测试 TPM

如果没有完全理解 3.2 节的示例代码，也不用担心，第 4 章将正式讲解 TSS API 的相关代码，但在这之前，有必要确认 TPM 芯片能够支持哪些安全算法。

使用 C++查看 TPM 芯片的算法支持能力的过程见代码 3-5。

代码 3-5 使用 C++查看 TPM 芯片的算法支持能力

```
#include <iostream>
#include <iomanip>
#include "Tpm2.h"
using namespace TpmCpp;

int main()
{
    // 连接 TPM,略

    UINT32 index = 0;
    while (true)
    {
        auto resp = tpm.GetCapability(TPM_CAP::ALGS, index, 8);
        TPMU_CAPABILITIES * cabs = resp.capabilityData.get();
        TPML_ALG_PROPERTY * props = dynamic_cast<TPML_ALG_PROPERTY *>(cabs);
        vector<TPMS_ALG_PROPERTY> ps = props->algProperties;
        for (auto p = ps.begin(); p != ps.end(); p++)
        {
            string name = EnumToStr(p->alg);
            string prop = EnumToStr(p->algProperties);
            std::cout << setw(16) << name << ": " << prop << endl;
        }
        if (!resp.moreData)
            break;
        index = (ps[ps.size() - 1].alg) + 1;
    }
}
```

使用 C#查看 TPM 芯片的算法支持能力的过程见代码 3-6。

代码 3-6 使用 C#查看 TPM 芯片的算法支持能力

```
using System;
using Tpm2Lib;
namespace TPMDemoNET
{
    class Program
    {
        static void Main(string[] args)
        {
            // 连接 TPM,略

            ICapabilitiesUnion caps;
            tpm.GetCapability(Cap.Algs, 0, 1000, out caps);
            var algs = (AlgPropertyArray)caps;
            foreach (var alg in algs.algProperties)
            {
                string s = string.Format("{0} | {1}",
                    alg.alg.ToString().ToUpper(),
                    alg.algProperties);
```

```
                    Console.WriteLine(s);
                }
            }
        }
    }
```

程序运行结果如图 3-7 所示，通过控制台窗口看到这款 TPM 芯片没有完全支持 TPM 规范中的全部算法，例如 SHA-256 算法得到了支持，但是缺少 SHA-384 或 SHA-512 算法。如果执行以下代码，将遇到错误代码为 131 的异常。

```
tpm.Hash(data, TPM_ALG_ID::SHA384, TPM_RH_NULL);
```

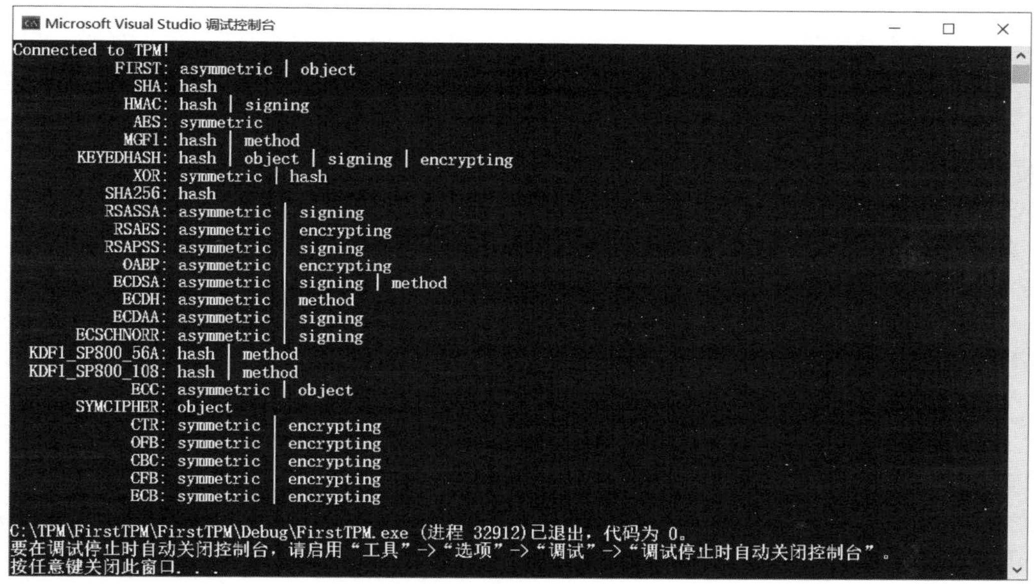

图 3-7 查看 TPM 芯片的算法支持能力

在设计应用系统时，应当首先确定目标设备的 TPM 芯片制造商与算法支持能力，尽可能选择符合安全需求同时适用于多数硬件平台的安全算法。

3.4 本章小结

本章首先简要回顾了 TPM 的发展历史，介绍了一些常用的 TSS API 类型以及各自的特点。之所以选用 FAPI 作为本书的重点讲解对象，是因为其兼顾了功能性与便捷性。随后介绍了 TPM 模拟器的使用方式，并分别基于 C++ 与 C# 语言演示了与 TPM 建立连接的方法。最后演示了如何查看 TPM 支持的算法集，这对于系统设计来说至关重要。

尽管 TPM 模拟器使用起来十分方便，但为了最大程度贴近真实的生产环境，如无特殊说明，本书的示例程序将默认基于硬件 TPM 芯片编写。

第4章

第一个TPM程序

本章通过简单的示例演示 TPM 应用程序的具体开发过程。示例程序将使用 TPM 的随机生成器生成一组随机数，虽然功能比较简单，但是完整地实现了 TPM 应用程序的编写过程。示例程序将分别基于 C++ 与 C# 语言编写，这两种语言的 API 在函数名称、类型名称、数据结构以及使用方式等方面存在明显差异，因此将分别给出两种版本的示例代码与详细解释，需要注意区分。

4.1 随机数不随机

随机性与人们的生产与生活密切相关，例如彩票抽奖、短信验证码以及科学建模等都离不开随机数的生成，但其背后的原理很少被关注。随机分为软随机与硬随机两种类型。在开发应用程序时，使用软件算法实现随机性的方式称为软随机（Random Number Generator，RNG），软随机一般是假随机，是基于巨大的样本分布产生随机性；使用硬件实现随机性的方式称为硬随机（Hardware Random Number Generator，HRNG），又称为真随机（True Random Number Generator，TRNG）或可信随机（Trusted Random Number Generator，TRNG），是基于自然界中不确定的事件产生随机性。

随机性在应用系统中的用途非常广泛，TPM 自身的稳定运行也高度依赖随机性，随机性为 TPM 主要提供以下能力：

（1）seed 计算：作为 seed 计算时的输入参数 entropy。

（2）密钥生成：作为生成对称密钥或非对称密钥时的 entropy。

（3）Nonce：作为生成外部身份认证设备签名参数的 Nonce。

（4）随机数：作为运算器，为上层应用系统提供随机数。

优秀的随机生成器应当具备以下特点：

（1）随机性：没有统计学偏差，生成结果应当是完全杂乱的字节序列。

（2）不可预测性：不能从现有序列寻找规律推测新的序列。

（3）不可重现性：不能生成与现有序列相同的序列。

4.1.1 RNG

RNG 完全基于软件算法实现。许多著名的随机算法都可以模拟生成随机数，尽管它们生成的随机数看起来非常具有随机性，但是无论使用多么优秀的算法或编程语言，都无法生成真正的随机数。因为软件算法自身的逻辑是固定的，所以存在通过破解算法规律推测出下个随机数的可能性。

RNG 在应用系统开发中经常被使用，由软件算法模拟生成的随机数在一般情况下可以被当作随机数使用，虽然其背后蕴含着风险，但是风险发生的概率相对较低，所以常常被人们忽略。例如早期的 SSL 协议曾出现过随机性可被预测的情况，在后续的版本才得到修复，因此不能完全排除某天某个随机算法被成功破解的情况。这不是危言耸听，近年来许多知名的开源组件频频被爆出存在重大安全漏洞，迫使大规模的 IT 从业人员通宵加班升级系统。开源既有利也有弊，有利的是可以随时对程序源代码进行修改，对漏洞进行修补；不利的是使用完全公开的源代码对系统自身的安全性造成了巨大威胁。作为应用系统的安全架构师，对企业信息安全有着直接责任。如果企业中用于发送短信验证码的网关的 RNG 算法被破解，则使用此网关的全部应用系统都将遭受巨大威胁，对企业造成的直接或间接损失更是无法估计。

如果一个系统的 entropy 可被有规律地观察与预测，那么基于此 entropy 的随机发生器就存在风险，这个 entropy 也就不够优秀。科幻剧 *Tales From The Loop* 中描述了这样的场景：在成功商用量子计算机之后，将现有世界的已知事件作为输入参数，试图通过分析已知事件来预测下个事件（未来）的发生，从而预测宇宙的运行规律。因为有些人相信，假设在宇宙启动时给定相同的参数，那么宇宙的发展就是可复现、可确定的，也就是说宇宙尺度的 RNG 并不完美。当然，这种情况目前还没有发生。

对于完美主义者来说，可以考虑使用 HRNG。

4.1.2 HRNG

HRNG 与 RNG 的实现原理完全不同，HRNG 完全依赖于自然界的物理现象。

什么是自然界的物理现象呢？例如足球比赛开场前的抛硬币（引力事件）、彩票开奖时的幸运转轮（引力事件）、棋牌游戏中的掷骰子（引力事件）以及三体问题中的天体运行轨迹（引力事件）都是无法预知的（至少目前是无法预知的）。

TPM 虽然自带了 HRNG，但具体的实现方式由芯片制造商自行决定，这些实现方式包括热噪声、键盘敲击频率、空气流动、时钟变化等。这些物理现象作为 entropy 的输入源，经过模数转换器（ADC）转换为电信号，再经过放大器将这些微弱的信号噪声部分放大，最后取样无规律、杂乱的噪声作为最终生成的随机数。

4.2 使用 HRNG 生成随机数

下面将演示 TPM 自带的 HRNG 的具体使用方式。

使用 HRNG 生成一组随机数，每组随机数包含一个较小的随机数和一个较大的随机数，共执行 100 次。

使用 C++生成随机数的过程见代码 4-1，其中的关键点如下。

（1）TpmDevice 类型表示 TPM 物理设备。TPM 设备有两种类型：TpmTbsDevice 类型表示硬件 TPM 芯片；TpmTcpDevice 类型表示 TPM 模拟器。它们均继承自 TpmDevice 基类型。只有当程序与 TPM 设备建立了连接，才能进行后续的操作，所以一般需要先创建 TpmDevice 类型的实例，然后调用 Connect 方法与 TPM 建立连接。

(2) Tpm2 类型是 TPM 设备的管理器。TpmDevice 类型仅表示基础的底层硬件设备，而 Tpm2 类型是 TpmDevice 实例的高层管理者，用于向 TPM 发送指令，并封装了一些常用函数。对于 TPM 的操作，主要是使用 Tpm2 实例完成的。

代码 4-1　使用 C++生成随机数

```
#include <iostream>
#include "Tpm2.h"
using namespace TpmCpp;

int main()
{
    // 连接 TPM
    TpmDevice* device = new TpmTbsDevice();
    if (!device || !device->Connect())
    {
        throwruntime_error("Can't connect to TPM.");
    }

    Tpm2 tpm;
    tpm._SetDevice(*device);

    for (int i = 1; i <= 100; ++i)
    {
        ByteVec rnd = tpm.GetRandom(1);
        int num = (int)rnd[0];
        ByteVec rnd2 = tpm.GetRandom(4);
        int num2 = 1;
        BYTE* prnd = rnd2.data();
        for (int j = 0; j < 4; ++j)
        {
            int val = *prnd;
            if (val > 0)
            {
                num2 *= val;
                prnd++;
            }
        }
        std::cout << i << " > small number : " << num << endl;
        std::cout << i << " > big number : " << num2 << endl;
    }
}
```

代码 4-1 的详细解释如下：

(1) 创建 TpmTbsDevice 设备实例，命名为 device 并转换为指向 TpmDevice 基类的指针。

(2) 调用 device 指针的 Connect 方法与 TPM 建立连接。

(3) 创建 Tpm2 实例，存储至 tpm 变量，并调用_SetDevice 方法关联 TPM 设备，即 device 实例。随后即可使用 tpm 实例向 TPM 发送各种命令，无须关心 device 实例。

(4) 调用 tpm 实例的 GetRandom 方法，生成随机字节数组。GetRandom 方法的参数表示生成随机字节数组的长度，例如设置为 1 表示生成 1 个随机字节(B)，返回结果是 ByteVec 类型的字节数组，将其存储至 rnd 变量。

(5) 取出 rnd 数组中的第 1 个字节，转换为 int 类型后得到随机数 num。num 的有效范围是 0～255。

(6) 后续代码与步骤(4)以及步骤(5)类似，只是将 GetRandom 方法的参数改为 4，表示生成 4 个随机字节，返回结果存储至新的 rnd2 变量。随后遍历数组将各个元素转换为 int 类型并相乘，得到随机数 num2。num2 的有效范围是 1～4 228 250 625。

(7) 将步骤(4)～(6)的相关代码全部放在外层循环中，例如设置 100 次循环，表示生成 100 组随机数，每组分别包含一小(num)、一大(num2)随机数。

使用 C# 生成随机数的过程见代码 4-2，其中的关键点如下。

(1) Tpm2Device 类型表示 TPM 物理设备。TPM 设备有两种类型：TbsDevice 类型表示硬件 TPM 芯片；TcpTpmDevice 类型表示 TPM 模拟器。它们均继承自 Tpm2Device 基类型。只有程序与 TPM 设备建立了连接，才能进行后续的操作，所以一般需要先创建 Tpm2Device 类型的实例，然后调用 Connect 方法与 TPM 建立连接。

(2) Tpm2 类型是 TPM 设备的管理器。Tpm2Device 类型仅表示基础的底层硬件设备，而 Tpm2 类型是 Tpm2Device 实例的高层管理者，用于向 TPM 发送指令，并封装了一些常用函数。对于 TPM 的操作，主要是使用 Tpm2 实例完成的。

代码 4-2　使用 C# 生成随机数

```
using System;
using System.Text;
using Tpm2Lib;
namespace TPMDemoNET
{
    class Program
    {
        static void Main(string[] args)
        {
            // 连接 TPM
            Tpm2Device device = new TbsDevice();
            device.Connect();

            Tpm2 tpm = new Tpm2(device);

            for (int i = 1; i <= 100; ++i)
            {
                byte[] rnd = tpm.GetRandom(1);
                int num = (int)rnd[0];
                byte[] rnd2 = tpm.GetRandom(4);
                int num2 = 1;
                foreach (byte b in rnd2)
                {
                    int val = (int)b;
                    if (val > 0)
                        num2 *= val;
                }
                Console.WriteLine(
                    string.Format("{0} > small number : {1}", i, num));
                Console.WriteLine(
                    string.Format("{0} > big number : {1}", i, num2));
            }
        }
    }
}
```

代码 4-2 的详细解释如下：

(1) 创建 TbsDevice 设备实例，命名为 device 并转换为 Tpm2Device 基类。

(2) 调用 device 实例的 Connect 方法与 TPM 建立连接。

(3) 创建 Tpm2 实例并关联 TPM 设备，即 device 实例，存储至 tpm 变量。随后即可使用 tpm 实例向 TPM 发送各种命令，无须关心 device 实例。

(4) 调用 tpm 实例的 GetRandom 方法，生成随机字节数组。GetRandom 方法的参数表示生成随机字节数组的长度，例如设置为 1 表示生成 1 个随机字节，返回结果是 byte[]类型的字节数组，将其存储至 rnd 变量。

(5) 取出 rnd 数组中的第 1 个字节，转换为 int 类型后得到随机数 num。num 的有效范围是 0～255。

(6) 后续代码与步骤(4)以及步骤(5)类似，只是将 GetRandom 方法的参数改为 4，表示生成 4 个随机字节，返回结果存储至新的 rnd2 变量。随后遍历数组将各个元素转换为 int 类型并相乘，得到随机数 num2。num2 的有效范围是 1～4 228 250 625。

(7) 将步骤(4)～(6)的相关代码放在外层循环中，例如设置 100 次循环，表示生成 100 组随机数，每组分别包含一小(num)、一大(num2)随机数。

程序运行结果如图 4-1 所示。

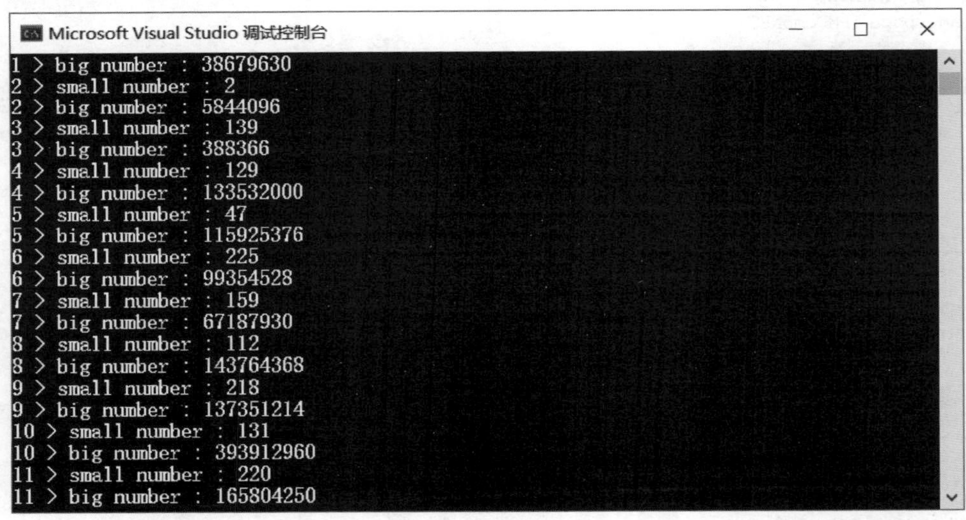

图 4-1 使用 HRNG 生成随机数

4.3 本章小结

本章首先介绍了两种类型的随机发生器，即 RNG 与 HRNG，它们分别基于软件算法与物理事件实现。如果应用系统对于安全性有极为严苛的要求，则推荐使用 HRNG。随后通过示例演示了如何使用 TPM 自带的 HRNG 生成一些随机数，并解释了一些基础的 TPM 结构，如 TpmDevice 类型与 Tpm2 类型。示例程序完整地演示了 TPM 应用程序的编写过程。

第5章

HASH算法

HASH 算法是将任意长度的数据转换为固定长度的摘要。HASH 算法不能用于加密或解密，主要用于数据完整性校验、数据唯一标识（又称为指纹）、密码安全存储。HASH 算法不仅是网络安全框架的基础，也是 TPM 最核心的功能，在应用系统开发中更是被广泛使用。本章通过示例演示 HASH 算法的具体使用过程。有关 HASH 算法的详细介绍可回顾第 1 章内容。

5.1 TPM_HANDLE

在开始编写代码之前，首先需要了解 TPM 中非常重要的数据结构——TPM_HANDLE（C＃称为 TpmHandle，本书统称为 HANDLE），它是 TPM 内部对象的 UINT32 句柄，可以指向 Key 对象（将在第 6 章介绍）、Session（将在第 9 章介绍）以及可读写内存（将在第 18 章介绍）。TPM 使用 HANDLE 来唯一标识特定的资源，因此在应用程序开发过程中，可以随时使用 HANDLE 定位某个资源的实际内存区域。

C++与 C＃版本的 TSS API 进一步将 HANDLE 封装成为结构体，不仅包含原始的 UINT32 句柄，还包含授权信息与其他一些辅助函数。目前，仅需要了解 HANDLE 是一种资源标识符即可，后续会经常看到它的身影。

5.2 计算 HASH

在 TSS API 中可以使用两种方式计算摘要：一种是直接使用 HASH 函数，过程相对简单；另一种是通过依次执行 Start、Update、Complete 方法来完成摘要计算，过程相对复杂。这两种方式对于摘要计算的结果没有任何区别，只是在使用方式上有所不同。5.2.1 节与 5.2.2 节将分别演示两种摘要计算方式的使用场景。

HASH 算法有多种类型，常见的有 SHA-1、SHA-2 以及 SHA-3，其安全性从低到高排序。此外，安全性也同时取决于位长，例如 SHA-384 比 SHA-256 更安全。至于应用系统应当选用哪种算法，需要综合权衡系统的安全性与性能要求。虽然 SHA-512 比 SHA-256 更安全，但是它生成的摘要也更长（SHA-512 生成的摘要长度是 SHA-256 的 2 倍），这种差异对于单次摘要计算来说虽然显得微不足道，但是如果正在设计的是 RESTful 服务或数据表结构，那么当有大量的客户端同时请求数据时，这种细微的差异就会被放大到能显著影响系统性能的层面。然而，这仅是其中有关系统性能的因素之一，如果系统中的其他模块都存在类似的设计问题，则会叠加起来影响系统的整体性能。因此，建议在满足系统安全需求的前提下，尽量选择长度较小的算法。

5.2.1 简单 HASH

使用 HASH 函数将字符串 hello tpm 2.0 转换为摘要。

使用 C++计算字符串摘要的过程见代码 5-1，其中的关键点如下。

HashResponse 类型表示 TPM 执行命令后的返回结果，它继承自 RespStructure 基类型。TPM 中的大多数响应都以 nameResponse 格式命名，name 是执行命令的名称，例如 HashResponse。TPM 以请求命令-响应命令（Request-Response）的方式工作。

代码 5-1 使用 C++计算字符串摘要

```
#include <iostream>
#include "Tpm2.h"
using namespace TpmCpp;

int main()
{
    // 连接 TPM,略

    // 定义明文数据
    const char * cstr = "hello tpm 2.0";
    ByteVec data(cstr, cstr + strlen(cstr));
    // 计算字符串摘要
    HashResponse resp = tpm.Hash(data, TPM_ALG_ID::SHA1, TPM_RH_NULL);
    ByteVec digest = resp.outHash;
    // 输出摘要
    std::cout << "Digest: " << digest << endl;
}
```

代码 5-1 的详细解释如下：

（1）定义名称为 data 的字节数组，存储有关字符串的字节数据。

（2）调用 tpm 实例的 Hash 方法，第 1 个参数为步骤（1）定义的 data 数组，即需要计算摘要的原始数据；第 2 个参数为算法类型，如 TPM_ALG_ID::SHA1（SHA-1）或其他支持的算法；第 3 个参数将在第 10 章介绍，此处设置为 TPM_RH_NULL 即可。命令响应结果存储至 resp 变量。

（3）调用 resp 结构的 outHash 属性获取摘要，存储至 digest 数组。

（4）输出摘要。

程序运行结果如图 5-1 所示。

使用 C#计算字符串摘要的过程见代码 5-2。

图 5-1　使用 C++计算字符串摘要

代码 5-2　使用 C#计算字符串摘要

```
using System;
using System.Text;
using Tpm2Lib;
namespace TPMDemoNET
{
    class Program
    {
        static void Main(string[] args)
        {
            // 连接 TPM,略

            // 定义明文数据
            string cstr = "hello tpm 2.0";
            byte[] data = Encoding.ASCII.GetBytes(cstr);
            // 计算字符串摘要
            TkHashcheck ticket;
            byte[] digestData =
               tpm.Hash(data, TpmAlgId.Sha1, TpmRh.Null, out ticket);
            // 输出摘要
            string digest = BitConverter.ToString(digestData)
                                        .Replace("-", "").ToLower();
            Console.WriteLine("Digest: " + digest);
        }
    }
}
```

代码 5-2 的详细解释如下：

(1) 定义名称为 data 的字节数组，存储有关字符串的字节数据。

(2) 调用 tpm 实例的 Hash 方法，第 1 个参数为步骤(1)定义的 data 数组，即需要计算摘要的原始数据；第 2 个参数为算法类型，如 TpmAlgId.Sha1(SHA-1)或其他支持的算法；第 3 个参数将在第 10 章介绍，此处设置为 TpmRh.Null 即可；第 4 个参数为输出参数，无须关注，只需将其输出至 TkHashcheck 类型的临时变量即可。摘要结果存储至 digestData 数组。

(3) 调用 BitConverter.ToString 方法将 digestData 数组转换为十六进制字符串，存储至 digest 变量。

(4) 输出摘要。

程序运行结果如图 5-2 所示。

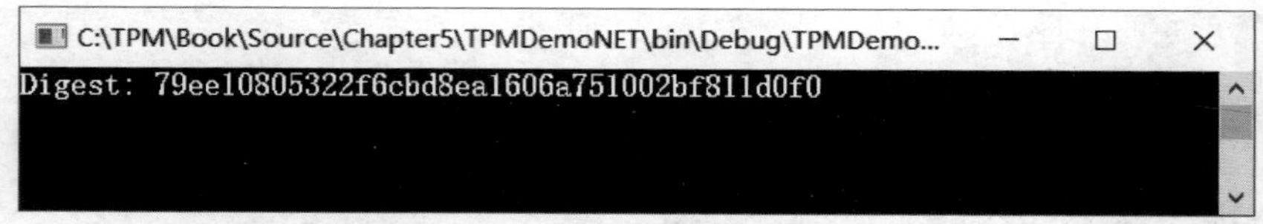

图 5-2 使用 C#计算字符串摘要

5.2.2 序列 HASH

除了 5.2.1 节介绍的方式外，还有另一种较为复杂的方式可以计算摘要，即通过依次执行 Start、Update、Complete 方法分步计算摘要，称为序列 HASH(Sequence HASH)。这种方式类似 C#或 Java 语言中的 StringBuilder，即通过不断地向容器追加数据，最终生成计算结果。

本节示例使用序列方式将字符串 hello tpm 2.0 转换为摘要，与 5.2.1 节示例的不同之处是需要将字符串拆分为 3 组片段，但最终的摘要计算结果应当与 5.2.1 节示例的结果完全相同。

使用 C++序列方式计算字符串摘要的过程见代码 5-3。

代码 5-3 使用 C++序列方式计算字符串摘要

```
#define null { }

int main()
{
    // 连接 TPM,略

    // 分段定义明文数据
    const char * cstr1 = "hello ";
    const char * cstr2 = "tpm ";
    const char * cstr3 = "2.0";
    ByteVec data1(cstr1, cstr1 + strlen(cstr1));
    ByteVec data2(cstr2, cstr2 + strlen(cstr2));
    ByteVec data3(cstr3, cstr3 + strlen(cstr3));
    // 使用序列方式计算摘要
    TPM_HANDLE handle = tpm.HashSequenceStart(null, TPM_ALG_ID::SHA1);
    tpm.SequenceUpdate(handle, data1);
    tpm.SequenceUpdate(handle, data2);
    SequenceCompleteResponse resp2 =
        tpm.SequenceComplete(handle, data3, TPM_RH_NULL);
    ByteVec digest2 = resp2.result;
    // 输出摘要
    std::cout << "Digest 2: " << digest2 << endl;
}
```

代码 5-3 的详细解释如下：

(1) 分别定义名称为 data1、data2、data3 的字节数组，用于存储 hello、tpm、2.0 这 3 个字符串片段的字节数据。需要注意的是，hello 与 tpm 字符串后各有 1 个空格。

（2）调用 tpm 实例的 HashSequenceStart 方法，准备开始摘要计算过程，第 1 个参数为授权信息，无须关注，指定 null 即可；第 2 个参数为算法类型，如 TPM_ALG_ID::SHA1（SHA-1）或其他支持的算法。此方法返回 TPM_HANDLE 结构，将其存储至 handle 变量，后续步骤都需要使用它来定位实际使用的内存。

（3）多次调用 tpm 实例的 SequenceUpdate 方法，传入 handle 变量与需要追加的数据 data1、data2……dataN。

（4）调用 tpm 实例的 SequenceComplete 方法，传入 handle 变量、最后需要追加的数据 data3 以及 TPM_RH_NULL。此方法执行实际的摘要计算过程，返回响应结果至 resp2 变量。

（5）调用 resp2 结构的 result 属性获取摘要，存储至 digest2 数组。

（6）输出摘要。

程序运行结果如图 5-3 所示。

图 5-3　使用 C++序列方式计算字符串摘要

使用 C＃序列方式计算字符串摘要的过程见代码 5-4。

代码 5-4　使用 C＃序列方式计算字符串摘要

```
namespace TPMDemoNET
{
    class Program
    {
        static void Main(string[] args)
        {
            // 连接 TPM，略

            // 分段定义明文数据
            string cstr1 = "hello ";
            string cstr2 = "tpm ";
            string cstr3 = "2.0";
            byte[] data1 = Encoding.ASCII.GetBytes(cstr1);
            byte[] data2 = Encoding.ASCII.GetBytes(cstr2);
            byte[] data3 = Encoding.ASCII.GetBytes(cstr3);
            // 使用序列方式计算摘要
            TpmHandle handle = tpm.HashSequenceStart(null, TpmAlgId.Sha1);
            tpm.SequenceUpdate(handle, data1);
            tpm.SequenceUpdate(handle, data2);
            TkHashcheck ticket;
            byte[] digestData2 =
               tpm.SequenceComplete(handle, data3, TpmRh.Null, out ticket);
            // 输出摘要
```

```
            string digest2 = BitConverter.ToString(digestData2)
                                         .Replace("-", "").ToLower();
            Console.WriteLine("Digest 2: " + digest2);
        }
    }
}
```

代码 5-4 的详细解释如下：

（1）分别定义名称为 data1、data2、data3 的字节数组，用于存储 hello、tpm、2.0 这 3 个字符串片段的字节数据。需要注意的是，hello 与 tpm 字符串后各有 1 个空格。

（2）调用 tpm 实例的 HashSequenceStart 方法，准备开始摘要计算过程，第 1 个参数为授权信息，无须关注，指定 null 即可；第 2 个参数为算法类型，如 TpmAlgId. Sha1（SHA-1）或其他支持的算法。此方法返回 TpmHandle 结构，将其存储至 handle 变量，后续步骤都需要使用它来定位实际使用的内存。

（3）多次调用 tpm 实例的 SequenceUpdate 方法，传入 handle 变量与需要追加的数据 data1、data2……dataN。

（4）调用 tpm 实例的 SequenceComplete 方法，传入 handle 变量、最后需要追加的数据 data3 以及 TpmRh. Null。此方法执行实际的摘要计算过程，返回摘要结果至 digestData2 数组。

（5）调用 BitConverter. ToString 方法将 digestData2 数组转换为十六进制字符串，存储至 digest2 变量。

（6）输出摘要。

程序运行结果如图 5-4 所示。

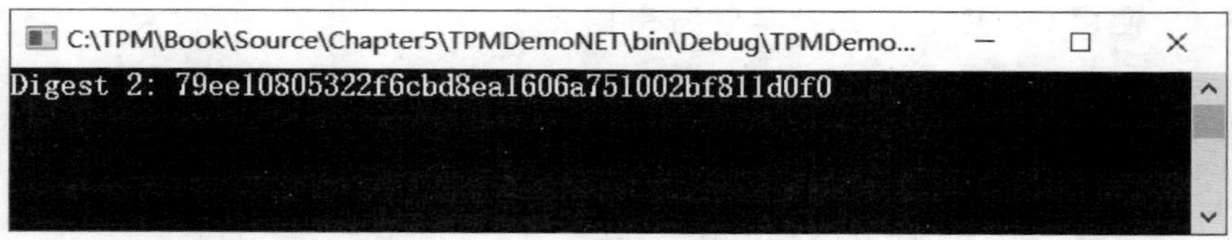

图 5-4 使用 C#序列方式计算字符串摘要

5.2.3 文件 HASH

HASH 算法除了可以计算字符串摘要以外，还能够计算程序或资源文件的摘要，从而判断文件在网络传输过程中是否被非法篡改或植入木马病毒。

本节示例使用序列方式计算名称为 hello. docx、大小为 17KB 的 Word 文档的摘要。在计算过程中，对文档以 100 字节长度为单位进行切片，这是因为 TPM 单次命令请求的字节长度限制为 1024 字节（根据芯片制造商有所不同），所以需要将切片长度限制在 1024 字节以下，如 100 字节。

使用 C++计算文件摘要的过程见代码 5-5。

代码 5-5 使用 C++计算文件摘要

```
// 新增以下引用
#include <fstream>
```

```
int main()
{
    // 连接 TPM,略

    // 读入文档数据
    const std::string inputFile = "hello.docx";
    std::ifstream inFile(inputFile, std::ios_base::binary);
    std::vector<char> buffer(
        (std::istreambuf_iterator<char>(inFile)),
        (std::istreambuf_iterator<char>()));
    // 计算文档的摘要
    ByteVec dataFile;
    TPM_HANDLE handleFile = tpm.HashSequenceStart(null, TPM_ALG_ID::SHA1);
    int count = 0;
    for (char& c : buffer)
    {
        dataFile.push_back(static_cast<BYTE>(c));
        if (++count >= 100)
        {
            tpm.SequenceUpdate(handleFile, dataFile);
            dataFile.clear();
            count = 0;
        }
    }
    SequenceCompleteResponse respFile =
        tpm.SequenceComplete(handleFile, dataFile, TPM_RH_NULL);
    ByteVec digestFile = respFile.result;
    // 输出摘要
    std::cout << "File Digest: " << digestFile << endl;
}
```

代码 5-5 的详细解释如下：

(1) 使用 ifstream 对象读入名称为 hello.docx 的文件的二进制流并转换为字节数组，存储至 buffer 数组。

(2) 定义名称为 dataFile 的字节数组，用来稍后存储 buffer 数组的切片数据。

(3) 调用 tpm 实例的 HashSequenceStart 方法，准备开始摘要计算过程，将返回的 TPM_HANDLE 结构存储至 handleFile 变量。

(4) 遍历 buffer 数组并同步填充 dataFile 数组，以 100 字节为单位，每当填充满 100 字节时，调用 tpm 实例的 SequenceUpdate 方法，传入 handleFile 变量与 dataFile 数组，然后重置 dataFile 数组。

(5) 调用 tpm 实例的 SequenceComplete 方法，传入 handleFile 变量、dataFile 数组(存储余下的字节数据)以及 TPM_RH_NULL。此方法执行实际的摘要计算过程，返回响应结果至 respFile 变量。

(6) 调用 respFile 结构的 result 属性获取摘要，存储至 digestFile 数组。

(7) 输出摘要。

程序运行结果如图 5-5 所示。

```
File Digest: 96760d8f 74ca3958 d3146544 299ab50c 78fc6bd6

C:\TPM\Book\Source\Chapter5\TPMDemo\Debug\TPMDemo.exe (进程 25060)已退出，代码为 0。

要在调试停止时自动关闭控制台，请启用“工具”->“选项”->“调试”->“调试停止时自动关闭控制台”。
按任意键关闭此窗口. . .
```

图 5-5　使用 C++计算文件摘要

使用 C#计算文件摘要的过程见代码 5-6。

代码 5-6　使用 C#计算文件摘要

```
// 新增以下引用
using System.Collections.Generic;
using System.IO;
namespace TPMDemoNET
{
    class Program
    {
        static void Main(string[] args)
        {
            // 连接 TPM,略

            // 读入文档数据
            string inputFile = string.Format("{0}\\..\\..\\{1}",
                                             Directory.GetCurrentDirectory(),
                                             "hello.docx");
            byte[] buffer = File.ReadAllBytes(inputFile);
            // 计算文档的摘要
            List<byte> dataFile = new List<byte>();
            TpmHandle handleFile = tpm.HashSequenceStart(null, TpmAlgId.Sha1);
            int count = 0;
            foreach (byte b in buffer)
            {
                dataFile.Add(b);
                if (++count >= 100)
                {
                    tpm.SequenceUpdate(handleFile, dataFile.ToArray());
                    dataFile.Clear();
                    count = 0;
                }
            }
            TkHashcheck ticket;
            byte[] digestFileData = tpm.SequenceComplete(
                handleFile, dataFile.ToArray(), TpmRh.Null, out ticket);
            // 输出摘要
            string digestFile = BitConverter.ToString(digestFileData)
                                             .Replace("-", "").ToLower();
            Console.WriteLine("File Digest:" + digestFile);
        }
    }
}
```

代码 5-6 的详细解释如下：

(1) 调用 File. ReadAllBytes 方法读入名称为 hello. docx 的文件的二进制流并转换为字节数组，存储至 buffer 数组。

(2) 创建名称为 dataFile 的 List 集合，用来稍后存储 buffer 数组的切片数据。

(3) 调用 tpm 实例的 HashSequenceStart 方法，准备开始摘要计算过程，将返回的 TpmHandle 结构存储至 handleFile 变量。

(4) 遍历 buffer 数组并同步填充 dataFile 集合，以 100 字节为单位，每当填充满 100 字节时，调用 tpm 实例的 SequenceUpdate 方法，传入 handleFile 变量与 dataFile 集合的数组形式，然后重置 dataFile 集合。

(5) 调用 tpm 实例的 SequenceComplete 方法，传入 handleFile 变量、dataFile 集合（存储余下的字节数据）的数组形式以及 TpmRh. Null。此方法执行实际的摘要计算过程，返回摘要结果至 digestFileData 数组。

(6) 调用 BitConverter. ToString 方法将 digestFileData 数组转换为十六进制字符串，存储至 digestFile 变量。

(7) 输出摘要。

程序运行结果如图 5-6 所示。

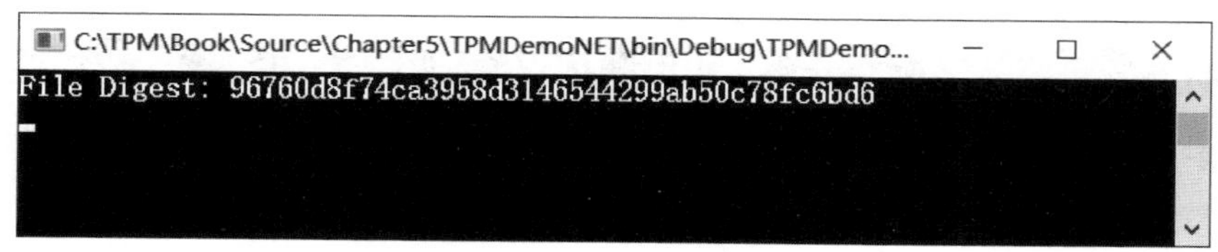

图 5-6　使用 C# 计算文件摘要

5.3　校验 HASH

在 5.2.1 节与 5.2.3 节示例中，分别为字符串与文件生成了如下摘要。

字符摘要：79ee10805322f6cbd8ea1606a751002bf811d0f0。

文件摘要：96760d8f74ca3958d3146544299ab50c78fc6bd6。

在基于网络的应用系统中，消息发送方通常将原始的字符串或文件连同对应的摘要一起发送至网络中；接收方收到消息后，通过重新计算摘要确认字符串或文件是否在网络传输过程中被非法篡改或植入了木马。只要 HASH 算法一致，摘要计算结果就完全一致。

接收方在收到消息或文件后，通常使用特定的程序自动重新计算摘要以验证其完整性。本节为了便于观察，使用在线工具生成摘要，并与 TPM 计算的摘要进行比较。

(1) 使用在线工具验证字符串摘要的完整性。如图 5-7 所示，在工具窗口的文本框输入字符串 hello tpm 2.0，在下拉列表框中选择 sha-1 算法，然后单击 hash 按钮，观察工具窗口下方生成的摘要与 5.2.1 节示例计算的摘要是否一致。

(2) 使用在线工具验证文件摘要的完整性。如图 5-8 所示，将 hello. docx 文件拖曳至工具窗口中，单击 Hash 按钮，观察工具窗口下方生成的摘要与 5.2.3 节示例计算的摘要是否一致。

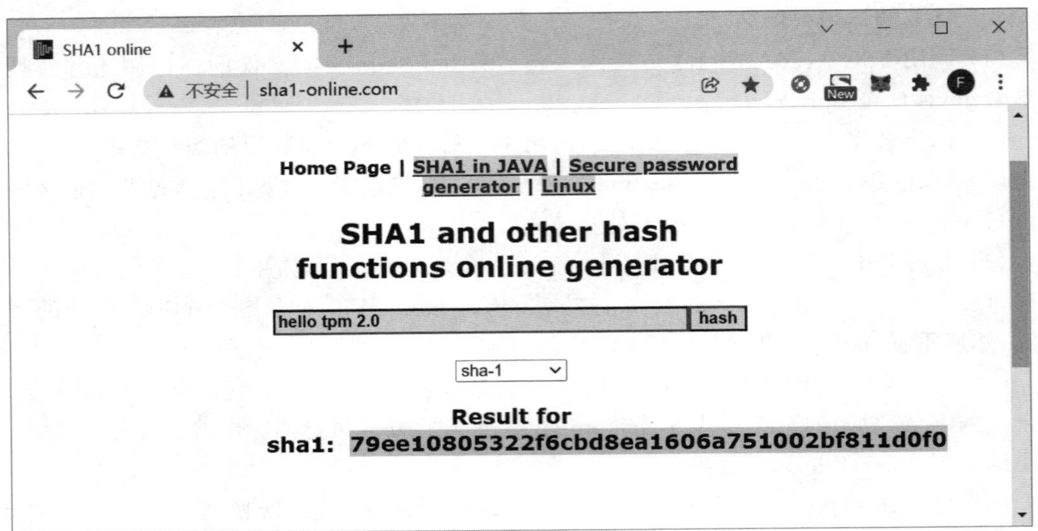

图 5-7　使用在线工具验证字符串摘要的完整性

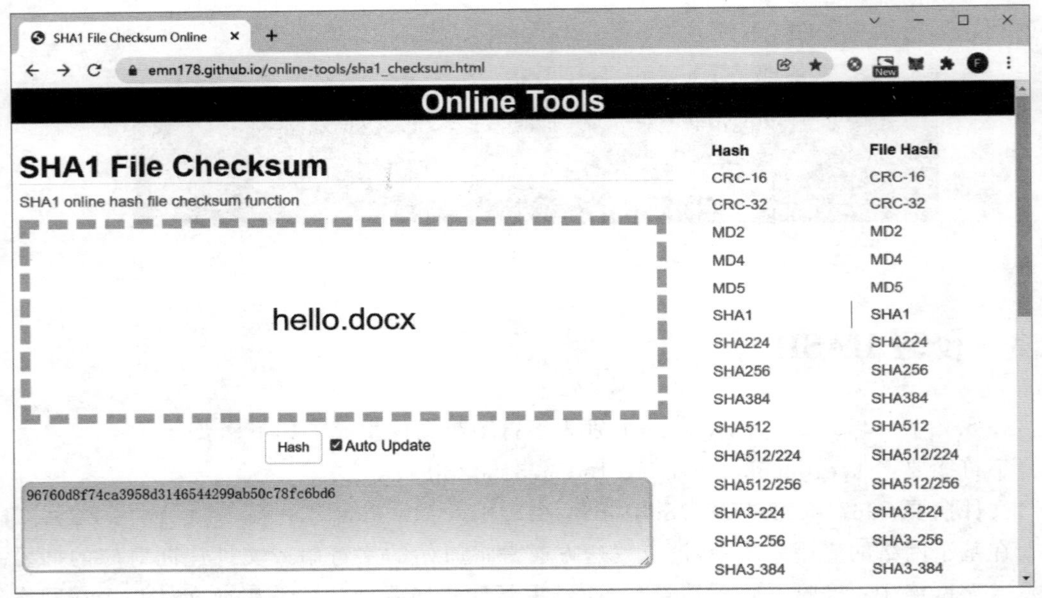

图 5-8　使用在线工具验证文件摘要的完整性

5.4　本章小结

本章首先介绍了 HANDLE 句柄与 TPM_HANDLE 结构，TPM 使用 HANDLE 来唯一标识特定的资源；TPM_HANDLE 是对 HANDLE 的进一步封装，提供了授权功能与辅助函数。随后通过示例演示了如何使用 HASH 算法计算字符串摘要与文件摘要。最后演示了如何使用在线工具验证摘要的完整性。在实际的应用场景中，数据完整性的校验工作一般由负责接收消息的应用程序自动完成。

第 6 章

HMAC算法

HMAC 算法本质上是一种高级的 HASH 算法，它与 HASH 算法最大的区别在于 HMAC 算法引入了密钥(本书统称为 Key)的概念。虽然 HMAC 算法比 HASH 算法只是多了一个 Key，但是这个 Key 却为 HMAC 算法提供了身份认证能力。HMAC 算法既能像 HASH 算法那样验证数据的完整性，又能鉴别消息来源、确认消息发送方的真实身份。不仅如此，HMAC 算法还为 TPM 内部的运行提供安全保障：由于 TPM 的内存空间非常有限，TPM 不得不将一些暂时不需要处理的数据转移至系统内存中，HMAC 算法能够确保当 TPM 重新读取这些数据时，数据既没有被篡改(完整性)，也源于其自身(身份认证)。

Key 是 TPM 的核心概念，从 TSS API 的使用层面上来说，使用 HMAC 算法比 HASH 算法需要编写更多的代码。本章通过示例演示 HMAC 算法的具体使用过程。有关 HMAC 算法的详细介绍可回顾第 1 章内容。

6.1 定义 Key 模板

在开始编写有关 HMAC 算法的代码之前，首先需要了解一些新的 TPM 概念。

TPMT_PUBLIC(C# 称为 TpmPublic)结构是用于定义 Key 的相关信息的模板，描述了 Key 的类型、属性以及用途等。在实际的应用程序开发过程中，TPMT_PUBLIC 模板的重要程度以及使用频率与 HANDLE 相当，因为凡是涉及 Key(HMAC Key、对称 Key、非对称 Key)的操作，都离不开 TPMT_PUBLIC 模板。

TPMT_PUBLIC 模板主要有以下属性：

(1) nameAlg：用于计算 Key 自身摘要的 HASH 算法，此摘要也作为 Key 对象(将在 6.3 节介绍)的名称标识符。如同使用摘要验证数据的完整性一样，TPM 使用此摘要验证 Key 对象的完整性，防止 Key 遭到非法替换。

(2) objectAttributes：Key 的属性集合，例如定义用途类型(签名、解密、加密)、授权方式(Password 授权、Policy 授权)、管理行为(是否允许导出)等。此属性支持多种组合定义方式，如 TPMA_OBJECT::sign | TPMA_OBJECT::userWithAuth(C# 为 ObjectAttr.Sign | ObjectAttr.UserWithAuth)。

(3) authPolicy：授权信息(将在第 9 章介绍)。

(4) parameters：算法参数，与 Key 的类型密切相关，例如 HMAC 算法、RSA 算法、AES 算法具有不同的参数。

(5) unique：对于非对称 Key，此属性表示公钥部分；对于其他类型的 Key，其表示自身的摘要，由 nameAlg 属性指定的 HASH 算法生成，也作为 Key 对象的名称标识符。

6.2 TPMS_SENSITIVE_CREATE

TPMS_SENSITIVE_CREATE 结构(C#称为 SensitiveCreate)用于存储敏感数据，例如 HMAC 算法中的 Key 与非对称密钥中的私钥都属于敏感数据，因此需要使用 TPMS_SENSITIVE_CREATE 结构进行封装。在执行用于创建 Key 对象的方法(CreatePrimary)时一般需要传入此结构。

TPMS_SENSITIVE_CREATE 结构主要有以下属性：

(1) userAuth：存储密码，用于 Password 授权(将在第 7 章介绍)。

(2) data：需要载入的 Key。对于 HMAC 算法来说，此属性就是 HMAC 算法中的 Key。

6.3 创建 HMAC Key 对象

准备好 TPMT_PUBLIC 模板与 TPMS_SENSITIVE_CREATE 结构以后，就可以调用 CreatePrimary 方法创建 HMAC Key 对象。CreatePrimary 方法需要分别传入 Key 模板以及封装了 Key 字符串的 TPMS_SENSITIVE_CREATE 结构。CreatePrimary 方法在 TPM 内存中创建 Key 对象，并返回指向该内存的 HANDLE。

HMAC 算法函数如下：

$$\text{HMAC} = (\text{Key} + \text{message})$$

其中，Key 表示密钥字符串，而 CreatePrimary 方法创建的是基于 Key 字符串的对象，称为 Key 对象(Key Object)，它是一种高维度封装的数据结构，并非 Key 字符串本身，在 TPM 应用程序开发过程中，使用 HMAC Key、对称 Key 或非对称 Key，都必须与 Key 对象进行交互，而不能直接与 Key 字符串进行交互，需要注意区分；message 为原始数据；HMAC 为摘要计算结果。

综上所述，在计算 HMAC 摘要之前需要做的工作如下：

(1) 准备 Key 字符串，可以使用在线工具或 TPM 的 HRNG 生成。

(2) 定义 TPMT_PUBLIC 模板。

(3) 创建 TPMS_SENSITIVE_CREATE 结构并载入 Key 字符串。

(4) 调用 CreatePrimary 方法创建 Key 对象。

(5) 获取指向 Key 对象的 HANDLE。

6.4 计算 HMAC 摘要

与 HASH 算法类似，在 TSS API 中同样可以使用两种方式计算 HMAC 摘要：一种是直接使用 HMAC 函数,过程相对简单;另一种是通过依次执行 Start、Update、Complete 方法来完成摘要计算,过程相对复杂。这两种方式对于 HMAC 摘要计算的结果没有任何区别,只是在使用方式上有所不同。6.4.1 节与 6.4.2 节将分别演示两种摘要计算方式的使用场景。

6.4.1 简单 HMAC

使用 HMAC 函数将字符串 hello tpm 2.0 转换为 HMAC 摘要。用于计算 HMAC 摘要的 HASH 算法选用 SHA-1;Key 字符串应当包含大小写字母、数字、特殊符号,如 x!A%D*G-KaPdSgVk,可以使用任意密码生成器工具生成。

使用 C++计算字符串 HMAC 摘要的过程见代码 6-1,其中的关键点如下。

TPMT_PUBLIC 表示 Key 的模板。对于 HMAC 算法而言,objectAttributes 属性一般设置为 TPMA_OBJECT::sign | TPMA_OBJECT::userWithAuth,TPMA_OBJECT::sign 表示 Key 对象的用途是签名或加密,因为 HMAC 算法本质上是特殊的 HASH 运算,所以此处作为签名用途;TPMA_OBJECT::userWithAuth 表示使用 Key 对象时需要进行密码认证,但随后将设置空密码,即使用 Key 对象时不需要提供密码。parameters 属性的类型是指向 TPMU_PUBLIC_PARMS 对象的指针,继承自 TPMU_PUBLIC_PARM 基类型的 TPMS_KEYEDHASH_PARMS 类型用于描述 HMAC 算法的参数,其构造函数指定用于计算 HMAC 摘要的 HASH 算法。authPolicy 属性将在第 9 章介绍。unique 属性设置为 TPM2B_DIGEST_KEYEDHASH 对象。nameAlg 属性指定计算 Key 自身摘要(作为 Key 对象的名称标识符)的 HASH 算法,与 HMAC 算法所使用的 HASH 算法无关,对于 HMAC 摘要计算的结果也不产生任何影响,真正决定计算 HMAC 摘要时所使用 HASH 算法的是 TPMS_KEYEDHASH_PARMS 类型的构造函数。

代码 6-1 使用 C++计算字符串 HMAC 摘要

```
#include <iostream>
#include "Tpm2.h"
using namespace TpmCpp;
#define null { }

int main()
{
    // 连接 TPM,略

    // 定义 Key 字符串
    const char* ckey = "x!A%D*G-KaPdSgVk";
    ByteVec key(ckey, ckey + strlen(ckey));
    // 定义 HASH 算法
    TPM_ALG_ID hashAlg = TPM_ALG_ID::SHA1;
    // 定义 Key 模板
    TPMT_PUBLIC temp(hashAlg,
        TPMA_OBJECT::sign | TPMA_OBJECT::userWithAuth,
        null,
        TPMS_KEYEDHASH_PARMS(TPMS_SCHEME_HMAC(hashAlg)),
        TPM2B_DIGEST_KEYEDHASH());
    // 导入 Key 字符串
```

```
    TPMS_SENSITIVE_CREATE sensCreate(null, key);
    // 创建 Key 对象
    CreatePrimaryResponse primary =
        tpm.CreatePrimary(TPM_RH_NULL, sensCreate, temp, null, null);
    TPM_HANDLE& keyHandle = primary.handle;
    // 定义明文数据
    const char * cstr = "hello tpm 2.0";
    ByteVec data(cstr, cstr + strlen(cstr));
    // 计算字符串 HMAC 摘要
    ByteVec digest = tpm.HMAC(keyHandle, data, hashAlg);
    // 输出摘要
    std::cout << "HMAC: " << digest << endl;
}
```

代码 6-1 的详细解释如下：

(1) 定义名称为 key 的字节数组，存储密钥数据。

(2) 定义 Key 模板，第 1 个参数指定 TPM_ALG_ID::SHA1；第 2 个参数设置为 TPMA_OBJECT::sign | TPMA_OBJECT::userWithAuth，表示 Key 对象用于摘要计算，并且使用 Password 授权(但随后将设置空密码)；第 3 个参数为 Policy 授权(将在第 9 章介绍)，指定 null 表示不使用 Policy 授权；第 4 个参数为 Key 对象的算法参数，创建表示 HMAC 算法类型(又称为架构)的 TPMS_SCHEME_HMAC 对象，在其构造函数中指定用于计算 HMAC 摘要的 HASH 算法 TPM_ALG_ID::SHA1(SHA-1)，然后创建表示 HMAC 算法参数的 TPMS_KEYEDHASH_PARMS 对象，将 TPMS_SCHEME_HMAC 对象作为其构造函数的参数；第 5 个参数为 TPM2B_DIGEST_KEYEDHASH 对象。

(3) 导入 Key 字符串，创建 TPMS_SENSITIVE_CREATE 对象，第 1 个参数为 null，表示不需要密码即可完成授权行为；第 2 个参数是名称为 key 的数组。

(4) 调用 tpm 实例的 CreatePrimary 方法创建 Key 对象，第 1 个参数为 TPM_RH_NULL(将在第 10 章介绍)；第 2 个参数为步骤(3)创建的 TPMS_SENSITIVE_CREATE 对象；第 3 个参数为 TPMT_PUBLIC 模板；其他参数均为 null。命令响应结果存储至 primary 变量。

(5) 调用 primary.handle 获取指向新创建的 Key 对象的 HANDLE，存储至 keyHandle 变量。

(6) 定义名称为 data 的字节数组，存储有关字符串的字节数据。

(7) 调用 tpm 实例的 HMAC 方法，第 1 个参数为指向 Key 对象的 HANDLE；第 2 个参数为步骤(6)定义的 data 数组，即需要计算 HMAC 摘要的原始数据；第 3 个参数指定与创建 TPMS_SCHEME_HMAC 对象时相同的 HASH 算法。摘要结果存储至 digest 数组。

(8) 输出摘要。

程序运行结果如图 6-1 所示。

使用 C# 计算字符串 HMAC 摘要的过程见代码 6-2，其中的关键点如下。

TpmPublic 表示 Key 的模板。对于 HMAC 算法而言，_objectAttributes 属性(注意，C# 属性名称前面有符号 _)一般设置为 ObjectAttr.Sign | ObjectAttr.UserWithAuth，ObjectAttr.Sign 表示 Key 对象的用途是签名或加密，因为 HMAC 算法本质是特殊的

图 6-1 使用 C++计算字符串 HMAC 摘要

HASH 运算，所以此处作为签名用途；ObjectAttr. UserWithAuth 表示使用 Key 对象时需要进行密码认证，但随后将设置空密码，即使用 Key 对象时不需要提供密码。_parameters 属性的类型是 IPublicParmsUnion 接口，实现了此接口的 KeyedhashParms 类型用于描述 HMAC 算法的参数，其构造函数指定用于计算 HMAC 摘要的 HASH 算法。_authPolicy 属性将在第 9 章介绍。_unique 属性设置为 Tpm2bDigestKeyedhash 对象。_nameAlg 属性指定计算 Key 自身摘要(作为 Key 对象的名称标识符)的 HASH 算法，与 HMAC 算法所使用的 HASH 算法无关，对于 HMAC 摘要计算的结果也不产生任何影响，真正决定计算 HMAC 摘要时所使用 HASH 算法的是 KeyedhashParms 类型的构造函数。

代码 6-2 使用 C#计算字符串 HMAC 摘要

```
using System;
using System.Text;
using Tpm2Lib;
namespace TPMDemoNET
{
    class Program
    {
        static void Main(string[] args)
        {
            // 连接 TPM,略

            // 定义 Key 字符串
            string ckey = "x!A%D*G-KaPdSgVk";
            byte[] key = Encoding.ASCII.GetBytes(ckey);
            // 定义 HASH 算法
            TpmAlgId hashAlg = TpmAlgId.Sha1;
            // 定义 Key 模板
            var temp = new TpmPublic(hashAlg,
                ObjectAttr.Sign | ObjectAttr.UserWithAuth,
                null,
                new KeyedhashParms(new SchemeHmac(hashAlg)),
                new Tpm2bDigestKeyedhash());
            // 导入 Key 字符串
            SensitiveCreate sensCreate = new SensitiveCreate(null, key);
            // 创建 Key 对象
            TpmPublic keyPublic;
            CreationData creationData;
            TkCreation creationTicket;
            byte[] creationHash;
            TpmHandle keyHandle =
```

```
                tpm.CreatePrimary(TpmRh.Null, sensCreate, temp, null, null,
                                  out keyPublic, out creationData,
                                  out creationHash, out creationTicket);
            // 定义明文数据
            string cstr = "hello tpm 2.0";
            byte[] data = Encoding.ASCII.GetBytes(cstr);
            // 计算字符串 HMAC 摘要
            byte[] digestData = tpm.Hmac(keyHandle, data, hashAlg);
            // 输出摘要
            string digest = BitConverter.ToString(digestData)
                                 .Replace("-", "").ToLower();
            Console.WriteLine("HMAC: " + digest);
        }
    }
}
```

代码 6-2 的详细解释如下：

(1) 定义名称为 key 的字节数组，存储密钥数据。

(2) 定义 Key 模板，第 1 个参数指定 TpmAlgId.Sha1；第 2 个参数设置为 ObjectAttr.Sign | ObjectAttr.UserWithAuth，表示 Key 对象用于摘要计算，并且使用 Password 授权（但随后将设置空密码）；第 3 个参数为 Policy 授权（将在第 9 章介绍），指定 null 表示不使用 Policy 授权；第 4 个参数为 Key 对象的算法参数，创建表示 HMAC 算法类型（又称为架构）的 SchemeHmac 对象，在其构造函数中指定用于计算 HMAC 摘要的 HASH 算法 TpmAlgId.Sha1（SHA-1），然后创建表示 HMAC 算法参数的 KeyedhashParms 对象，将 SchemeHmac 对象作为其构造函数的参数；第 5 个参数为 Tpm2bDigestKeyedhash 对象。

(3) 导入 Key 字符串，创建 SensitiveCreate 对象，第 1 个参数为 null，表示不需要密码即可完成授权行为；第 2 个参数是名称为 key 的数组。

(4) 调用 tpm 实例的 CreatePrimary 方法创建 Key 对象，第 1 个参数为 TpmRh.Null（将在第 10 章介绍）；第 2 个参数为步骤(3)创建的 SensitiveCreate 对象；第 3 个参数为 TpmPublic 模板；其他入参均为 null；其他出参均定义相关类型的变量并以 out 关键词修饰，但无须关注，因为它们对于摘要计算没有任何帮助。此方法返回指向新创建的 Key 对象的 HANDLE，将其存储至 keyHandle 变量。

(5) 定义名称为 data 的字节数组，存储有关字符串的字节数据。

(6) 调用 tpm 实例的 Hmac 方法，第 1 个参数为指向 Key 对象的 HANDLE；第 2 个参数为步骤(5)定义的 data 数组，即需要计算 HMAC 摘要的原始数据；第 3 个参数指定与创建 SchemeHmac 对象时相同的 HASH 算法。摘要计算结果存储至 digestData 数组。

(7) 调用 BitConverter.ToString 方法将 digestData 数组转换为十六进制字符串，存储至 digest 变量。

(8) 输出摘要。

程序运行结果如图 6-2 所示。

6.4.2 序列 HMAC

与序列 HASH 的实现方式类似，还可以通过依次执行 Start、Update、Complete 方法分

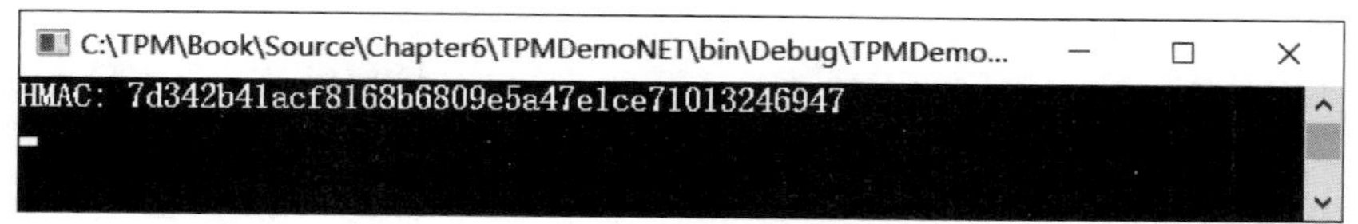

图 6-2 使用 C# 计算字符串 HMAC 摘要

步计算 HMAC 摘要，这对于长度超过 1024 字节的数据来说十分有用。

本节示例使用序列方式将字符串 hello tpm 2.0 转换为 HMAC 摘要，与 6.4.1 节示例的不同之处是需要将字符串拆分为 3 组片段，但最终的摘要结果应当与 6.4.1 节示例的结果完全相同。

使用 C++序列方式计算字符串 HMAC 摘要的过程见代码 6-3。

代码 6-3 使用 C++序列方式计算字符串 HMAC 摘要

```
int main()
{
    // 略(创建 Key 对象的过程同代码 6-1)

    // 分段定义明文数据
    const char * cstr1 = "hello ";
    const char * cstr2 = "tpm ";
    const char * cstr3 = "2.0";
    ByteVec data1(cstr1, cstr1 + strlen(cstr1));
    ByteVec data2(cstr2, cstr2 + strlen(cstr2));
    ByteVec data3(cstr3, cstr3 + strlen(cstr3));
    // 使用序列方式计算 HMAC 摘要
    TPM_HANDLE handle = tpm.HMAC_Start(keyHandle, null, hashAlg);
    tpm.SequenceUpdate(handle, data1);
    tpm.SequenceUpdate(handle, data2);
    SequenceCompleteResponse resp =
        tpm.SequenceComplete(handle, data3, TPM_RH_NULL);
    ByteVec digest2 = resp.result;
    // 输出摘要
    std::cout << "HMAC 2: " << digest2 << endl;
}
```

代码 6-3 的详细解释如下：

(1) 创建 Key 对象，步骤与代码 6-1 一致，此处不再赘述。

(2) 分别定义名称为 data1、data2、data3 的字节数组，用于存储 hello、tpm、2.0 这 3 个字符串片段的字节数据。需要注意的是，hello 与 tpm 字符串后各有 1 个空格。

(3) 调用 tpm 实例的 HMAC_Start 方法，准备开始 HMAC 摘要计算过程，第 1 个参数为指向 Key 对象的 HANDLE；第 2 个参数为授权信息，无须关注，指定 null 即可；第 3 个参数为 HMAC 使用的 HASH 算法，如 TPM_ALG_ID::SHA1(SHA-1)或其他支持的算法。此方法返回 TPM_HANDLE 结构，将其存储至 handle 变量，后续步骤都需要使用它来定位实际使用的内存。注意，handle 变量与 keyHandle 变量指向的是不同的 TPM 对象。

(4) 多次调用 tpm 实例的 SequenceUpdate 方法，传入 handle 变量与需要追加的数据 data1、data2……dataN。

(5) 调用 tpm 实例的 SequenceComplete 方法,传入 handle 变量、最后需要追加的数据 data3 以及 TPM_RH_NULL。此方法执行实际的 HMAC 摘要计算过程,返回响应结果至 resp 变量。

(6) 调用 resp 结构的 result 属性获取 HMAC 摘要,存储至 digest2 数组。

(7) 输出摘要。

程序运行结果如图 6-3 所示。

图 6-3 使用 C++序列方式计算字符串 HMAC 摘要

使用 C#序列方式计算字符串 HMAC 摘要的过程见代码 6-4。

代码 6-4 使用 C#序列方式计算字符串 HMAC 摘要

```
namespace TPMDemoNET
{
    class Program
    {
        static void Main(string[] args)
        {
            // 略(创建 Key 对象的过程同代码 6-2)

            // 分段定义明文数据
            string cstr1 = "hello ";
            string cstr2 = "tpm ";
            string cstr3 = "2.0";
            byte[] data1 = Encoding.ASCII.GetBytes(cstr1);
            byte[] data2 = Encoding.ASCII.GetBytes(cstr2);
            byte[] data3 = Encoding.ASCII.GetBytes(cstr3);
            // 使用序列方式计算 HMAC 摘要
            TpmHandle handle = tpm.HmacStart(keyHandle, null, hashAlg);
            tpm.SequenceUpdate(handle, data1);
            tpm.SequenceUpdate(handle, data2);
            TkHashcheck ticket;
            byte[] digestData2 =
                tpm.SequenceComplete(handle, data3, TpmRh.Null, out ticket);
            // 输出摘要
            string digest2 = BitConverter.ToString(digestData2)
                                    .Replace("-", "").ToLower();
            Console.WriteLine("HMAC 2: " + digest2);
        }
    }
}
```

代码 6-4 的详细解释如下：

(1) 创建 Key 对象，步骤与代码 6-2 一致，此处不再赘述。

(2) 分别定义名称为 data1、data2、data3 的字节数组，用于存储 hello、tpm、2.0 这 3 个字符串片段的字节数据。需要注意的是，hello 与 tpm 字符串后各有 1 个空格。

(3) 调用 tpm 实例的 HmacStart 方法，准备开始 HMAC 摘要计算过程，第 1 个参数为指向 Key 对象的 HANDLE；第 2 个参数为授权信息，无须关注，指定 null 即可；第 3 个参数为 HMAC 使用的 HASH 算法，如 TpmAlgId. Sha1(SHA-1)或其他支持的算法。此方法返回 TpmHandle 结构，将其存储至 handle 变量，后续步骤都需要使用它来定位实际使用的内存。注意，handle 变量与 keyHandle 变量指向的是不同的 TPM 对象。

(4) 多次调用 tpm 实例的 SequenceUpdate 方法，传入 handle 变量与需要追加的数据 data1、data2……dataN。

(5) 调用 tpm 实例的 SequenceComplete 方法，传入 handle 变量、最后需要追加的数据 data3 以及 TpmRh. Null。此方法执行实际的 HMAC 摘要计算过程，返回摘要结果至 digestData2 数组。

(6) 调用 BitConverter. ToString 方法将 digestData2 数组转换为十六进制字符串，存储至 digest2 变量。

(7) 输出摘要。

程序运行结果如图 6-4 所示。

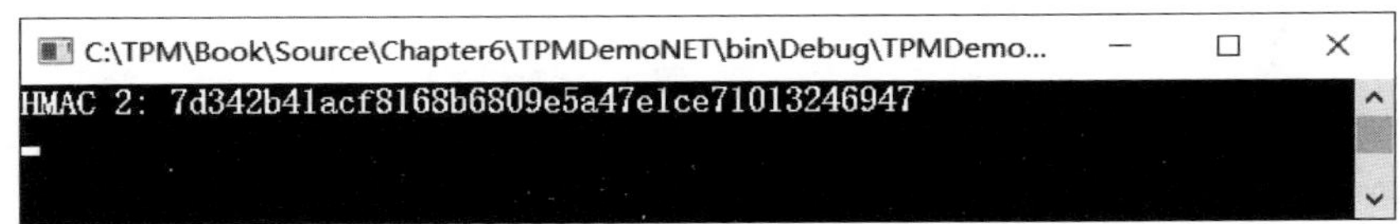

图 6-4 使用 C#序列方式计算字符串 HMAC 摘要

6.5 校验 HMAC

在 6.4.1 节与 6.4.2 节示例中，使用 HMAC 算法生成的摘要如下。

```
7d342b41acf8168b6809e5a47e1ce71013246947
```

在基于网络的应用系统中，消息发送方通常将原始的消息与 HMAC 摘要一起发送至网络中；接收方收到消息后，通过使用相同的 Key 重新计算 HMAC 摘要以确认消息是否在网络传输过程中被非法篡改，还能进一步确认消息是否由特定的发送方发出(因为只有特定的发送方与接收方持有 Key)，既验证了数据的完整性，也核实了消息来源。接收方既可以使用 TPM，也可以使用其他任何方式重新计算 HMAC 摘要。只要消息传输双方使用的 HMAC 算法与 Key 一致，HMAC 摘要的计算结果就完全一致。

接收方在收到消息后，通常使用特定的程序自动重新计算 HMAC 摘要以验证其完整性与发送方身份的真实性。本节为了便于观察，使用在线工具生成 HMAC 摘要，并与 TPM 计算的摘要进行比较。

使用在线工具验证 HMAC 摘要的完整性，如图 6-5 所示，在工具窗口的下拉列表框中选择 SHA1 算法，在上方文本框中输入 Key，在中间文本框中输入字符串 hello tpm 2.0，然后单击 Generate HMAC 按钮，观察工具窗口下方生成的 HMAC 摘要与 6.4.1 节示例计算的摘要是否一致。

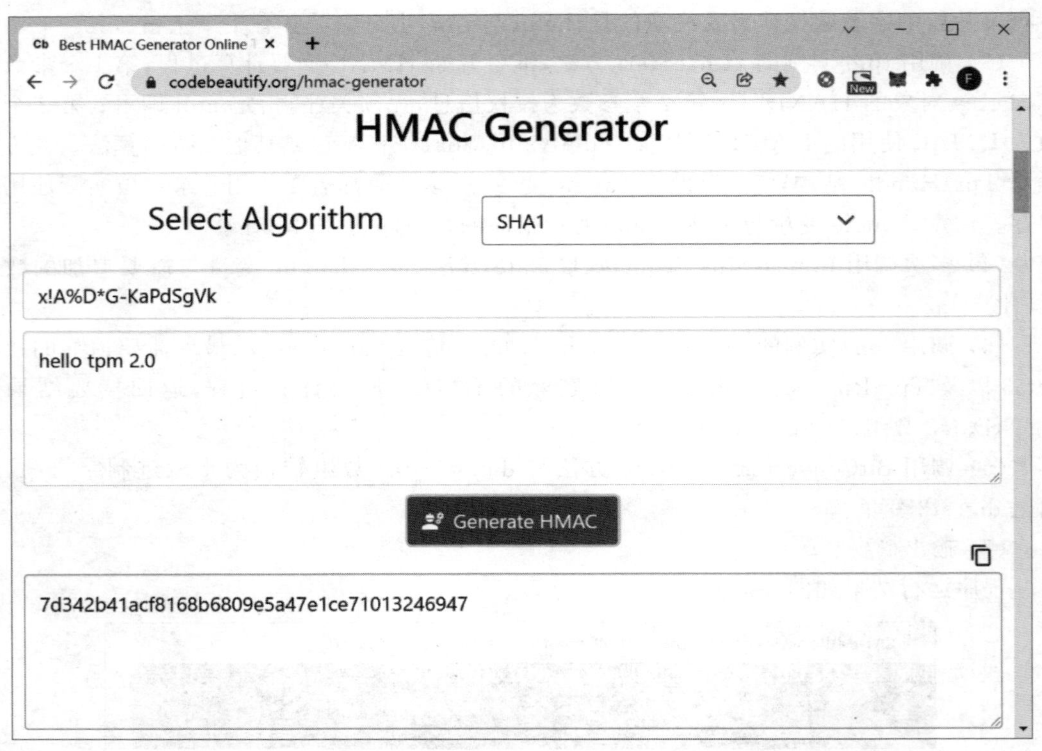

图 6-5 使用在线工具验证 HMAC 摘要的完整性

6.6 本章小结

本章首先介绍了 Key 模板的定义与创建 HMAC Key 对象所需的基本属性。在创建 Key 对象之前，需要先定义 Key 模板，Key 模板的属性决定了 Key 对象的算法、用途以及安全性等。Key 对象是 TPM 中持有相关数据的结构，与表示密钥的 Key 字符串是完全不同的概念。TPM 使用 HANDLE 来标识 Key 对象的实际内存区域，便于在其他函数中引用。随后通过示例演示了如何使用 HMAC 算法计算字符串摘要。最后演示了如何使用在线工具验证 HMAC 摘要的完整性。

第7章

对称密钥

通过第6章的学习，相信已经对 TSS API 的基本使用流程以及 Key 对象的创建方法有了较为清晰的认识。虽然 HMAC Key 对象的创建过程看似有些简单，但是对于本章的学习是很好的铺垫过程，因为 TSS API 中各种 Key 对象的创建方法非常类似。

对称密钥(本书统称为对称 Key)是一种既能用于加密又能用于解密的 Key，即加密与解密共用相同的 Key。对称 Key 具有计算速度快的优点，适合处理大量数据。对称 Key 有许多种算法，使用方式大同小异，例如 AES 算法是目前民用领域中安全性较高的算法之一，能够满足大部分应用系统的安全需求。本章以 AES 算法为例，介绍如何使用 TSS API 管理对称 Key。

Key 对象自身的安全性也是值得关注的因素，因为 Key 作为应用系统中敏感的数字资源，一定不希望被任何人随意访问。TPM 提供了多种方式保护 Key 对象的安全性，这些方式有的实现起来很简单，有的却非常复杂。

在开始演示使用 TSS API 管理对称 Key 之前，首先将介绍授权的概念。

7.1 授权区域

TSS API 与 TPM 的通信方式概括如下：

(1) 用户发送命令请求。

(2) TPM 执行命令，返回响应。

(3) 用户收到命令响应。

对于常规 TPM 命令，如 HASH 函数，不需要授权即可直接调用；而对于另一些 TPM 对象，如 Key 对象，则应当严格限制访问权限，以防止被非法滥用而解密敏感数据。如果缺少了这种限制条件，则使用 TPM 毫无意义。因此，对于一些较为敏感的对象，需要以某种方式授予合法用户相应的访问权限，限制非法用户的访问企图，这一过程称为授权。

TPM 中的授权是通过在命令结构中填充授权区域实现的，如图 7-1 所示，在 TPM 的命令请求与命令响应结构中，有一块专门用于传输授权信息的区域，称为授权区域。对于受保护的对象，用户需要在命令请求的授权区域填充授权信息；而对于非敏感的命令请求，此区域也可以留空。当 TPM 执行命令时，会将命令请求携带的授权信息与目标对象的授权信息进行比较，如果一致，则执行命令；如果不一致，则拒绝执行命令，返回异常信息。

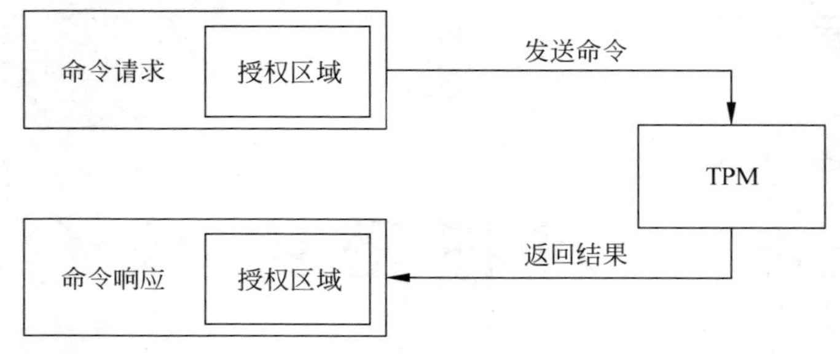

图 7-1 TPM 命令结构

TSS API 与 TPM 的通信方式可以进一步地概括为如下步骤：

（1）用户发送带有授权信息的命令请求。

（2）TPM 检查授权，根据授权结果执行命令或拒绝命令。

（3）用户收到带有授权信息的命令响应（或异常）。

7.2 Password 授权

在 TPM 技术规范中定义了 3 种授权方式：Password 授权、HMAC 授权以及 Policy 授权，其中最简单也最好理解的是 Password 授权。Password 授权需要在创建对象时设置密码，使用对象时提供正确的密码以完成授权过程。

Password 授权过程简述如下：

（1）创建对象并设置密码（此步骤通常只需进行 1 次）。

（2）构建命令请求，用密码填充命令的授权区域。

（3）发送命令。

（4）TPM 判断命令授权区域中的密码与对象绑定的密码是否一致，如果一致，则 Password 授权成功；如果不一致，则 Password 授权失败。

7.2.1 绑定密码

第 6 章初步介绍了 TPMS_SENSITIVE_CREATE 结构（C# 称为 SensitiveCreate），其构造函数包括 userAuth 与 data 参数，userAuth 参数用于存储密码，它是为了保护 Key 对象而设置的密码；data 参数在第 6 章创建 HMAC Key 对象时设置的是 Key 字符串，是为了导入预生成的 Key（使用在线工具或第三方生成的 Key），如果希望由 TPM 负责生成全新的 Key，则 data 参数应当设置为 null，表示不需要从外部导入。再次强调，此处 Key 指的是密钥，是一段随机字节数组，而不是 Key 对象，Key 对象是包含了 Key 的数据结构。

综上所述，当希望使用密码 password 保护 Key 对象，并希望由 TPM 来生成 Key 时，有如下定义。

```
#define null {}
TPMS_SENSITIVE_CREATE sensCreate(password, null);
```

随后即可调用 CreatePrimary 方法创建绑定密码的 Key 对象，如下所示。

```
tpm.CreatePrimary(TPM_RH_NULL, sensCreate, temp, null, null);
```

7.2.2 使用 Password 授权

当访问受密码保护的对象时，需要使用正确的密码填充命令的授权区域，这一过程如果使用 C 语言并依照 TPM 技术规范来实现，将会极为复杂。而 TSS API 大幅简化了填充授权区域的有关步骤，让一切变得简单。

TPM_HANDLE 结构的核心功能是提供 TPM 对象的句柄，同时也封装了许多辅助函数，例如 SetAuth 方法用于便捷地填充授权区域(仅用于 Password 授权)，使用方式如下。

```
handle.SetAuth(password);
```

当为 HANDLE 设置了密码后，随后有关此 HANDLE 的任何命令都会自动填充命令的授权区域，无须进行任何额外操作。

7.3 使用密码保护 Key

创建受密码保护的 Key 对象以及使用 Password 授权访问 Key 对象的步骤如下：

(1) 生成密码，如 password。

(2) 定义 Key 模板，设置 TPMA_OBJECT::userWithAuth 属性(C# 称为 ObjectAttr.UserWithAuth)。

(3) 创建 TPMS_SENSITIVE_CREATE 对象，设置密码 password。

(4) 调用 CreatePrimary 方法创建 Key 对象。

(5) 获取指向 Key 对象的 HANDLE。

(6) 调用 HANDLE 的 SetAuth 方法传入密码 password。

(7) 执行有关 Key 对象的操作。

7.4 使用对称 Key

AES 算法是对称 Key 算法的一种类型，Key 长度有 128 位、192 位、256 位可供选择，加密模式支持 ECB、CBC、CTR、OFB、CFB。这些加密模式各有优缺点，例如，CFB 模式的优点是对于相同的明文生成不同的密文；而 ECB 模式对于相同的明文始终生成相同的密文，可能受到反查表攻击。7.4.1 节～7.4.3 节将基于 AES-128/CFB 算法演示加密与解密的使用场景。需要注意的是，CFB 模式需要额外提供 IV 向量，为加密过程增加干扰能力，但为了简化代码，7.4.1 节～7.4.3 节示例将忽略 IV 向量，将其全部初始化为 0。

7.4.1 加密与解密字符串

首先创建基于 AES 算法的 Key 对象，然后用其加密字符串并解密。在创建 Key 对象时设置密码；使用 Key 对象时提供正确的密码进行授权。

使用 C++ 加密与解密字符串的过程见代码 7-1，其中的关键点如下。

AES Key 模板与第 6 章介绍的 HMAC Key 模板结构基本相同，依然是基于 TPMT_PUBLIC 结构，但是其中一些属性是 AES 算法独有的。

首先，objectAttributes 属性应当设置为 TPMA_OBJECT::decrypt | TPMA_OBJECT::

sign | TPMA_OBJECT::userWithAuth | TPMA_OBJECT::sensitiveDataOrigin。AES 算法加密与解密都使用相同的 Key，TPMA_OBJECT::decrypt 表示 Key 对象的用途是解密，TPMA_OBJECT::sign 表示 Key 对象的用途是加密或签名，因此，需要同时设置 TPMA_OBJECT::decrypt 与 TPMA_OBJECT::sign；TPMA_OBJECT::userWithAuth 表示 Key 对象需要 Password 授权才能使用，避免被非法访问；TPMA_OBJECT::sensitiveDataOrigin 表示除了密码以外的其他有关 Key 的敏感数据由 TPM 自动生成，如 Key 自身。

其次，对于 parameters 属性，需要创建表示 AES 算法参数的 TPMS_SYMCIPHER_PARMS 对象，它同样继承自 TPMU_PUBLIC_PARMS 基类型。TPMS_SYMCIPHER_PARMS 类型的构造函数需要传入 TPMT_SYM_DEF_OBJECT 对象，在 TPMT_SYM_DEF_OBJECT 类型的构造函数中分别指定算法类型、Key 长度以及加密模式。

代码 7-1　使用 C++加密与解密字符串

```
#include <iostream>
#include "Tpm2.h"
using namespace TpmCpp;

int main()
{
    // 连接 TPM,略

    // 定义授权密码
    const char * cpwd = "password";
    ByteVec useAuth(cpwd, cpwd + strlen(cpwd));
    // 定义 Key 算法
    TPMT_SYM_DEF_OBJECT Aes128Cfb(TPM_ALG_ID::AES, 128, TPM_ALG_ID::CFB);
    // 定义 Key 模板
    TPMT_PUBLIC temp(TPM_ALG_ID::SHA1,
        TPMA_OBJECT::decrypt | TPMA_OBJECT::sign |
        TPMA_OBJECT::userWithAuth | TPMA_OBJECT::sensitiveDataOrigin,
        null,
        TPMS_SYMCIPHER_PARMS(Aes128Cfb),
        TPM2B_DIGEST_SYMCIPHER());
    // 使用密码保护 Key 对象
    TPMS_SENSITIVE_CREATE sensCreate(useAuth, null);
    // 创建 Key 对象
    CreatePrimaryResponse primary =
        tpm.CreatePrimary(TPM_RH_NULL, sensCreate, temp, null, null);
    TPM_HANDLE& handle = primary.handle;
    // 进行 Password 授权
    handle.SetAuth(useAuth);
    // 定义明文数据
    const char * cstr = "hello tpm 2.0";
    ByteVec data(cstr, cstr + strlen(cstr));
    // 分别进行加密与解密
    ByteVec iv(16);
    EncryptDecryptResponse encryptedResp =
        tpm.EncryptDecrypt(handle, (BYTE)0, TPM_ALG_ID::CFB, iv, data);
    ByteVec encrypted = encryptedResp.outData;
```

```
    EncryptDecryptResponse decryptedResp =
        tpm.EncryptDecrypt(handle, (BYTE)1, TPM_ALG_ID::CFB, iv, encrypted);
    ByteVec decrypted = decryptedResp.outData;
    // 输出原始数据、加密数据、解密数据
    std::cout <<
        "Data: " << data << endl <<
        "Encrypted: " << encrypted << endl <<
        "Decrypted: " << decrypted << endl;
}
```

代码 7-1 的详细解释如下：

(1) 定义名称为 useAuth 的字节数组，存储用户密码。

(2) 定义 Key 算法：AES、128 位、CFB 加密模式。

(3) 定义 Key 模板，第 1 个参数指定 TPM_ALG_ID::SHA1；第 2 个参数设置为 TPMA_OBJECT::decrypt | TPMA_OBJECT::sign | TPMA_OBJECT::userWithAuth | TPMA_OBJECT::sensitiveDataOrigin，表示 Key 对象同时用于解密与加密，并且使用 Password 授权；第 3 个参数为 Policy 授权(将在第 9 章介绍)，指定 null 表示不使用 Policy 授权；第 4 个参数为算法参数，创建表示对称 Key 参数的 TPMS_SYMCIPHER_PARMS 对象，在其构造函数指定步骤(2)定义的 AES 算法；第 5 个参数为 TPM2B_DIGEST_SYMCIPHER 对象。

(4) 使用密码保护 Key 对象，创建 TPMS_SENSITIVE_CREATE 对象，第 1 个参数为 useAuth 数组，表示 Key 对象受到密码保护，使用时需要 Password 授权；第 2 个参数为 null，表示希望生成新的 Key。

(5) 调用 tpm 实例的 CreatePrimary 方法创建 Key 对象，第 1 个参数为 TPM_RH_NULL(将在第 10 章介绍)；第 2 个参数为步骤(4)创建的 TPMS_SENSITIVE_CREATE 对象；第 3 个参数为 TPMT_PUBLIC 模板；其他参数均为 null。命令响应结果存储至 primary 变量。

(6) 调用 primary.handle 获取指向新创建的 Key 对象的 HANDLE，存储至 handle 变量。

(7) 调用 handle.SetAuth 方法，进行 Password 授权。

(8) 定义名称为 data 的字节数组，存储有关字符串的字节数据。

(9) 调用 tpm 实例的 EncryptDecrypt 方法，第 1 个参数为指向 Key 对象的 HANDLE；第 2 个参数为 0，表示加密；第 3 个参数指定 CFB 加密模式；第 4 个参数为全零向量；第 5 个参数为步骤(8)定义的 data 数组，即需要加密的原始数据。命令响应结果存储至 encryptedResp 变量。

(10) 调用 encryptedResp 结构的 outData 属性获取加密数据，存储至 encrypted 数组。

(11) 调用 tpm 实例的 EncryptDecrypt 方法，参数与加密过程相同，但第 2 个参数改为 1，表示解密；第 5 个参数为步骤(10)获取的 encrypted 数组，即需要解密的数据。命令响应结果存储至 decryptedResp 变量。

(12) 调用 decryptedResp 结构的 outData 属性获取解密数据，存储至 decrypted 数组。

(13) 分别输出 data 原始数据、encrypted 加密数据、decrypted 解密数据。

程序运行结果如图 7-2 所示。

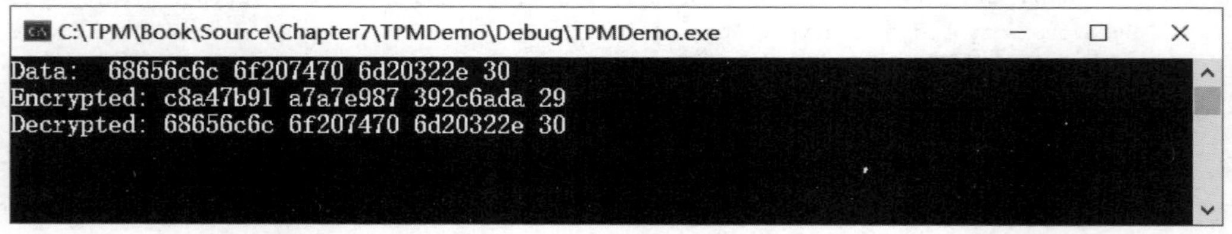

图 7-2 使用 C++加密与解密字符串

使用 C#加密与解密字符串的过程见代码 7-2，其中的关键点如下。

AES Key 模板与第 6 章介绍的 HMAC Key 模板结构基本相同，依然是基于 TpmPublic 类型，但是其中一些属性是 AES 算法独有的。

首先，_objectAttributes 属性应当设置为 ObjectAttr. Decrypt | ObjectAttr. Sign | ObjectAttr. UserWithAuth | ObjectAttr. SensitiveDataOrigin。AES 算法加密与解密都使用相同的 Key，ObjectAttr. Decrypt 表示 Key 对象的用途是解密，ObjectAttr. Sign 表示 Key 对象的用途是加密或签名，因此，需要同时设置 ObjectAttr. Decrypt 与 ObjectAttr. Sign；ObjectAttr. UserWithAuth 表示 Key 对象需要 Password 授权才能使用，避免被非法访问；ObjectAttr. SensitiveDataOrigin 表示除了密码以外的其他有关 Key 的敏感数据由 TPM 自动生成，如 Key 自身。

其次，对于_parameters 属性，需要创建表示 AES 算法参数的 SymcipherParms 对象，它同样实现了 IPublicParmsUnion 接口。SymcipherParms 类型的构造函数需要传入 SymDefObject 对象，在 SymDefObject 类型的构造函数中分别指定算法类型、Key 长度以及加密模式。

代码 7-2 使用 C#加密与解密字符串

```
using System;
using System.Text;
using Tpm2Lib;
namespace TPMDemoNET
{
    class Program
    {
        static void Main(string[] args)
        {
            // 连接 TPM,略

            // 定义授权密码
            string cpwd = "password";
            byte[] useAuth = Encoding.ASCII.GetBytes(cpwd);
            // 定义 Key 算法
            SymDefObject Aes128Cfb =
                new SymDefObject(TpmAlgId.Aes, 128, TpmAlgId.Cfb);
            // 定义 Key 模板
            var temp = new TpmPublic(TpmAlgId.Sha1,
                ObjectAttr.Decrypt | ObjectAttr.Sign |
                ObjectAttr.UserWithAuth | ObjectAttr.SensitiveDataOrigin,
                null,
```

```
            new SymcipherParms(Aes128Cfb),
            new Tpm2bDigestSymcipher());
        // 使用密码保护 Key 对象
        SensitiveCreate sensCreate = new SensitiveCreate(useAuth, null);
        // 创建 Key 对象
        TpmPublic keyPublic;
        CreationData creationData;
        TkCreation creationTicket;
        byte[] creationHash;
        TpmHandle handle =
            tpm.CreatePrimary(TpmRh.Null, sensCreate, temp, null, null,
                              out keyPublic, out creationData,
                              out creationHash, out creationTicket);
        // 进行 Password 授权
        handle.SetAuth(useAuth);
        // 定义明文数据
        string cstr = "hello tpm 2.0";
        byte[] data = Encoding.ASCII.GetBytes(cstr);
        // 分别进行加密与解密
        byte[] iv = new byte[16];
        byte[] ivOut;
        byte[] encryptedData =
            tpm.EncryptDecrypt(handle, 0, TpmAlgId.Cfb, iv, data, out ivOut);
        string encrypted = BitConverter.ToString(encryptedData)
                                       .Replace("-", "").ToLower();
        byte[] decryptedData = tpm.EncryptDecrypt(
            handle, 1, TpmAlgId.Cfb, iv, encryptedData, out ivOut);
        string decrypted = BitConverter.ToString(decryptedData)
                                       .Replace("-", "").ToLower();
        // 输出原始数据、加密数据、解密数据
        string dataHex = BitConverter.ToString(data).Replace("-", "").ToLower();
        Console.WriteLine("Data: " + dataHex);
        Console.WriteLine("Encrypted: " + encrypted);
        Console.WriteLine("Decrypted: " + decrypted);
        Console.ReadLine();
    }
  }
}
```

代码 7-2 的详细解释如下：

（1）定义名称为 useAuth 的字节数组，存储用户密码。

（2）定义 Key 算法：AES、128 位、CFB 加密模式。

（3）定义 Key 模板，第 1 个参数指定 TpmAlgId.Sha1；第 2 个参数设置为 ObjectAttr.Decrypt | ObjectAttr.Sign | ObjectAttr.UserWithAuth | ObjectAttr.SensitiveDataOrigin，表示 Key 对象同时用于解密与加密，并且使用 Password 授权；第 3 个参数为 Policy 授权（将在第 9 章介绍），指定 null 表示不使用 Policy 授权；第 4 个参数为算法参数，创建表示对称 Key 参数的 SymcipherParms 对象，在其构造函数指定步骤(2)定义的 AES 算法；第 5 个参数为 Tpm2bDigestSymcipher 对象。

（4）使用密码保护 Key 对象，创建 SensitiveCreate 对象，第 1 个参数为 useAuth 数组，

表示 Key 对象受到密码保护，使用时需要 Password 授权；第 2 个参数为 null，表示希望生成新的 Key。

（5）调用 tpm 实例的 CreatePrimary 方法创建 Key 对象，第 1 个参数为 TpmRh. Null（将在第 10 章介绍）；第 2 个参数为步骤（4）创建的 SensitiveCreate 对象；第 3 个参数为 TpmPublic 模板；其他入参均为 null；其他出参均定义相关类型的变量并以 out 关键词修饰。此方法返回指向新创建的 Key 对象的 HANDLE，将其存储至 handle 变量。

（6）调用 handle. SetAuth 方法，进行 Password 授权。

（7）定义名称为 data 的字节数组，存储有关字符串的字节数据。

（8）调用 tpm 实例的 EncryptDecrypt 方法，第 1 个参数为指向 Key 对象的 HANDLE；第 2 个参数为 0，表示加密；第 3 个参数指定 CFB 加密模式；第 4 个参数为全零向量；第 5 个参数为步骤（7）定义的 data 数组，即需要加密的原始数据；第 6 个参数为出参。加密结果存储至 encryptedData 数组。

（9）调用 BitConverter. ToString 方法将 encryptedData 数组转换为十六进制字符串，存储至 encrypted 变量。

（10）调用 tpm 实例的 EncryptDecrypt 方法，参数与加密过程相同，但第 2 个参数改为 1，表示解密；第 5 个参数为步骤（8）生成的 encryptedData 数组，即需要解密的数据。解密结果存储至 decryptedData 数组。

（11）调用 BitConverter. ToString 方法将 decryptedData 数组转换为十六进制字符串，存储至 decrypted 变量。

（12）调用 BitConverter. ToString 方法将 data 数组转换为十六进制字符串，存储至 dataHex 变量。

（13）分别输出 dataHex 原始数据、encrypted 加密数据、decrypted 解密数据。

程序运行结果如图 7-3 所示。

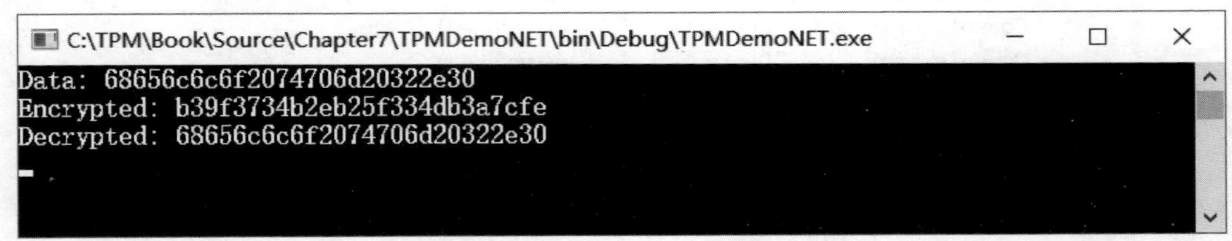

图 7-3　使用 C# 加密与解密字符串

7.4.2　加密文件

除了经常需要加密字符串以外，有时候还需要直接加密程序或资源文件，从而可以安全地将文件发送至网络中或持久化存储，而无须担心被截获的风险。

本节示例使用 AES 算法加密如图 7-4 所示的图片，然后将加密的数据存储在硬盘上，其中需要注意的关键点如下：

（1）示例使用 base64 算法对加密后的数据进行编码，以便在网络中传输。

图 7-4　待加密的原始图片

(2) 示例所使用的图片仅有 876 字节,如果打算加密较大的文件,需要将文件拆分为小于 1024 字节的数组片段,因为 TPM 的单次处理能力有限。

在开始加密之前,可以使用 HxD 编辑器工具查看图片的原始数据,如图 7-5 所示。

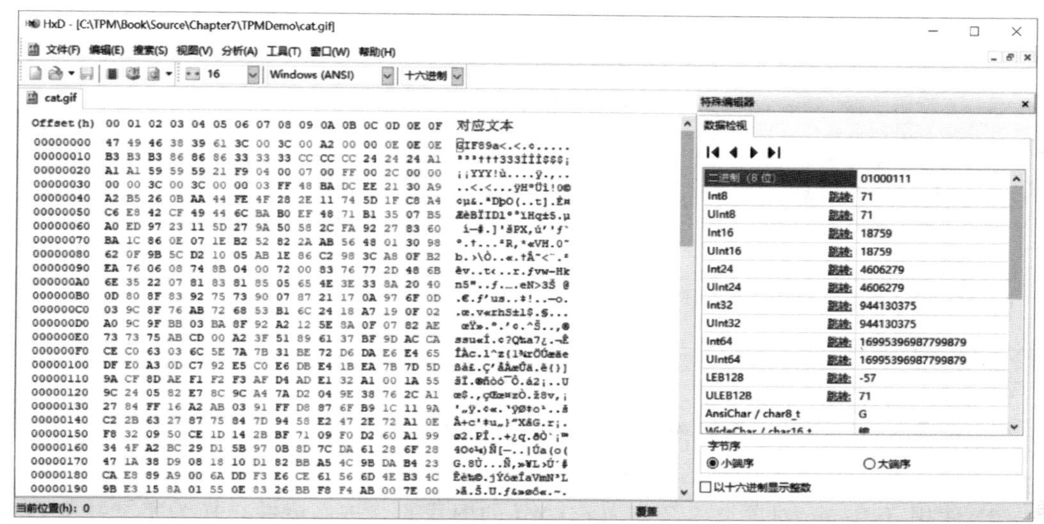

图 7-5 使用 HxD 编辑器工具查看图片的原始数据

为了对加密数据进行编码,需要定义 base64 头文件,使用 C++定义 base64 头文件的过程见代码 7-3,在其中定义编码与解码方法(注意,不是加密与解密方法)。本书主要介绍有关 TPM 的开发,具体的 base64 方法需自行实现。

代码 7-3 使用 C++定义 base64 头文件

```
#include <vector>
#include <string>
typedef unsigned char BYTE;
std::string base64_encode(BYTE const * buf, unsigned int bufLen);
std::vector<BYTE> base64_decode(std::string const&);
```

使用 C++加密文件的过程见代码 7-4。

代码 7-4 使用 C++加密文件

```
// 新增以下引用
#include <fstream>
#include "base64.h"

int main()
{
    // 略(创建 Key 对象的过程同代码 7-1)

    // 进行 Password 授权
    handle.SetAuth(useAuth);
    // 读入图片数据
    std::ifstream inFile("cat.gif", std::ios_base::binary);
    std::vector<BYTE> buffer(
```

```
        (std::istreambuf_iterator<char>(inFile)),
        (std::istreambuf_iterator<char>()));
    // 加密图片数据
    ByteVec iv(16);
    EncryptDecryptResponse encryptedFileResp =
        tpm.EncryptDecrypt(handle, (BYTE)0, TPM_ALG_ID::CFB, iv, buffer);
    ByteVec encryptedFile = encryptedFileResp.outData;
    // 编码数据
    string encoded = base64_encode(encryptedFile.data(), encryptedFile.size());
    // 存储至硬盘
    std::ofstream file("myfile.bin");
    file.write(encoded.c_str(), strlen(encoded.c_str()));
    file.flush();
    file.close();
}
```

代码 7-4 的详细解释如下：

(1) 创建 Key 对象，步骤与代码 7-1 一致，此处不再赘述。

(2) 调用 handle.SetAuth 方法，进行 Password 授权。

(3) 使用 ifstream 对象读入名称为 cat.gif 的图片的二进制流并转换为字节数组，存储至 buffer 数组。

(4) 调用 tpm 实例的 EncryptDecrypt 方法，第 1 个参数为指向 Key 对象的 HANDLE；第 2 个参数为 0，表示加密；第 3 个参数指定 CFB 加密模式；第 4 个参数为全零向量；第 5 个参数为步骤(3)的 buffer 数组，即需要加密的原始图片。命令响应结果存储至 encryptedFileResp 变量。

(5) 调用 encryptedFileResp 结构的 outData 属性获取加密数据，存储至 encryptedFile 数组。

(6) 调用 base64_encode 方法编码 encryptedFile 数组。

(7) 将编码后的字符串写入 myfile.bin 文件。

使用 C# 加密文件的过程见代码 7-5。

代码 7-5　使用 C# 加密文件

```
// 新增以下引用
using System.IO;
namespace TPMDemoNET
{
    class Program
    {
        static void Main(string[] args)
        {
            // 略(创建 Key 对象的过程同代码 7-2)

            // 进行 Password 授权
            handle.SetAuth(useAuth);
            // 读入图片数据
            string inFile = string.Format("{0}\\..\\..\\{1}",
                                          Directory.GetCurrentDirectory(),
```

```
                                "cat.gif");
            byte[] buffer = File.ReadAllBytes(inFile);
            // 加密图片数据
            byte[] iv = new byte[16];
            byte[] ivOut;
            byte[] encryptedFile =
                tpm.EncryptDecrypt(handle, 0, TpmAlgId.Cfb, iv, buffer, out ivOut);
            // 编码数据
            string encoded = Convert.ToBase64String(encryptedFile);
            // 存储至硬盘
            string filePath = string.Format("{0}\\..\\..\\{1}",
                                    Directory.GetCurrentDirectory(),
                                    "myfile.bin");
            File.WriteAllText(filePath, encoded);
        }
    }
}
```

代码 7-5 的详细解释如下：

(1) 创建 Key 对象，步骤与代码 7-2 一致，此处不再赘述。

(2) 调用 handle.SetAuth 方法，进行 Password 授权。

(3) 调用 File.ReadAllBytes 方法读入名称为 cat.gif 的图片的二进制流并转换为字节数组，存储至 buffer 数组。

(4) 调用 tpm 实例的 EncryptDecrypt 方法，第 1 个参数为指向 Key 对象的 HANDLE；第 2 个参数为 0，表示加密；第 3 个参数指定 CFB 加密模式；第 4 个参数为全零向量；第 5 个参数为步骤(3)的 buffer 数组，即需要加密的原始图片；第 6 个参数为出参。加密结果存储至 encryptedFile 数组。

(5) 调用 Convert.ToBase64String 方法编码 encryptedFile 数组。

(6) 将编码后的字符串写入 myfile.bin 文件。

程序运行后生成 myfile.bin 文件，使用 HxD 编辑器工具查看其数据，如图 7-6 所示。

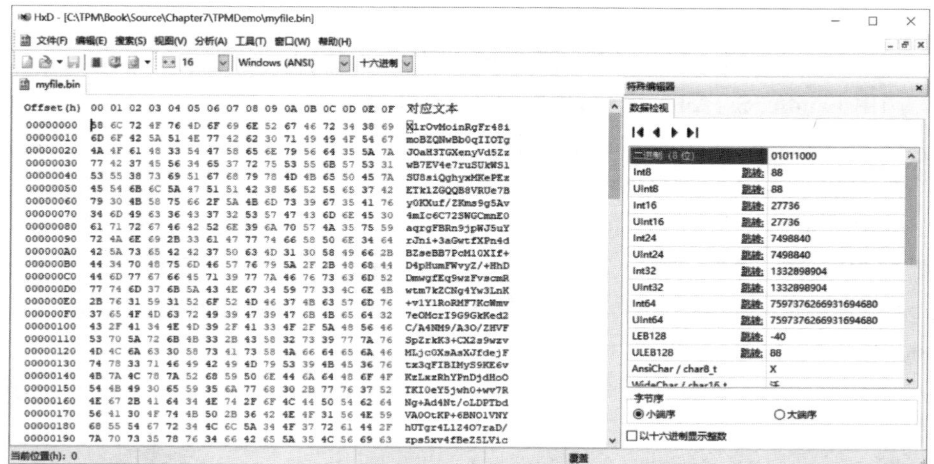

图 7-6 使用 HxD 编辑器工具查看加密与编码后的数据

7.4.3 解密文件

使用 AES 算法将加密后的文件进行解密，还原为 recovered.gif 图片。解密文件的过程与加密文件的过程类似，但顺序相反。

使用 C++解密文件的过程见代码 7-6。

代码 7-6 使用 C++解密文件

```
int main()
{
    // 略(创建 Key 对象的过程同代码 7-1)

    // 进行 Password 授权
    handle.SetAuth(useAuth);
    // 读入加密文件数据
    std::ifstream inFileEnc("myfile.bin");
    string bufferEnc(
        (std::istreambuf_iterator<char>(inFileEnc)),
        (std::istreambuf_iterator<char>()));
    // 解码数据
    ByteVec decoded = base64_decode(bufferEnc);
    // 解密图片数据
    ByteVec iv(16);
    EncryptDecryptResponse decryptedFileResp =
        tpm.EncryptDecrypt(handle, (BYTE)1, TPM_ALG_ID::CFB, iv, decoded);
    ByteVec decryptedFile = decryptedFileResp.outData;
    // 还原图片
    const char* pFile = reinterpret_cast<const char*>(decryptedFile.data());
    std::ofstream file2("recovered.gif", std::ios_base::binary);
    file2.write(pFile, decryptedFile.size());
    file2.flush();
    file2.close();
}
```

代码 7-6 的详细解释如下：

(1) 创建 Key 对象，步骤与代码 7-1 一致，此处不再赘述。

(2) 调用 handle.SetAuth 方法，进行 Password 授权。

(3) 读入加密文件 myfile.bin 的数据，存储至 bufferEnc 变量。

(4) 调用 base64_decode 方法解码 bufferEnc 字符串，存储至 decoded 数组。

(5) 调用 tpm 实例的 EncryptDecrypt 方法，第 1 个参数为指向 Key 对象的 HANDLE；第 2 个参数为 1，表示解密；第 3 个参数指定 CFB 加密模式；第 4 个参数为全零向量；第 5 个参数为步骤(4)的 decoded 数组，即需要解密的数据。命令响应结果存储至 decryptedFileResp 变量。

(6) 调用 decryptedFileResp 结构的 outData 属性获取解密数据，存储至 decryptedFile 数组。

(7) 将 decryptedFile 数组写入 recovered.gif 文件。

使用 C#解密文件的过程见代码 7-7。

代码 7-7 使用 C#解密文件

```
namespace TPMDemoNET
{
    class Program
    {
        static void Main(string[] args)
        {
            // 略(创建 Key 对象的过程同代码 7-2)

            // 进行 Password 授权
            handle.SetAuth(useAuth);
            // 读入加密文件数据
            string inFileEnc = string.Format("{0}\\..\\..\\{1}",
                                        Directory.GetCurrentDirectory(),
                                        "myfile.bin");
            string bufferEnc = File.ReadAllText(inFileEnc);
            // 解码数据
            byte[] decoded = Convert.FromBase64String(bufferEnc);
            // 解密图片数据
            byte[] iv = new byte[16];
            byte[] ivOut;
            byte[] decryptedFile =
                tpm.EncryptDecrypt(handle, 1, TpmAlgId.Cfb, iv, decoded, out ivOut);
            // 还原图片
            string filePath2 = string.Format("{0}\\..\\..\\{1}",
                                        Directory.GetCurrentDirectory(),
                                        "recovered.gif");
            File.WriteAllBytes(filePath2, decryptedFile);
        }
    }
}
```

代码 7-7 的详细解释如下：

(1) 创建 Key 对象，步骤与代码 7-2 一致，此处不再赘述。

(2) 调用 handle.SetAuth 方法，进行 Password 授权。

(3) 读入加密文件 myfile.bin 的数据，存储至 bufferEnc 变量。

(4) 调用 Convert.FromBase64String 方法解码 bufferEnc 字符串，存储至 decoded 数组。

(5) 调用 tpm 实例的 EncryptDecrypt 方法，第 1 个参数为指向 Key 对象的 HANDLE；第 2 个参数指定 1，表示解密；第 3 个参数指定 CFB 加密模式；第 4 个参数为全零向量；第 5 个参数为步骤(4)的 decoded 数组，即需要解密的数据；第 6 个参数为出参。解密结果存储至 decryptedFile 数组。

(6) 将 decryptedFile 数组写入 recovered.gif 文件。

程序运行后生成的 recovered.gif 文件，使用画图工具查看，如图 7-7 所示，如果一切顺利，应当可以看到与图 7-4 相同的小黑猫。

图 7-7　还原后的图片

7.5　本章小结

本章首先介绍了 TPM 中非常重要的安全概念——授权区域，它是命令中用于携带授权信息的特定区域，用于向 TPM 证明命令请求者的身份，以达到访问敏感对象的目的。随后介绍了授权的其中一种实现方式——Password 授权，它是最简单也最常用的授权方式，即在创建对象时设置密码，使用对象时提供正确的密码进行授权。最后通过示例分别演示了如何使用 AES 算法加密与解密字符串、加密文件以及解密文件。

第8章

对称密钥导入

在第7章中介绍了如何使用TSS API创建对称Key对象以及使用对称Key对象加密与解密数据。在默认情况下，Key对象被封存在TPM安全容器中，应用程序只能通过TSS API进行数据加密或解密，这能够为一般的应用场景提供较高的安全性，有效防止Key泄露。然而，在复杂的IT系统架构中，可能包含不同平台、不同语言、分布于不同网络节点的异构应用系统与网络设备，这些系统之间通常需要进行安全的加密通信，如此一来就引出了新的问题：如果某个计算机或网络设备缺少TPM芯片，那么它如何与基于TPM的应用系统进行安全通信呢？方法之一是要求全部应用系统使用基于软件的安全算法，即放弃使用TPM，但是这显然是一种掩耳盗铃、逃避责任的做法。因此，本章将演示如何使用TPM与其他应用系统进行消息的对称加密传输，即在异构应用系统之间共享Key。

本章将模拟简单的网络安全应用场景。假设TCP/IP网络中存在两个应用系统：一个应用系统用于发送消息，称为发送方；另一个应用系统用于接收消息，称为接收方。发送方应用系统基于C++或C#语言编写，使用TPM管理Key；为了与发送方进行区分，接收方应用系统基于Rust语言编写，使用纯软件算法管理Key(即不使用TPM，在真实的生产环境中也确实无法保证每个服务器或客户机都安装有TPM芯片)。此外，还将引入中立的第三方，仅用于生成Key，称为Key生成方。为了最大程度简化开发流程，使用在线工具模拟Key生成方。在生产环境中，Key生成方既可以是在线的，也可以是离线的；既可以基于软件算法(如OpenSSL)实现，也可以基于硬件模块(如TPM、HSM)实现，甚至AWS的密钥管理云服务(Key Management Service，KMS)也是不错的选择。

8.1 架构设计

为了模拟基于对称Key的异构网络安全应用场景，定义以下角色：

(1) Key生成方：生成Key字符串。为了简化流程，使用在线工具代替。

(2) 发送方：加密与编码消息，发送至接收方。发送方是需要关注的重点，因为它使用TSS API将Key导入TPM内存，并使用TPM进行加密运算。

(3) 接收方：接收与解密消息。为了与发送方进行区分，使用Rust语言编写，并基于纯软件算法进行解密运算。

Key 生成方、发送方、接收方的架构设计如图 8-1 所示。

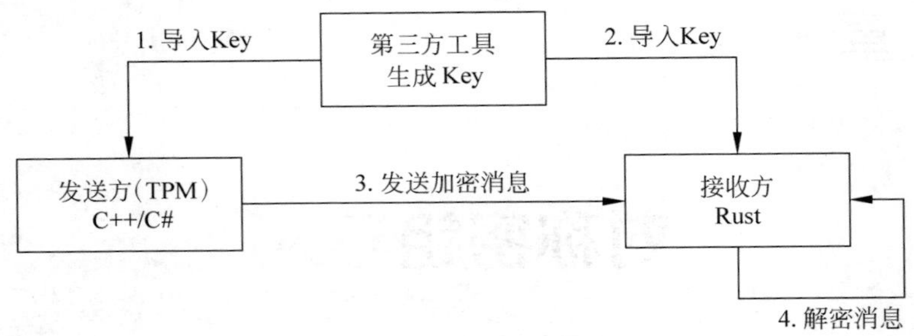

图 8-1　模拟架构设计

Key 初始化过程简述如下：

(1) Key 生成方生成 Key 字符串。

(2) 以离线方式分发给发送方与接收方应用系统管理员。

(3) 发送方导入 Key。

(4) 接收方导入 Key。

网络通信过程简述如下：

(1) 发送方使用 Key 加密消息。

(2) 发送方将消息发送至网络。

(3) 接收方接收消息，使用 Key 解密消息。

8.2 导入对称 Key

第 7 章已经介绍过 CreatePrimary 方法，它用于创建 Key 对象并返回指向该对象内存的 HANDLE。与之类似，LoadExternal 方法用于将第三方生成的 Key 导入 TPM 内存，并返回指向该内存的 HANDLE。

LoadExternal 方法主要有以下 3 个参数：

(1) TPMT_SENSITIVE 结构（C# 称为 Sensitive）。TPMT_SENSITIVE 结构与 TPMS_SENSITIVE_CREATE 结构非常类似，但是用途不同。TPMS_SENSITIVE_CREATE 结构用于 CreatePrimary 方法，而 TPMT_SENSITIVE 结构用于 LoadExternal 方法。TPMT_SENSITIVE 结构的 authValue 属性为 Password 授权提供存储区域，sensitive 属性用于封装需要导入的 Key。

(2) Key 模板。LoadExternal 方法所需的 Key 模板与 CreatePrimary 方式使用的模板也基本类似。需要注意的是 unique 与 nameAlg 属性，unique 属性不能再像创建 Key 对象时那样仅提供默认的 TPM2B_DIGEST_SYMCIPHER 对象，而是需要提供 Key 的摘要，摘要算法由 nameAlg 属性指定。

(3) TPM 分层。TPM 分层的概念将在第 10 章介绍，本章继续使用 TPM_RH_NULL（C# 称为 TpmRh.Null）分层。

综上所述，为了导入 Key，需要做的工作如下：

(1) Key 生成方生成 Key 字符串。

（2）计算 Key 的摘要。

（3）生成密码，用于保护导入的 Key 对象。

（4）定义 Key 模板并提供 Key 的摘要。

（5）创建 TPMS_SENSITIVE 结构，设置密码并载入 Key 字符串。

（6）调用 LoadExternal 方法导入 Key 对象。

（7）获取指向 Key 对象的 HANDLE。

8.3　完整应用示例

本节示例将消息以加密形式由发送方传输至接收方。示例程序基于 TCP/IP，使用最基本的 Socket 通信过程，由于缺少必要的容错机制、异常处理机制以及多线程支持能力，因此不能直接移植到生产环境使用。

发送方示例程序基于 C++ 与 C# 语言编写；接收方示例程序之所以选用 Rust 语言编写，首先是为了与发送方区分，其次是因为 Rust 语言自身的定位是一种面向底层的网络编程语言，可以用简洁的代码高效、安全地实现网络应用系统的完整开发过程。不仅如此，Rust 程序的运行速度与 C 语言相当，并且具备丰富的安全算法库可以直接使用，非常适合编写安全类型的应用程序。至于 Rust 代码本身，因超出本书范围不做深入解读。

从系统整体的开发流程角度来说，将按照以下步骤进行：

（1）Key 生成方生成 Key 字符串。

（2）分别将 Key 导入发送方与接收方，创建相应的 Key 对象。

（3）发送方使用 Key 对象加密消息。

（4）发送方与接收方建立 Socket 连接，发送消息。

（5）接收方侦听 Socket 连接，接收消息。

（6）接收方使用 Key 对象解密消息。

8.3.1　生成 Key

使用在线工具生成 Key。如图 8-2 所示，在 Security level 文本下方单击 128-bit 按钮，即可在 Result 文本框中看到新生成的 Key（长度为 128 位）。如果对生成结果不满意，再次单击 128-bit 按钮可以重新生成 Key。

在理想情况下，应当将生成的 Key 以离线方式记录下来，例如写到纸上并密封，然后以安全的方式交给应用系统管理员。本节出于演示目的而省略此过程，将其直接复制并粘贴至示例程序的代码中。

8.3.2　导入 Key

首先将 Key 字符串以 hardcode（硬编码）方式写入代码中，然后使用 LoadExternal 方法将其导入 TPM 内存。需要注意的是，在定义 Key 模板时必须额外提供 Key 的摘要。

在生产环境中，不建议在源代码中 hardcode 任何敏感信息，因为它们非常容易通过反编译方式获得。当成功导入 Key 后，也不应当再保留有关 Key 的任何信息（例如粉碎纸质文件或反复擦写硬盘）。如果 Key 依然留存在不安全的介质中，则 TPM 作为安全容器的意

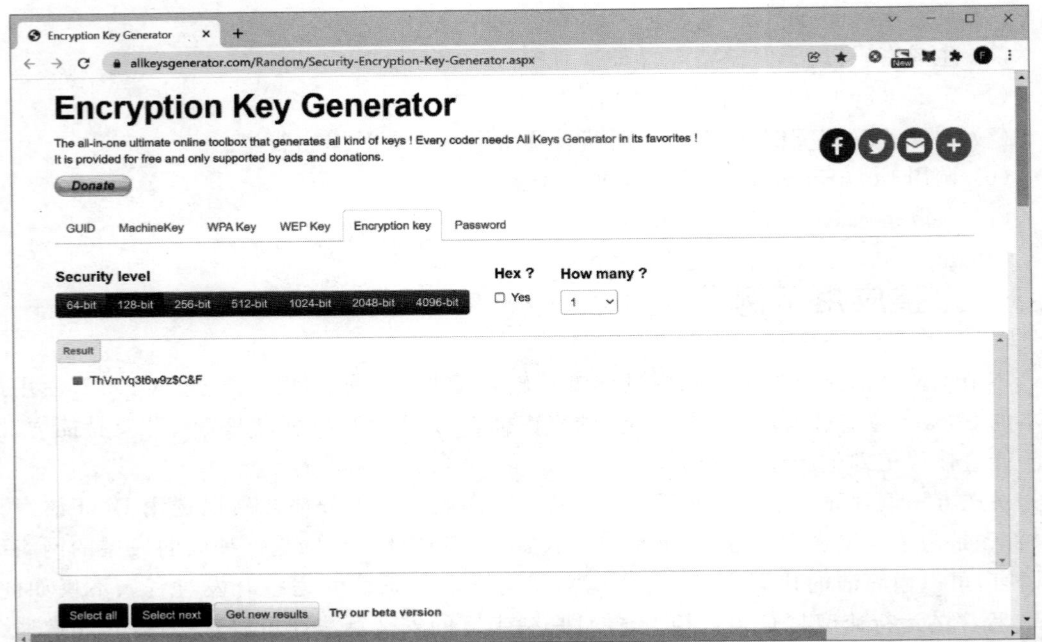

图 8-2 使用在线工具生成 Key

义也将变得不复存在。如果非要将敏感信息存储在源代码中,那么程序的二进制文件应当进行混淆处理。

使用 C++导入 Key 的过程见代码 8-1。

代码 8-1 使用 C++导入 Key

```
#include <iostream>
#include "base64.h"
#include "Tpm2.h"
using namespace TpmCpp;
#define null { }

int main()
{
    // 连接 TPM,略

    // 定义 Key 字符串(由 Key 生成方生成)
    const char * ckey = "ThVmYq3t6w9z$C&F";
    ByteVec key(ckey, ckey + strlen(ckey));
    ByteVec keyHash = TPM_HASH::FromHashOfString(TPM_ALG_ID::SHA1, ckey);
    // 定义授权密码
    const char * cpwd = "password";
    ByteVec useAuth(cpwd, cpwd + strlen(cpwd));
    // 定义 Key 算法
    TPMT_SYM_DEF_OBJECT Aes128Cfb(TPM_ALG_ID::AES, 128, TPM_ALG_ID::CFB);
    // 定义 Key 模板
    TPMT_PUBLIC temp(TPM_ALG_ID::SHA1,
        TPMA_OBJECT::sign |
        TPMA_OBJECT::userWithAuth | TPMA_OBJECT::sensitiveDataOrigin,
```

```
        null,
        TPMS_SYMCIPHER_PARMS(Aes128Cfb),
        TPM2B_DIGEST_SYMCIPHER(keyHash));
    // 导入 Key 对象
    TPMT_SENSITIVE sens(useAuth, null, TPM2B_SYM_KEY(key));
    TPM_HANDLE handle = tpm.LoadExternal(sens, temp, TPM_RH_NULL);

    // 加密消息(待 8.3.3 节实现)
}
```

代码 8-1 的详细解释如下：

(1) 以 hardcode 方式定义 Key 字符串，调用 TPM_HASH::FromHashOfString 静态方法计算 Key 的摘要。

(2) 定义名称为 useAuth 的字节数组，存储用户密码。

(3) 定义 Key 算法：AES、128 位、CFB 加密模式。

(4) 定义 Key 模板，前 4 个参数与第 7 章定义模板的参数基本相同，只是第 2 个参数去掉了 TPMA_OBJECT::decrypt，因为 Key 对象仅用于加密；第 5 个参数为 Key 对象的名称标识符，创建 TPM2B_DIGEST_SYMCIPHER 对象并传入步骤(1)生成的摘要数组。

(5) 创建 TPMT_SENSITIVE 对象，第 1 个参数为 useAuth 数组，表示 Key 对象受到密码保护，使用时需要 Password 授权；第 2 个参数为 null，不使用 seed 进行额外混淆；第 3 个参数为需要导入的 Key，创建 TPM2B_SYM_KEY 对象并载入 Key 数组。

(6) 调用 tpm 实例的 LoadExternal 方法导入 Key 对象，第 1 个参数为步骤(5)创建的 TPMT_SENSITIVE 对象；第 2 个参数为步骤(4)定义的 TPMT_PUBLIC 模板；第 3 个参数为 TPM_RH_NULL。此方法返回指向新创建的 Key 对象的 HANDLE，将其存储至 handle 变量。

使用 C# 导入 Key 的过程见代码 8-2。

代码 8-2 使用 C# 导入 Key

```
using System;
using System.Text;
using Tpm2Lib;
namespace TPMDemoNET
{
    class Program
    {
        static void Main(string[] args)
        {
            // 连接 TPM，略

            // 定义 Key 字符串(由 Key 生成方生成)
            string ckey = "ThVmYq3t6w9z$C&F";
            byte[] key = Encoding.ASCII.GetBytes(ckey);
            TkHashcheck ticket;
            byte[] keyHash = tpm.Hash(key, TpmAlgId.Sha1, TpmRh.Null, out ticket);
            // 定义授权密码
            string cpwd = "password";
```

```
            byte[] useAuth = Encoding.ASCII.GetBytes(cpwd);
            // 定义 Key 算法
            SymDefObject Aes128Cfb =
                new SymDefObject(TpmAlgId.Aes, 128, TpmAlgId.Cfb);
            // 定义 Key 模板
            var temp = new TpmPublic(TpmAlgId.Sha1,
                ObjectAttr.Sign |
                ObjectAttr.UserWithAuth | ObjectAttr.SensitiveDataOrigin,
                null,
                new SymcipherParms(Aes128Cfb),
                new Tpm2bDigestSymcipher(keyHash));
            // 导入 Key 对象
            Sensitive sens = new Sensitive(useAuth, null, new Tpm2bSymKey(key));
            TpmHandle handle = tpm.LoadExternal(sens, temp, TpmRh.Null);

            // 加密消息(待 8.3.3 节实现)
        }
    }
}
```

代码 8-2 的详细解释如下：

(1) 以 hardcode 方式定义 Key 字符串，计算摘要。

(2) 定义名称为 useAuth 的字节数组，存储用户密码。

(3) 定义 Key 算法：AES、128 位、CFB 加密模式。

(4) 定义 Key 模板，前 4 个参数与第 7 章定义模板的参数基本相同，只是第 2 个参数去掉了 ObjectAttr.Decrypt，因为 Key 对象仅用于加密；第 5 个参数为 Key 对象的名称标识符，创建 Tpm2bDigestSymcipher 对象并传入步骤(1)生成的摘要数组。

(5) 创建 Sensitive 对象，第 1 个参数为 useAuth 数组，表示 Key 对象受到密码保护，使用时需要 Password 授权；第 2 个参数为 null，不使用 seed 进行额外混淆；第 3 个参数为需要导入的 Key，创建 Tpm2bSymKey 对象并载入 Key 数组。

(6) 调用 tpm 实例的 LoadExternal 方法导入 Key 对象，第 1 个参数为步骤(5)创建的 Sensitive 对象；第 2 个参数为步骤(4)定义的 TpmPublic 模板；第 3 个参数为 TpmRh.Null。此方法返回指向新创建的 Key 对象的 HANDLE，将其存储至 handle 变量。

8.3.3 加密消息

使用导入的 Key 对象加密一段明文消息，并以 base64 格式编码。

使用 C++加密与编码消息的过程见代码 8-3。

代码 8-3 使用 C++加密与编码消息

```
int main()
{
    // 略(接代码 8 - 1)

    // 进行 Password 授权
    handle.SetAuth(useAuth);
    // 定义明文消息
```

```
    const char * cstr = "A black cat was buried under a tree.";
    ByteVec data(cstr, cstr + strlen(cstr));
    // 加密消息
    ByteVec iv(16);
    EncryptDecryptResponse resp =
        tpm.EncryptDecrypt(handle, (BYTE)0, TPM_ALG_ID::CFB, iv, data);
    ByteVec encrypted = resp.outData;
    // 编码消息
    string encoded = base64_encode(encrypted.data(), encrypted.size());
    // 输出原始消息、加密消息、编码消息
    std::cout <<
        "Data: " << data << endl <<
        "Encrypted: " << encrypted << endl <<
        "Encoded: " << encoded << endl;

    // 发送编码消息(待 8.3.4 节实现)
}
```

代码 8-3 的详细解释如下：

(1) 调用 handle.SetAuth 方法，进行 Password 授权。

(2) 定义名称为 data 的字节数组，存储有关字符串的字节数据。

(3) 调用 tpm 实例的 EncryptDecrypt 方法加密 data 数组，命令响应结果存储至 resp 变量。

(4) 调用 resp 结构的 outData 属性获取加密数据，存储至 encrypted 数组。

(5) 调用 base64_encode 方法编码 encrypted 数组。

(6) 输出 data 原始消息、encrypted 加密消息以及 encoded 编码消息。

程序运行结果如图 8-3 所示。

```
Microsoft Visual Studio 调试控制台
Data:  4120626c 61636b20 63617420 77617320 62757269 65642075 6e646572 20612074 7265652e
Encrypted: 4c58cee5 741eacbc 0b165215 b1677e64 d8952db9 71384aa3 e89e8bdb f5b0c721 d5ad188b
Encoded: TFjO5XQerLwLFlIVsWd+ZNiVLblxOEqj6J6L2/WwxyHVrRiL

C:\TPM\Book\Source\Chapter8\TPMDemo\Debug\TPMDemo.exe (进程 67328)已退出，代码为 0。
要在调试停止时自动关闭控制台，请启用“工具”->“选项”->“调试”->“调试停止时自动关闭控制台”。

按任意键关闭此窗口. . .
```

图 8-3　使用 C++加密与编码消息

使用 C＃加密与编码消息的过程见代码 8-4。

代码 8-4　使用 C＃加密与编码消息

```
static void Main(string[] args)
{
    // 略(接代码 8 - 2)

    // 进行 Password 授权
    handle.SetAuth(useAuth);
    // 定义明文消息
    string cstr = "A black cat was buried under a tree.";
```

```
        byte[] data = Encoding.ASCII.GetBytes(cstr);
        // 加密消息
        byte[] iv = new byte[16];
        byte[] ivOut;
        byte[] encryptedData =
            tpm.EncryptDecrypt(handle, 0, TpmAlgId.Cfb, iv, data, out ivOut);
        // 编码消息
        string encoded = Convert.ToBase64String(encryptedData);
        // 输出原始消息、加密消息、编码消息
        string encrypted = BitConverter.ToString(encryptedData)
                                            .Replace("-", "").ToLower();
        string dataHex = BitConverter.ToString(data).Replace("-", "").ToLower();
        Console.WriteLine("Data: " + dataHex);
        Console.WriteLine("Encrypted: " + encrypted);
        Console.WriteLine("Encoded: " + encoded);

        // 发送编码消息(待 8.3.4 节实现)
    }
```

代码 8-4 的详细解释如下：

(1) 调用 handle.SetAuth 方法，进行 Password 授权。

(2) 定义名称为 data 的字节数组，存储有关字符串的字节数据。

(3) 调用 tpm 实例的 EncryptDecrypt 方法加密 data 数组，加密结果存储至 encryptedData 数组。

(4) 调用 Convert.ToBase64String 方法编码 encryptedData 数组。

(5) 调用 BitConverter.ToString 方法将 encryptedData 数组转换为十六进制字符串，存储至 encrypted 变量。

(6) 调用 BitConverter.ToString 方法将 data 数组转换为十六进制字符串，存储至 dataHex 变量。

(7) 输出 dataHex 原始消息、encrypted 加密消息以及 encoded 编码消息。

程序运行结果如图 8-4 所示。

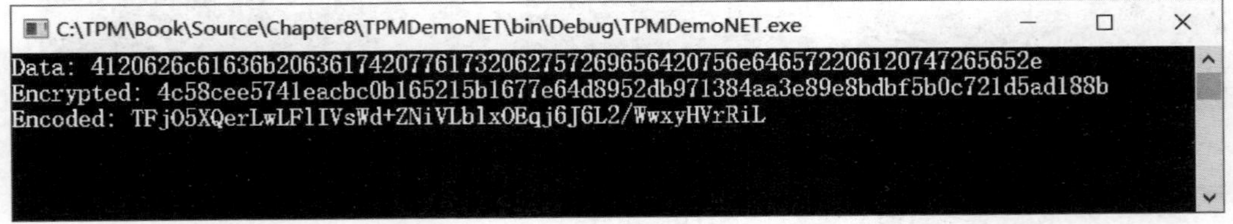

图 8-4 使用 C# 加密与编码消息

8.3.4 发送消息

定义并实现名称为 Send2Network 的方法，它负责与接收方(IP 地址为 192.168.0.15)建立 TCP 连接，然后发送编码后的消息。

注意，为了突出代码主体内容并节省篇幅，本书将省略方法签名定义。

使用 C++ 发送消息的过程见代码 8-5。

代码 8-5 使用 C++发送消息

```
#pragma comment(lib,"WS2_32.lib")
const char* address = "192.168.0.15";
const int port = 8001;

int main()
{
    // 略(接代码 8-3)

    // 发送编码消息
    if (Send2Network(encoded) == 1)
        std::cout << "Msg sent: " << encoded << endl;
}

int Send2Network(string& msg)
{
    WSADATA wsd;
    SOCKET client;
    SOCKADDR_IN addrSrv;
    if (WSAStartup(MAKEWORD(2, 2), &wsd) != 0) return 0;
    client = socket(AF_INET, SOCK_STREAM, 0);
    if (INVALID_SOCKET == client) return 0;
    addrSrv.sin_addr.S_un.S_addr = inet_addr(address);
    addrSrv.sin_family = AF_INET;
    addrSrv.sin_port = htons(port);
    if (SOCKET_ERROR == connect(client, (SOCKADDR*)&addrSrv, sizeof(addrSrv)))
        return 0;
    const char* cmsg = msg.c_str();
    send(client, cmsg, strlen(cmsg), 0);
    closesocket(client);
    WSACleanup();
    return 1;
}
```

代码 8-5 的详细解释如下：

(1) 定义名称为 Send2Network 的方法。

(2) 在 Send2Network 方法中创建客户端 Socket 对象，指定服务端的 IP 地址与端口。

(3) 调用 connect 方法建立 Socket 连接。

(4) 调用 send 方法发送编码消息。

(5) 在 main 方法中增加对 Send2Network 方法的调用。

使用 C#发送消息的过程见代码 8-6。

代码 8-6 使用 C#发送消息

```
// 新增以下引用
using System.Net;
using System.Net.Sockets;
namespace TPMDemoNET
{
```

```
    class Program
    {
        private const string address = "192.168.0.15";
        private const int port = 8001;

        static void Main(string[] args)
        {
            // 略(接代码 8-4)

            // 发送编码消息
            if (Send2Network(encoded))
                Console.WriteLine("Msg sent: " + encoded);
        }

        private static bool Send2Network(string msg)
        {
            Socket client = new Socket(AddressFamily.InterNetwork,
                                       SocketType.Stream, ProtocolType.Tcp);
            IPAddress ipAddr = IPAddress.Parse(address);
            IPEndPoint endpoint = new IPEndPoint(ipAddr, port);
            client.Connect(endpoint);
            byte[] data = Encoding.ASCII.GetBytes(msg);
            client.Send(data);
            client.Close();
            return true;
        }
    }
}
```

代码 8-6 的详细解释如下：

(1) 引入 System.Net 与 System.Net.Sockets 名称空间。

(2) 定义名称为 Send2Network 的方法。

(3) 在 Send2Network 方法中创建客户端 Socket 对象，指定服务端的 IP 地址与端口。

(4) 调用 client.Connect 方法建立 Socket 连接。

(5) 调用 client.Send 方法发送编码消息。

(6) 在 Main 方法中增加对 Send2Network 方法的调用。

8.3.5 接收消息

在接收方(IP 地址为 192.168.0.15)计算机上，使用 Rust 语言编写用于接收消息的代码。由于 Rust 语法超出了本书范围，并且接收方代码与 TSS API 无关，因此只需大致理解其流程即可，无须深究每句代码的具体含义。

接收消息的过程见代码 8-7。

代码 8-7 接收消息

```
use std::str;
use std::net::{TcpStream, TcpListener, Shutdown};
use std::io::{Read, Write};
use aes::Aes128;
```

```
use cfb_mode::Cfb;
use cfb_mode::cipher::{NewCipher, AsyncStreamCipher};

#[tokio::main]
async fn main() -> Result<(), Box<dyn std::error::Error>> {
    let listener = TcpListener::bind("192.168.0.15:8001").unwrap();
    for stream in listener.incoming() {
        let stream = stream.unwrap();
        handle_client(stream);
    }
    drop(listener);
    Ok(())
}

fn handle_client(mut stream: TcpStream) {
    let mut buffer = [0; 64];
    while match stream.read(&mut buffer) {
        Ok(size) => {
            if size > 0 {
                let msg = String::from_utf8_lossy(&buffer[0..size]).to_string();
                // 输出收到的消息
                println!("Received msg: {}", msg);
                // 解密消息(待 8.3.6 节实现)
                decrypt_msg(msg);
                true
            }
            else {
                println!("No msg read, quit.");
                false
            }
        },
        Err(_) => {
            println!(" An error occurred, terminating connection.");
            stream.shutdown(Shutdown::Both).unwrap();
            false
        }
    } {}
}
```

代码 8-7 的详细解释如下：

(1) 引入 AES 算法相关模块。

(2) 在 main 方法中创建 TCP 侦听器，侦听来自客户端的连接请求。

(3) 收到客户端连接请求后，将 TcpStream 传入 handle_client 方法。

(4) handle_client 方法读取 TcpStream，存储至 buffer 缓冲区。

(5) 将 buffer 数组转换为字符串，即发送方发来的消息，存储至 msg 变量。

(6) 调用 decrypt_msg 方法，传入 msg 变量(decrypt_msg 方法将在 8.3.6 节实现)。

8.3.6 解密消息

定义并实现名称为 decrypt_msg 的方法，解密消息。需要注意的是，decrypt_msg 方法以纯软件方式进行 AES 解密运算，没有使用 TSS API。

解密消息的过程见代码 8-8。

代码 8-8　解密消息

```
fn decrypt_msg(msg: String) {
    type AesCfb = Cfb<Aes128>;
    // 定义 Key 字符串(由 Key 生成方生成)
    let key = b"ThVmYq3t6w9z$C&F";
    let iv: [u8; 16] = [0x00,0x00,0x00,0x00,
                        0x00,0x00,0x00,0x00,
                        0x00,0x00,0x00,0x00,
                        0x00,0x00,0x00,0x00];
    let mut data = base64::decode(msg).unwrap();
    // 解密消息
    AesCfb::new_from_slices(key, &iv).unwrap().decrypt(&mut data);
    let s = match str::from_utf8(&data) {
        Ok(v) => v,
        Err(e) => panic!("Invalid UTF-8 sequence: {}", e),
    };
    // 输出解密消息
    println!("Decrypted msg: {}", s);
}
```

代码 8-8 的详细解释如下：

（1）以 hardcode 方式定义 Key 字符串(与发送方的 Key 相同)。

（2）调用 base64::decode 方法解码消息。

（3）使用软 AES Key 解密消息。

（4）输出解密后的消息。

8.3.7　测试程序

发送方与接收方应用程序都已经编写完成，现在测试整体流程。

编译接收方程序(服务端)，在项目的主目录执行命令 cargo build 编译项目，然后执行命令 cargo run 运行程序，程序运行后将处于等待连接状态。

运行发送方程序(客户端)，程序运行后，通过如图 8-5 所示的控制台窗口看到消息依次以明文形式(Data)、加密形式(Encrypted)、编码形式(Encoded)输出，然后被发送至网络中(Msg sent)。

图 8-5　运行发送方程序

查看接收方程序的控制台窗口，如图 8-6 所示，可以看到收到 1 条密文消息(Received msg)，并成功解密出对应的明文消息(Decrypted msg)。

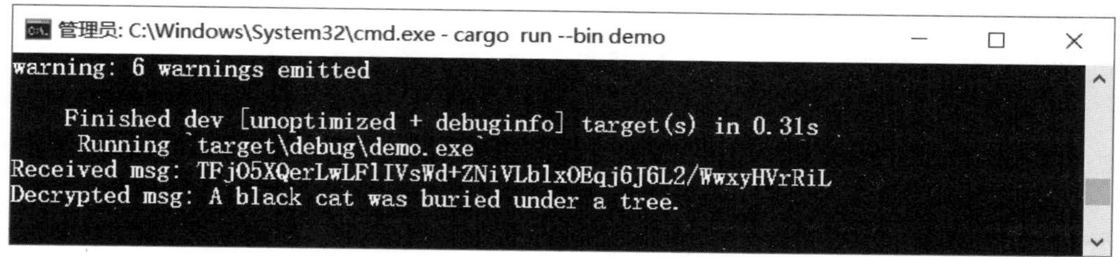

图 8-6　查看接收方程序

8.4　本章小结

本章首先介绍了 LoadExternal 方法，它用于将第三方生成的 Key 导入 TPM 内存，从而实现异构应用系统之间的数据安全传输。随后通过示例演示了在不同应用系统之间使用 AES 算法加密并传输消息的具体实现过程，主要包括消息处理双方分别导入 Key、加密消息、建立 Socket 通信以及解密消息。

第 9 章

对称密钥导出

在第 8 章中虽然介绍了如何使用 TSS API 导入对称 Key 以及在不同的应用系统之间共享对称 Key,然而却忽略了这样的场景:如果 Key 是由 TPM 生成的,怎样才能将其从 TPM 内存中导出至外部呢?例如,应用系统 A 在 TPM 中创建了对称 Key 对象并用以加密应用数据,当应用系统 A 上线生产环境并顺利运行了几个月后,某个供应商希望他们的应用系统 B 可以与应用系统 A 进行加密通信,同时希望能够使用应用系统 A 现有的 Key,这就需要将应用系统 A 的 Key 从 TPM 中导出,然后导入应用系统 B 中。

可能很容易猜到,既然 TSS API 提供了方法用于导入 Key,那么按理来说应当有与之对应的方法可以导出 Key。理论上确实如此,但是问题却没有这么简单。TPM 作为 Key 的安全管理容器,目的之一是防止 Key 泄露,即"想进来容易,想出去却很难"。为了能够导出 Key,必须引出非常重要的概念——Policy(策略)。本章将介绍 Policy 的基础知识以及与导出 Key 相关的 Policy 使用方式。

9.1 Password、Policy、Session

为了能够将 Key 从 TPM 中导出,首先需要理解什么是 Password、Policy 和 Session。它们的定义如下:

(1) Password(密码):明文字符串,用于保护 TPM 对象安全。

(2) Policy(策略):与密码作用相同,用于保护 TPM 对象安全,但是依赖单个或一组逻辑条件的成立。

(3) Session(会话):Policy 的载体,用于 Policy 授权。

Password、Policy 和 Session 之间的关系如图 9-1 所示。

Password、Policy 和 Session 之间的关系看似简单,理解起来却稍有难度。如果已经忘记了授权区域的概念,建议先回顾第 7 章,因为当授权区域与本节介绍的概念叠加在一起时,情况会变得尤为复杂。

已经连续在第 7 章与第 8 章的示例中使用了 Password 授权,即在创建对象时设置密码,在使用对象时提供正确的密码进行授权。静态密码是传统的单因素身份认证方式,即只要提供了正确的密码,就可以完成身份认证过程,从而获得对象访问权限。Password 授权

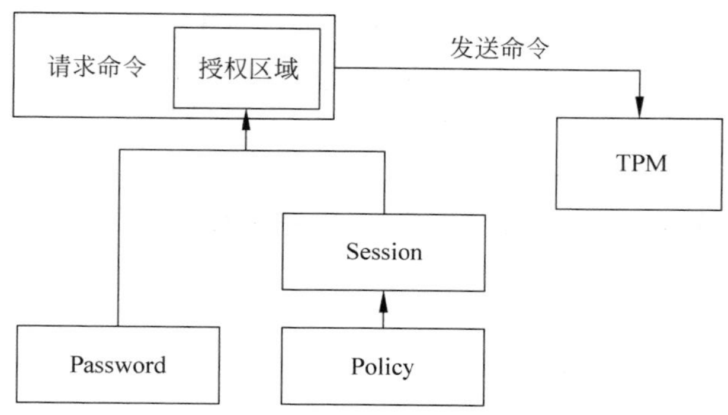

图 9-1 Password、Policy 和 Session 的关系

在一般情况下可以为对象提供良好的保护，但是在有些情况下则显得力不从心，因为对于单个对象来说，无论用户执行何种类型的操作，都只能共用相同的密码，无法将不同的行为区分开来进行单独授权。对于一些复杂的应用系统，命令的发起者可能来自多个不同的用户，他们拥有不同的访问权限，隶属于不同的角色。如果每个用户都共享相同的密码，那么权限管理将变得毫无意义。Password 授权是通过调用 HANDLE 的 SetAuth 方法完成的，当为 HANDLE 设置了密码后，随后有关此 HANDLE 的任何命令，都会自动填充命令的授权区域。

Policy 是单个或一组逻辑条件的集合，这些条件之间存在逻辑 AND 或 OR 关系。Policy 授权是通过判定集合中的条件是否成立，从而验证用户是否有权限访问对象的过程。当集合中的条件的逻辑运算结果为 True 时，Policy 授权成功；反之，授权失败。逻辑条件的表现方式称为 Policy 表达式，简称表达式。在 TSS API 中，不同的表达式对应不同的类型。Policy 授权之所以非常灵活，是因为表达式可以涵盖多种类型的身份认证方式，不再局限于单一的密码身份认证，例如，智能卡、U 盾、指纹、人脸以及其他认证方式都可以作为表达式的判定依据。表达式之间也支持自由组合，例如，对于某个 Key 对象，用户 A 希望使用密码与智能卡访问(2FA)；用户 B 希望使用 U 盾签名即能访问，不需要额外输入密码。用户 A 与用户 B 所期望的授权行为都可以基于 Policy 实现。

为了充分理解 Policy，需要记忆以下关键点：

(1) Policy 是单个或一组条件的集合，是抽象的逻辑关系表述，而不是 TPM 对象。

(2) Policy 可以使用逻辑 AND 或 OR 关系组合多种类型的表达式，TSS API 提供这些表达式对应的数据类型。

(3) Policy 是抽象名词；Policy 授权是行为动词。

(4) Policy 授权是 MFA 身份认证，当全部表达式的最终逻辑运算结果为 True 时，授权成功。

(5) 表达式的判定依据不限于静态密码，也可以基于 TPM 内存数据、计算机状态、数字签名以及生物认证设备等。

(6) Policy 不是 TPM 对象，其自身不存储敏感数据，甚至可以在应用系统外部构建。

(7) Policy 能够为单个对象提供多用户、多角色、多权限的管理方案。

如果将 Policy 视为一种描述逻辑关系的组合，即纯粹的抽象概念，则与之对应，Session 更像一种物理实体，即 Session 是 Policy 的载体，为 Policy 授权过程提供运输能力。Policy

授权的本质是计算表达式摘要的过程。在进行 Policy 授权之前，需要先创建 Session，此时 TPM 将为 Session 分配一块专用的缓冲区并全部初始化为零，用于存放摘要。当进行 Policy 授权时，TPM 根据表达式计算摘要（称为 Policy 摘要），以 HASH Extend（参见第 1 章）方式写入 Session 的缓冲区中。可以将此过程理解为：当进行 Policy 授权时，Session 携带着 Policy 摘要信息前往 TPM 对象进行验证，如果对象绑定的 Policy 摘要与 Session 中的 Policy 摘要一致，则 Policy 授权成功。

9.2 Policy 授权

Policy 授权与 Password 授权的使用方式类似，即创建对象时，绑定 Policy 摘要；使用对象时，提供正确的 Policy 摘要进行授权。TSS API 不仅提供了多种类型的表达式，也封装了复杂的 Policy 摘要计算逻辑，让 Policy 授权的使用过程非常容易。

Policy 授权过程简述如下：

（1）构建 Policy。Policy 既可以包含单个表达式，也可以包含多个表达式。

（2）计算 Policy 摘要。

（3）创建对象并绑定 Policy 摘要，此步骤通常只需进行 1 次。

（4）创建 Session。

（5）重新计算 Policy 摘要，填充 Session 缓冲区。

（6）构建命令请求，用 Session 填充命令的授权区域。

（7）发送命令。

（8）TPM 判断命令授权区域中的 Policy 摘要与对象绑定的 Policy 摘要是否一致，如果一致，则 Policy 授权成功；如果不一致，则授权失败。

9.2.1 构建与绑定 Policy

构建 Policy 是创建并逐步完善 PolicyTree 对象的过程，其构造函数支持多种类型的表达式。例如，PolicyAuthValue 类型表示静态密码；PolicyCommandCode 类型表示命令名称；PolicyNV 类型表示内存数据或状态；PolicySigned 类型表示数字签名。

完全可以使用 Policy 授权实现与 Password 授权相同的效果，即通过设置密码保护对象，同时要求对于密码的判定以 Policy 授权方式进行。这种授权方式称为基于密码的 Policy 授权（将在 9.3.2 节详细介绍）。

使用 C++构建包含单个表达式的 Policy 的过程见代码 9-1。

代码 9-1 使用 C++构建包含单个表达式的 Policy

```
// 定义单个表达式 Policy
PolicyTree p(PolicyAuthValue(""));
```

使用 C#构建包含单个表达式的 Policy 的过程见代码 9-2。

代码 9-2 使用 C# 构建包含单个表达式的 Policy

```
PolicyTree p = new PolicyTree(TpmAlgId.Sha1);
p.Create(new PolicyAce[]
{
    new TpmPolicyAuthValue()
});
```

Policy 不仅能够包含单个表达式，还支持使用逻辑 AND 或 OR 组合不同类型的表达式。例如，表达式 policy1 与 policy2 可以组合的关系如下：

(1) policy1 与 policy2 组成逻辑 AND 关系，即它们必须全部为 True。

(2) policy1 与 policy2 组成逻辑 OR 关系，即它们任意其一为 True。

使用 C++ 构建 AND 关系的 Policy 的过程见代码 9-3。

代码 9-3 使用 C++ 构建 AND 关系的 Policy

```
// 定义 AND 关系表达式
PolicyTree p(policy1, policy2);
```

使用 C# 构建 AND 关系的 Policy 的过程见代码 9-4。

代码 9-4 使用 C# 构建 AND 关系的 Policy

```
PolicyTree p = new PolicyTree(TpmAlgId.Sha1);
p.Create(new PolicyAce[]
{
    policy1,
    policy2
});
```

使用 C++ 构建 OR 关系的 Policy 的过程见代码 9-5。

代码 9-5 使用 C++ 构建 OR 关系的 Policy

```
// 定义 OR 关系表达式
PolicyTree p(PolicyOr(policy1.GetTree(), policy2.GetTree()));
```

使用 C# 构建 OR 关系的 Policy 的过程见代码 9-6。

代码 9-6 使用 C# 构建 OR 关系的 Policy

```
PolicyTree p = new PolicyTree(TpmAlgId.Sha1);
p.CreateNormalizedPolicy(new[] { policy1, policy2 });
```

当 PolicyTree 构建完成后，调用 GetPolicyDigest 方法计算 Policy 摘要，然后将摘要绑定至对象(如设置 Key 模板的 authPolicy 属性)，即可完成 Policy 绑定过程。

9.2.2 使用 Policy 授权

当访问受 Policy 保护的对象时，需要计算正确的 Policy 摘要并填充命令的授权区域。TSS API 大幅简化了 Policy 授权过程，即只需创建 Session 并调用 PolicyTree 对象的 Execute 方法（C＃需要调用 Session 的 RunPolicy 方法），然后在执行命令时携带 Session，其背后的工作将由 TSS API 自动完成。

使用 C++进行 Policy 授权的过程见代码 9-7。

代码 9-7 使用 C++进行 Policy 授权

```
AUTH_SESSION sess = tpm.StartAuthSession(TPM_SE::POLICY, TPM_ALG_ID::SHA1);
p.Execute(tpm, sess);
tpm[sess].CommandName();
```

使用 C＃进行 Policy 授权的过程见代码 9-8。

代码 9-8 使用 C＃进行 Policy 授权

```
AuthSession sess = tpm.StartAuthSessionEx(TpmSe.Policy, TpmAlgId.Sha1);
sess.RunPolicy(tpm, p);
tpm[sess].CommandName();
```

代码 9-7 与代码 9-8 的详细解释如下：

（1）创建 Session 对象。

（2）TPM 初始化 Session 缓冲区，将其设置为全零字节。

（3）Execute 方法（C＃为 RunPolicy 方法）根据当前计算机的运行状态重新计算 Policy 摘要，填充 Session 缓冲区。

（4）将 Session 关联至 TPM 管理器对象。

（5）执行命令时，TSS API 自动使用 Session 中的 Policy 摘要填充命令的授权区域。

9.3 使用 Policy 保护 Key

9.3.1 节与 9.3.2 节示例将演示 Policy 授权的使用方式。

9.3.1 基于命令名称的 Policy 授权

本节示例构建最简单的 Policy 形式，即只包含单个表达式，限定用户只能调用 EncryptDecrypt 方法。本节末尾还会尝试挑战违反 Policy 授权的情况，以确定 Policy 授权真正发挥了应有的作用。由于 C++与 C＃有关 Policy 的语法差异较大，因此需要注意区分。

在定义 Key 模板时，无须像第 7 章或第 8 章示例那样设置 TPMA_OBJECT::userWithAuth 属性（C＃称为 ObjectAttr.UserWithAuth），此属性表示访问 Key 对象时，既可以使用 Password 授权，也可以使用 Policy 授权。删除此属性后，只能使用 Policy 授权。如果尝试将第 7 章或第 8 章示例中的 userWithAuth 属性删除并再次运行示例程序，会发现虽然 handle. SetAuth 方法能够顺利执行，但是在调用 EncryptDecrypt 方法时会收到异常信息 TPM Error-TPM_RC::AUTH_UNAVAILABLE，表示 Password 授权不可用。

虽然删除 userWithAuth 属性表示强制要求 Policy 授权，但是并不意味着不能继续为 Key 对象设置密码。可能会为此感到困惑，既然已经声明了强制 Policy 授权，为什么还要为 Key 对象设置密码呢？这是因为 Policy 授权是一种 MFA 身份认证方式，Password 授权可以作为其多种认证因素的一部分，即密码属于 Policy 的其中一种表达式。简而言之就是密码可以作为 Policy 的一部分，Policy 授权可以联合 Password 授权使用。

设置或删除 userWithAuth 属性的区别如下：

（1）设置 userWithAuth：创建 Key 对象时，可以绑定密码，也可以绑定 Policy，甚至可以同时绑定密码与 Policy。访问对象时，如果仅绑定了密码，则只能使用 Password 授权；如果仅绑定了 Policy，则只能使用 Policy 授权；如果同时绑定了密码与 Policy，则必须优先使用 Policy 授权，并根据需要提供密码以配合 Policy 授权过程。

（2）删除 userWithAuth：创建 Key 对象时，可以绑定密码，也可以绑定 Policy，甚至可以同时绑定密码与 Policy。访问对象时，如果仅绑定了密码，则 Password 授权无条件失败；如果仅绑定了 Policy，则只能使用 Policy 授权；如果同时绑定了密码与 Policy，则必须优先使用 Policy 授权，并根据需要提供密码以配合 Policy 授权过程。

随着示例程序变得越来越复杂，因此需要对代码结构做出一些优化，将连接 TPM 的部分与公共部分单独分离出来。

使用 C++定义公共部分的过程见代码 9-9。

代码 9-9 使用 C++定义公共部分

```
#include <iostream>
#include "Tpm2.h"
using namespace TpmCpp;
#define null { }

TPMT_SYM_DEF_OBJECT Aes128Cfb(TPM_ALG_ID::AES, 128, TPM_ALG_ID::CFB);
TPM_ALG_ID hashAlg = TPM_ALG_ID::SHA1;

int main()
{
    // 连接 TPM,略

    // 定义授权密码
    const char * cpwd = "password";
    ByteVec useAuth(cpwd, cpwd + strlen(cpwd));
    // 定义明文数据
    const char * cstr = "Who programmed us ?";
    ByteVec data(cstr, cstr + strlen(cstr));
    // 基于命令名称的 Policy 授权
    CreateKeyWithCommandPolicy(tpm, data);
    // 基于密码的 Policy 授权(待 9.3.2 节实现)
    CreateKeyWithPasswordPolicy(tpm, useAuth, data);
}
```

使用 C#定义公共部分的过程见代码 9-10。

代码 9-10 使用 C# 定义公共部分

```
using System;
using System.Text;
using Tpm2Lib;
namespace TPMDemoNET
{
    class Program
    {
        private static SymDefObject Aes128Cfb =
            new SymDefObject(TpmAlgId.Aes, 128, TpmAlgId.Cfb);
        private static TpmAlgId hashAlg = TpmAlgId.Sha1;

        static void Main(string[] args)
        {
            // 连接 TPM,略

            // 定义授权密码
            string cpwd = "password";
            byte[] useAuth = Encoding.ASCII.GetBytes(cpwd);
            // 定义明文数据
            string cstr = "Who programmed us ?";
            byte[] data = Encoding.ASCII.GetBytes(cstr);
            // 基于命令名称的 Policy 授权
            CreateKeyWithCommandPolicy(tpm, data);
            // 基于密码的 Policy 授权(待 9.3.2 节实现)
            CreateKeyWithPasswordPolicy(tpm, useAuth, data);
        }
    }
}
```

定义并实现名称为 CreateKeyWithCommandPolicy 的方法，它负责创建 Key 对象并绑定基于命令名称的 Policy 摘要，然后使用 Policy 授权测试 Key 对象的访问能力。

使用 C++进行基于命令名称的 Policy 授权的过程见代码 9-11。

代码 9-11 使用 C++进行基于命令名称的 Policy 授权

```
void CreateKeyWithCommandPolicy(Tpm2 tpm, ByteVec& data)
{
    // 定义命令名称类型的 Policy 表达式
    PolicyCommandCode policy(TPM_CC::EncryptDecrypt, "");
    PolicyTree p(policy);
    // 计算 Policy 摘要
    TPM_HASH policyDigest = p.GetPolicyDigest(hashAlg);
    // 定义 Key 模板并绑定 Policy 摘要
    TPMT_PUBLIC temp(hashAlg,
        TPMA_OBJECT::sign | TPMA_OBJECT::sensitiveDataOrigin,
        policyDigest,
        TPMS_SYMCIPHER_PARMS(Aes128Cfb),
        TPM2B_DIGEST_SYMCIPHER());
    // 创建 Key 对象
    CreatePrimaryResponse primary =
```

```
        tpm.CreatePrimary(TPM_RH_NULL, null, temp, null, null);
    TPM_HANDLE& handle = primary.handle;
    // 创建 Session 对象
    AUTH_SESSION sess = tpm.StartAuthSession(TPM_SE::POLICY, hashAlg);
    p.Execute(tpm, sess);
    // 使用 Policy 授权加密数据
    ByteVec iv(16);
    EncryptDecryptResponse resp =
        tpm[sess].EncryptDecrypt(handle, (BYTE)0, TPM_ALG_ID::CFB, iv, data);
    ByteVec encrypted = resp.outData;
    // 输出原始数据与加密数据
    std::cout <<
        "Data: " << data << endl <<
        "Encrypted: " << encrypted << endl;
}
```

代码 9-11 的详细解释如下：

（1）定义 PolicyCommandCode 类型的表达式对象，限定用户只能调用名称为 EncryptDecrypt 的方法。

（2）创建 PolicyTree 对象，将步骤(1)定义的表达式对象作为其参数。

（3）调用 GetPolicyDigest 方法并设置 HASH 算法，计算 Policy 摘要。

（4）定义 Key 模板，第 3 个参数设置为步骤(3)生成的 Policy 摘要。

（5）调用 tpm 实例的 CreatePrimary 方法创建 Key 对象，第 2 个参数为 null，因为不使用 Password 授权，所以不再需要 TPMS_SENSITIVE_CREATE 对象。命令响应结果存储至 primary 变量。

（6）调用 primary. handle 获取指向新创建的 Key 对象的 HANDLE，存储至 handle 变量。

（7）调用 tpm 实例的 StartAuthSession 方法创建 Session 对象。

（8）调用 PolicyTree 对象的 Execute 方法重新计算 Policy 摘要，第 1 个参数为 tpm 实例；第 2 个参数为步骤(7)创建的 Session 对象。此方法将 Policy 摘要填充至 Session 缓冲区。

（9）调用 tpm 实例的 EncryptDecrypt 方法加密 data 数组。注意，通过语法 tpm[sess] 关联了 tpm 实例与 Session 对象。命令响应结果存储至 resp 变量。

（10）调用 resp 结构的 outData 属性获取加密数据，存储至 encrypted 数组。

（11）输出 data 原始数据与 encrypted 加密数据。

如果将代码 9-11 中的 TPM_CC::EncryptDecrypt 替换为 TPM_CC::Duplicate，再次运行程序，则在调用 EncryptDecrypt 方法时会收到异常信息 TPM Error - TPM_RC::POLICY_CC，表示 Policy 授权失败，因为 Policy 限定了用户只能调用 Duplicate 方法。

使用 C# 进行基于命令名称的 Policy 授权的过程见代码 9-12。

代码 9-12 使用 C# 进行基于命令名称的 Policy 授权

```
private static void CreateKeyWithCommandPolicy(Tpm2 tpm, byte[] data)
{
    // 定义命令名称类型的 Policy 表达式
```

```
    PolicyTree p = new PolicyTree(hashAlg);
    p.Create(new PolicyAce[]
    {
        new TpmPolicyCommand(TpmCc.EncryptDecrypt)
    });
    // 计算 Policy 摘要
    TpmHash policyDigest = p.GetPolicyDigest();
    // 定义 Key 模板并绑定 Policy 摘要
    var temp = new TpmPublic(hashAlg,
        ObjectAttr.Sign | ObjectAttr.SensitiveDataOrigin,
        policyDigest,
        new SymcipherParms(Aes128Cfb),
        new Tpm2bDigestSymcipher());
    // 无须设置密码
    SensitiveCreate sensCreate = new SensitiveCreate(null, null);
    // 创建 Key 对象
    TpmPublic keyPublic;
    CreationData creationData;
    TkCreation creationTicket;
    byte[] creationHash;
    TpmHandle handle =
        tpm.CreatePrimary(TpmRh.Null, sensCreate, temp, null, null,
                          out keyPublic, out creationData,
                          out creationHash, out creationTicket);
    // 创建 Session 对象
    AuthSession sess = tpm.StartAuthSessionEx(TpmSe.Policy, hashAlg);
    sess.RunPolicy(tpm, p);
    // 使用 Policy 授权加密数据
    byte[] iv = new byte[16];
    byte[] ivOut;
    byte[] encryptedData =
        tpm[sess].EncryptDecrypt(handle, 0, TpmAlgId.Cfb, iv, data, out ivOut);
    // 输出原始数据与加密数据
    string encrypted = BitConverter.ToString(encryptedData)
                                   .Replace("-", "").ToLower();
    string dataHex = BitConverter.ToString(data).Replace("-", "").ToLower();
    Console.WriteLine("Data: " + dataHex);
    Console.WriteLine("Encrypted: " + encrypted);
}
```

代码 9-12 的详细解释如下：

(1) 创建 PolicyTree 对象并设置 HASH 算法。

(2) 调用 PolicyTree 对象的 Create 方法，传入 PolicyAce 数组，其中仅包含 TpmPolicyCommand 类型的表达式对象，并限定用户只能调用名称为 EncryptDecrypt 的方法。PolicyAce 数组用于将多个表达式对象组成 AND 关系。

(3) 调用 GetPolicyDigest 方法计算 Policy 摘要。

(4) 定义 Key 模板，第 3 个参数设置为步骤(3)生成的 Policy 摘要。

(5) 创建 SensitiveCreate 对象并将构造函数的参数全部指定 null，表示不再使用 Password 授权。

(6) 调用 tpm 实例的 CreatePrimary 方法创建 Key 对象，此方法返回指向新创建的

Key 对象的 HANDLE,将其存储至 handle 变量。

(7) 调用 tpm 实例的 StartAuthSessionEx 方法创建 Session 对象。

(8) 调用 Session 对象的 RunPolicy 方法重新计算 Policy 摘要,第 1 个参数为 tpm 实例;第 2 个参数为 PolicyTree 对象。此方法将 Policy 摘要填充至 Session 缓冲区。

(9) 调用 tpm 实例的 EncryptDecrypt 方法加密 data 数组。注意,通过 tpm[sess]关联了 tpm 实例与 Session 对象。加密结果存储至 encryptedData 数组。

(10) 调用 BitConverter. ToString 方法将 encryptedData 数组转换为十六进制字符串,存储至 encrypted 变量。

(11) 调用 BitConverter. ToString 方法将 data 数组转换为十六进制字符串,存储至 dataHex 变量。

(12) 输出 dataHex 原始数据与 encrypted 加密数据。

如果将代码 9-12 中的 TpmCc. EncryptDecrypt 替换为 TpmCc. Duplicate,再次运行程序,在调用 EncryptDecrypt 方法时,会收到异常信息 Error {PolicyCc} was returned for command EncryptDecrypt,表示 Policy 授权失败,因为 Policy 限定了用户只能调用 Duplicate 方法。

9.3.2 基于密码的 Policy 授权

使用 Policy 可以实现与 Password 授权完全相同的效果,即基于密码的 Policy 授权。本节示例依然构建包含单个表达式的 Policy 形式,但相比 9.3.1 节示例稍微复杂了一些。

PolicyAuthValue 类型是本节示例的核心,表示 Policy 依赖密码作为其是否成立的判定依据,并作为桥梁将 Password 授权与 Policy 授权联结在一起,如图 9-2 所示。

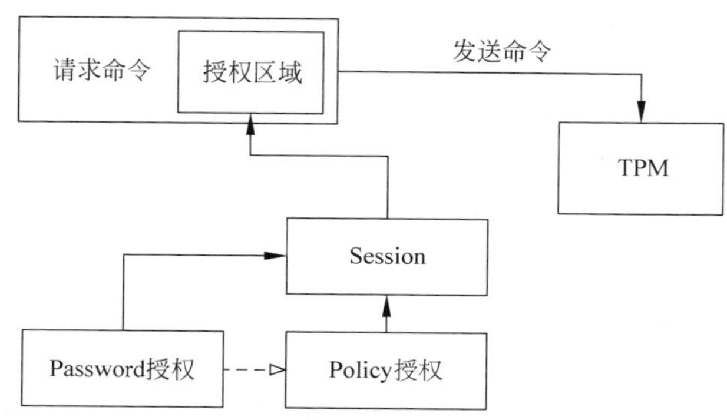

图 9-2 联结 Policy 授权与 Password 授权

使用 C++进行基于密码的 Policy 授权的过程见代码 9-13。

代码 9-13 使用 C++进行基于密码的 Policy 授权

```
void CreateKeyWithPasswordPolicy(Tpm2 tpm, ByteVec& useAuth, ByteVec& data)
{
    // 定义密码类型的 Policy 表达式
    PolicyAuthValue policyAuthValue;
    PolicyTree p(policyAuthValue);
    // 计算 Policy 摘要
    TPM_HASH policyDigest = p.GetPolicyDigest(hashAlg);
```

```
    // 定义 Key 模板并绑定 Policy 摘要
    TPMT_PUBLIC temp(hashAlg,
        TPMA_OBJECT::sign | TPMA_OBJECT::sensitiveDataOrigin,
        policyDigest,
        TPMS_SYMCIPHER_PARMS(Aes128Cfb),
        TPM2B_DIGEST_SYMCIPHER());
    // 使用密码保护 Key 对象(用于联结 Policy)
    TPMS_SENSITIVE_CREATE sensCreate(useAuth, null);
    // 创建 Key 对象
    CreatePrimaryResponse primary =
        tpm.CreatePrimary(TPM_RH_NULL, sensCreate, temp, null, null);
    TPM_HANDLE& handle = primary.handle;
    // 进行 Password 授权
    handle.SetAuth(useAuth);
    // 创建 Session 对象
    AUTH_SESSION sess = tpm.StartAuthSession(TPM_SE::POLICY, hashAlg);
    p.Execute(tpm, sess);
    // 使用 Policy 授权加密数据
    ByteVec iv(16);
    EncryptDecryptResponse resp =
        tpm[sess].EncryptDecrypt(handle, (BYTE)0, TPM_ALG_ID::CFB, iv, data);
    ByteVec encrypted = resp.outData;
    // 输出原始数据与加密数据
    std::cout <<
        "Data: " << data << endl <<
        "Encrypted: " << encrypted << endl;
}
```

代码 9-13 的详细解释如下：

(1) 定义 PolicyAuthValue 类型的表达式对象，表示用户需要 Password 授权。

(2) 创建 PolicyTree 对象，将步骤(1)定义的表达式对象作为其参数。

(3) 调用 GetPolicyDigest 方法并设置 HASH 算法，计算 Policy 摘要。

(4) 定义 Key 模板，第 3 个参数设置为步骤(3)生成的 Policy 摘要。

(5) 使用密码保护 Key 对象，创建 TPMS_SENSITIVE_CREATE 对象，第 1 个参数为密码数组。

(6) 调用 tpm 实例的 CreatePrimary 方法创建 Key 对象，第 2 个参数为步骤(5)创建的 TPMS_SENSITIVE_CREATE 对象；第 3 个参数为带有 Policy 摘要的 TPMT_PUBLIC 模板。此步骤实现了 Password 授权与 Policy 授权的双重绑定。命令响应结果存储至 primary 变量。

(7) 调用 primary.handle 获取指向新创建的 Key 对象的 HANDLE，存储至 handle 变量。

(8) 调用 handle.SetAuth 方法，进行 Password 授权，这是步骤(1)定义的 PolicyAuthValue 表达式所要求的。

(9) 调用 tpm 实例的 StartAuthSession 方法创建 Session 对象。

(10) 调用 PolicyTree 对象的 Execute 方法重新计算 Policy 摘要，第 1 个参数为 tpm 实例；第 2 个参数为步骤(9)创建的 Session 对象。

(11) 调用 tpm 实例的 EncryptDecrypt 方法加密 data 数组。注意，通过语法 tpm

[sess]关联了 tpm 实例与 Session 对象，此外还通过 HANDLE 关联了密码。命令响应结果存储至 resp 变量。

(12) 调用 resp 结构的 outData 属性获取加密数据，存储至 encrypted 数组。

(13) 输出 data 原始数据与 encrypted 加密数据。

使用 C#进行基于密码的 Policy 授权的过程见代码 9-14。

代码 9-14　使用 C#进行基于密码的 Policy 授权

```
private static void CreateKeyWithPasswordPolicy(
    Tpm2 tpm, byte[ ] useAuth, byte[ ] data)
{
    // 定义密码类型的 Policy 表达式
    PolicyTree p = new PolicyTree(hashAlg);
    p.Create(new PolicyAce[ ]
    {
        new TpmPolicyAuthValue()
    });
    // 计算 Policy 摘要
    TpmHash policyDigest = p.GetPolicyDigest();
    // 定义 Key 模板并绑定 Policy 摘要
    var temp = new TpmPublic(hashAlg,
        ObjectAttr.Sign | ObjectAttr.SensitiveDataOrigin,
        policyDigest,
        new SymcipherParms(Aes128Cfb),
        new Tpm2bDigestSymcipher());
    // 使用密码保护 Key 对象(用于联结 Policy)
    SensitiveCreate sensCreate = new SensitiveCreate(useAuth, null);
    // 创建 Key 对象
    TpmPublic keyPublic;
    CreationData creationData;
    TkCreation creationTicket;
    byte[ ] creationHash;
    TpmHandle handle =
        tpm.CreatePrimary(TpmRh.Null, sensCreate, temp, null, null,
                          out keyPublic, out creationData,
                          out creationHash, out creationTicket);
    // 进行 Password 授权
    handle.SetAuth(useAuth);
    // 创建 Session 对象
    AuthSession sess = tpm.StartAuthSessionEx(TpmSe.Policy, hashAlg);
    sess.RunPolicy(tpm, p);
    // 使用 Policy 授权加密数据
    byte[ ] iv = new byte[16];
    byte[ ] ivOut;
    byte[ ] encryptedData =
        tpm[sess].EncryptDecrypt(handle, 0, TpmAlgId.Cfb, iv, data, out ivOut);
    // 输出原始数据与加密数据
    string encrypted = BitConverter.ToString(encryptedData)
                                   .Replace("-", "").ToLower();
    string dataHex = BitConverter.ToString(data).Replace("-", "").ToLower();
    Console.WriteLine("Data: " + dataHex);
    Console.WriteLine("Encrypted: " + encrypted);
}
```

代码 9-14 的详细解释如下：

(1) 创建 PolicyTree 对象并设置 HASH 算法。

(2) 调用 PolicyTree 对象的 Create 方法，传入 PolicyAce 数组，其中仅包含 TpmPolicyAuthValue 类型的表达式对象，表示用户需要 Password 授权。

(3) 调用 GetPolicyDigest 方法计算 Policy 摘要。

(4) 定义 Key 模板，第 3 个参数设置为步骤(3)生成的 Policy 摘要。

(5) 使用密码保护 Key 对象，创建 SensitiveCreate 对象，第 1 个参数为密码数组。

(6) 调用 tpm 实例的 CreatePrimary 方法创建 Key 对象，第 2 个参数为步骤(5)创建的 SensitiveCreate 对象；第 3 个参数为带有 Policy 摘要的 TpmPublic 模板。此步骤实现了 Password 授权与 Policy 授权的双重绑定。此方法返回指向新创建的 Key 对象的 HANDLE，将其存储至 handle 变量。

(7) 调用 handle.SetAuth 方法，进行 Password 授权，这是步骤(2)定义的 TpmPolicyAuthValue 表达式所要求的。

(8) 调用 tpm 实例的 StartAuthSessionEx 方法创建 Session 对象。

(9) 调用 Session 对象的 RunPolicy 方法重新计算 Policy 摘要，第 1 个参数为 tpm 实例；第 2 个参数为 PolicyTree 对象。

(10) 调用 tpm 实例的 EncryptDecrypt 方法加密 data 数组。注意，通过 tpm[sess]关联了 tpm 实例与 Session 对象，此外还通过 HANDLE 关联了密码。加密结果存储至 encryptedData 数组。

(11) 调用 BitConverter. ToString 方法将 encryptedData 数组转换为十六进制字符串，存储至 encrypted 变量。

(12) 调用 BitConverter. ToString 方法将 data 数组转换为十六进制字符串，存储至 dataHex 变量。

(13) 输出 dataHex 原始数据与 encrypted 加密数据。

9.4 导出对称 Key

TSS API 提供的 Duplicate 方法用于导出 Key。Duplicate 方法主要有以下 4 个参数，目前只需关注参数(1)与(2)，参数(3)与(4)将在第 17 章详细解释：

(1) Key 对象的 HANDLE。

(2) 导出目标 HANDLE。

(3) 另一个可选的对称 Key，用于加密导出的 Key。如果需要导出明文 Key，则忽略此参数。

(4) 可选的对称 Key 算法。如果不设置参数(3)但指定了此参数，则自动生成新的对称 Key，用于加密导出的 Key。

Duplicate 方法必须与 Policy 授权联合使用，即 Policy 中必须包含 PolicyCommandCode 类型的表达式并限定 Duplicate 命令。创建 Key 对象时，将 Policy 摘要与 Key 对象绑定；导出时，需要向 Duplicate 方法提供携带相同 Policy 摘要的 Session。

综上所述，为了导出 Key，需要做的工作如下：

(1) 构建 Policy 并限定 Duplicate 命令。

(2) 计算 Policy 摘要。

(3) 定义 Key 模板并绑定 Policy 摘要。

(4) 创建 Key 对象。

(5) 获取指向 Key 对象的 HANDLE。

(6) 创建 Session 对象。

(7) 重新计算 Policy 摘要,填充 Session 缓冲区。

(8) 携带 Session 调用 Duplicate 方法。

(9) 获取导出的 Key。

9.5 完整导出示例

本节示例使用 Policy 保护 Key 对象,然后将其从 TPM 中导出至第三方应用系统。

9.5.1 设计 Policy

如果希望 Key 对象既能被导出又能用于加密过程,则可以表述为 Key 对象同时支持 Duplicate 与 EncryptDecrypt 命令。但是这种设计方式有明显的漏洞,只要调用的方法属于这两者之一,就能顺利通过 Policy 授权,而缺少了用户身份认证过程。因此,还需要分别将它们与密码组合为逻辑 AND 关系。如图 9-3 所示,Password AND EncryptDecrypt 组成 Branch1,表示允许 EncryptDecrypt 命令并且必须提供密码;Password AND Duplicate 组成 Branch2,表示允许 Duplicate 命令并且必须提供密码。然后,将 Branch1 与 Branch2 组合为逻辑 OR 关系,即 Branch1 OR Branch2,最终组成完整的 PolicyTree。当进行 Policy 授权时,用户既可以选择 Branch1 分支,也可以选择 Branch2 分支,只要其中之一为 True 即可成功完成 Policy 授权。

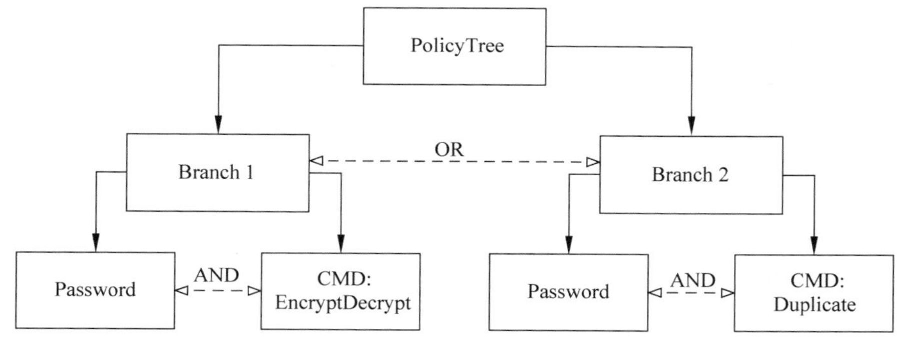

图 9-3 既能被导出又能用于加密的 Key 对象的 Policy 结构

9.5.2 导出 Key

首先按照如图 9-3 所示的 Policy 结构构建 PolicyTree 对象,然后创建 Key 对象并绑定 Policy 摘要,最后分别调用 EncryptDecrypt 方法加密数据以及 Duplicate 方法导出 Key。需要注意的是,在调用 EncryptDecrypt 或 Duplicate 方法之前需要进行 Policy 授权,此过程是通过创建 Session 对象并重新计算 Policy 摘要完成的。

使用 C++导出 Key 的过程见代码 9-15。

代码 9-15 使用 C++导出 Key

```
#include <iostream>
#include "Tpm2.h"
using namespace TpmCpp;
#define null { }

TPMT_SYM_DEF_OBJECT Aes128Cfb(TPM_ALG_ID::AES, 128, TPM_ALG_ID::CFB);
TPM_ALG_ID hashAlg = TPM_ALG_ID::SHA1;

int main()
{
    // 连接 TPM,略

    // 定义授权密码
    const char * cpwd = "password";
    ByteVec useAuth(cpwd, cpwd + strlen(cpwd));
    // 定义明文数据
    const char * cstr = "Who programmed us ?";
    ByteVec data(cstr, cstr + strlen(cstr));

    ExportKey(tpm, useAuth, data);
}

void ExportKey(Tpm2 tpm, ByteVec& useAuth, ByteVec& data)
{
    // 定义如图 9-3 所示的 Policy 表达式
    PolicyAuthValue policyAuthValue;
    PolicyCommandCode policy1(TPM_CC::EncryptDecrypt, "user-branch");
    PolicyCommandCode policy2(TPM_CC::Duplicate, "admin-branch");
    PolicyTree branch1(policyAuthValue, policy1);
    PolicyTree branch2(policyAuthValue, policy2);
    PolicyTree p(PolicyOr(branch1.GetTree(), branch2.GetTree()));
    // 计算 Policy 摘要
    TPM_HASH policyDigest = p.GetPolicyDigest(hashAlg);
    // 定义 Key 模板并绑定 Policy 摘要
    TPMT_PUBLIC temp(hashAlg,
        TPMA_OBJECT::sign | TPMA_OBJECT::adminWithPolicy |
        TPMA_OBJECT::sensitiveDataOrigin,
        policyDigest,
        TPMS_SYMCIPHER_PARMS(Aes128Cfb),
        TPM2B_DIGEST_SYMCIPHER());
    // 使用密码保护 Key 对象(用于联结 Policy)
    TPMS_SENSITIVE_CREATE sensCreate(useAuth, null);
    // 创建 Key 对象
    CreatePrimaryResponse primary =
        tpm.CreatePrimary(TPM_RH_NULL, sensCreate, temp, null, null);
    TPM_HANDLE& handle = primary.handle;
    // 进行 Password 授权
    handle.SetAuth(useAuth);
    // 创建用于加密行为的 Session 对象
    AUTH_SESSION sess = tpm.StartAuthSession(TPM_SE::POLICY, hashAlg);
```

```
    p.Execute(tpm, sess, "user - branch");
    // 使用 Policy 授权加密数据
    ByteVec iv(16);
    EncryptDecryptResponse resp =
        tpm[sess].EncryptDecrypt(handle, (BYTE)0, TPM_ALG_ID::CFB, iv, data);
    ByteVec encrypted = resp.outData;
    // 输出原始数据与加密数据
    std::cout <<
        "Data: " << data << endl <<
        "Encrypted: " << encrypted << endl;
    // 创建用于导出行为的 Session 对象
    AUTH_SESSION sess2 = tpm.StartAuthSession(TPM_SE::POLICY, hashAlg);
    p.Execute(tpm, sess2, "admin - branch");
    // 使用 Policy 授权导出 Key
    DuplicateResponse duplicatedResp =
        tpm[sess2].Duplicate(handle, TPM_RH_NULL, null, null);
    ByteVec buffer = duplicatedResp.duplicate.buffer;
    ByteVec privateKey(16);
    memcpy(&privateKey[0], &buffer[buffer.size() - 16], 16);
    // 输出导出的 Key
    std::cout << "Exported key:" << privateKey << endl;
}
```

代码 9-15 的 main 方法详细解释如下：

(1) 定义名称为 useAuth 的字节数组，存储用户密码。

(2) 定义名称为 data 的字节数组，存储有关字符串的字节数据。

(3) 调用 ExportKey 方法。

代码 9-15 的 ExportKey 方法详细解释如下：

(1) 定义 PolicyAuthValue 类型的表达式对象，表示用户需要 Password 授权。

(2) 分别定义 PolicyCommandCode 类型的表达式对象 policy1 与 policy2。policy1 限定用户只能调用名称为 EncryptDecrypt 的方法；policy2 限定用户只能调用名称为 Duplicate 的方法。tag 为名称字符串，用于标识表达式，可以自由设置，但不能重复。policy1 的 tag 设置为 user-branch，表示此分支用于使用行为(加密)；policy2 的 tag 设置为 admin-branch，表示此分支用于管理行为(导出)。

(3) 创建名称为 branch1 的 PolicyTree 对象，组合 policy1 与 PolicyAuthValue 表达式对象，它们之间为 AND 关系。

(4) 创建名称为 branch2 的 PolicyTree 对象，组合 policy2 与 PolicyAuthValue 表达式对象，它们之间同样为 AND 关系。

(5) 创建 PolicyOr 对象，组合 branch1 与 branch2 分支，它们之间为 OR 关系。

(6) 创建 PolicyTree 对象，将步骤(5)的 PolicyOr 对象作为其参数。

(7) 调用 GetPolicyDigest 方法计算 Policy 摘要。

(8) 定义 Key 模板，第 3 个参数设置为步骤(7)生成的 Policy 摘要。需要注意的是，第 2 个参数虽然去掉了 TPMA_OBJECT::userWithAuth，但是新增了 TPMA_OBJECT::adminWithPolicy，表示有关 Key 对象的管理行为必须使用 Policy 授权。

(9) 使用密码保护 Key 对象，创建 TPMS_SENSITIVE_CREATE 对象，第 1 个参数为

密码数组。

(10) 调用 tpm 实例的 CreatePrimary 方法创建 Key 对象，命令响应结果存储至 primary 变量。

(11) 调用 primary. handle 获取指向新创建的 Key 对象的 HANDLE，存储至 handle 变量。

(12) 调用 handle. SetAuth 方法，进行 Password 授权。

(13) 调用 tpm 实例的 StartAuthSession 方法创建 Session 对象，存储至 sess 变量。

(14) 调用 PolicyTree 对象的 Execute 方法重新计算 Policy 摘要，第 1 个参数为 tpm 实例；第 2 个参数为步骤(13)创建的 sess 对象；第 3 个参数指定 user-branch，表示计算 Policy 摘要时将评估 user-branch 分支，填充 sess 对象用于加密过程。

(15) 调用 tpm 实例的 EncryptDecrypt 方法加密 data 数组。注意，通过语法 tpm[sess]关联了 tpm 实例与 sess 对象。命令响应结果存储至 resp 变量。

(16) 调用 resp 结构的 outData 属性获取加密数据，存储至 encrypted 数组。

(17) 输出 data 原始数据与 encrypted 加密数据。

(18) 调用 tpm 实例的 StartAuthSession 方法创建新的 Session 对象，存储至 sess2 变量。

(19) 调用 PolicyTree 对象的 Execute 方法重新计算 Policy 摘要，第 1 个参数为 tpm 实例；第 2 个参数为步骤(18)创建的 sess2 对象；第 3 个参数指定 admin-branch，表示计算 Policy 摘要时将评估 admin-branch 分支，填充 sess2 对象用于导出过程。

(20) 调用 tpm 实例的 Duplicate 方法，第 1 个参数为指向 Key 对象的 HANDLE；第 2 个参数为 TPM_RH_NULL；第 3 个参数与第 4 个参数均为 null，不对导出的 Key 进行额外加密。注意，通过语法 tpm[sess2]关联了 tpm 实例与 sess2 对象。命令响应结果存储至 duplicatedResp 变量。

(21) 调用 duplicatedResp 结构的 duplicate. buffer 属性获取 Key 数据，存储至 buffer 数组。

(22) 输出 buffer 数组中的后 16 字节，即导出的 Key(长度为 128 位)。

程序运行结果如图 9-4 所示。

图 9-4 使用 C++导出 Key

使用 C#导出 Key 的过程见代码 9-16。

代码 9-16 使用 C#导出 Key

```
using System;
using System.Text;
```

```
using Tpm2Lib;
namespace TPMDemoNET
{
    class Program
    {
        private static SymDefObject Aes128Cfb =
            new SymDefObject(TpmAlgId.Aes, 128, TpmAlgId.Cfb);
        private static TpmAlgId hashAlg = TpmAlgId.Sha1;

        static void Main(string[] args)
        {
            // 连接 TPM,略

            // 定义授权密码
            string cpwd = "password";
            byte[] useAuth = Encoding.ASCII.GetBytes(cpwd);
            // 定义明文数据
            string cstr = "Who programmed us ?";
            byte[] data = Encoding.ASCII.GetBytes(cstr);

            ExportKey(tpm, useAuth, data);
        }

        private static void ExportKey(Tpm2 tpm, byte[] useAuth, byte[] data)
        {
            // 定义如图 9-3 所示的 Policy 表达式
            PolicyTree p = new PolicyTree(hashAlg);
            var branch1 = new PolicyAce[]
            {
                new TpmPolicyAuthValue(),
                new TpmPolicyCommand(TpmCc.EncryptDecrypt),
                "user-branch"
            };
            var branch2 = new PolicyAce[]
            {
                new TpmPolicyAuthValue(),
                new TpmPolicyCommand(TpmCc.Duplicate),
                "admin-branch"
            };
            p.CreateNormalizedPolicy(new[] { branch1, branch2 });
            // 计算 Policy 摘要
            TpmHash policyDigest = p.GetPolicyDigest();
            // 定义 Key 模板并绑定 Policy 摘要
            var temp = new TpmPublic(hashAlg,
                ObjectAttr.Sign | ObjectAttr.AdminWithPolicy |
                ObjectAttr.SensitiveDataOrigin,
                policyDigest,
                new SymcipherParms(Aes128Cfb),
                new Tpm2bDigestSymcipher());
            // 使用密码保护 Key 对象(用于联结 Policy)
            SensitiveCreate sensCreate = new SensitiveCreate(useAuth, null);
            // 创建 Key 对象
            TpmPublic keyPublic;
            CreationData creationData;
```

```
            TkCreation creationTicket;
            byte[] creationHash;
            TpmHandle handle =
                tpm.CreatePrimary(TpmRh.Null, sensCreate, temp, null, null,
                                  out keyPublic, out creationData,
                                  out creationHash, out creationTicket);
            // 进行 Password 授权
            handle.SetAuth(useAuth);
            // 创建用于加密行为的 Session 对象
            AuthSession sess = tpm.StartAuthSessionEx(TpmSe.Policy, hashAlg);
            sess.RunPolicy(tpm, p, "user - branch");
            // 使用 Policy 授权加密数据
            byte[] iv = new byte[16];
            byte[] ivOut;
            byte[] encryptedData = tpm[sess].EncryptDecrypt(
                handle, 0, TpmAlgId.Cfb, iv, data, out ivOut);
            // 输出原始数据与加密数据
            string encrypted = BitConverter.ToString(encryptedData)
                                          .Replace(" - ", "").ToLower();
            string dataHex = BitConverter.ToString(data).Replace(" - ", "").ToLower();
            Console.WriteLine("Data: " + dataHex);
            Console.WriteLine("Encrypted: " + encrypted);
            // 创建用于导出行为的 Session 对象
            AuthSession sess2 = tpm.StartAuthSessionEx(TpmSe.Policy, hashAlg);
            sess2.RunPolicy(tpm, p, "admin - branch");
            // 使用 Policy 授权导出 Key
            TpmPrivate duplicate;
            byte[] seed;
            tpm[sess2].Duplicate(handle, TpmRh.Null, null, new SymDefObject(),
                                 out duplicate, out seed);
            byte[] buffer = duplicate.buffer;
            byte[] privateKeyData = new byte[16];
            Array.Copy(buffer, buffer.Length - 16, privateKeyData, 0, 16);
            // 输出导出的 Key
            string privateKey = BitConverter.ToString(buffer)
                                          .Replace(" - ", "").ToLower();
            Console.WriteLine("Exported key: " + privateKey);
        }
    }
}
```

代码 9-16 的 Main 方法详细解释如下：

(1) 定义名称为 useAuth 的字节数组，存储用户密码。

(2) 定义名称为 data 的字节数组，存储有关字符串的字节数据。

(3) 调用 ExportKey 方法。

代码 9-16 的 ExportKey 方法详细解释如下：

(1) 创建 PolicyTree 对象并设置 HASH 算法。

(2) 创建名称为 branch1 的 PolicyAce 数组，其中包含两个表达式对象以及 tag。TpmPolicyCommand 类型的表达式对象限定用户只能调用名称为 EncryptDecrypt 的方法；PolicyAuthValue 类型的表达式对象表示用户需要 Password 授权，与 TpmPolicyCommand

表达式对象之间为 AND 关系；tag 用于标识分支，设置为 user-branch，表示此分支用于使用行为（加密）。

（3）创建名称为 branch2 的 PolicyAce 数组，其中包含两个表达式对象以及 tag。TpmPolicyCommand 类型的表达式对象限定用户只能调用名称为 Duplicate 的方法；PolicyAuthValue 类型的表达式对象表示用户需要 Password 授权，与 TpmPolicyCommand 表达式对象之间同样为 AND 关系；tag 设置为 admin-branch，表示此分支用于管理行为（导出）。

（4）调用 PolicyTree 对象的 CreateNormalizedPolicy 方法，传入包含 branch1 与 branch2 分支的 PolicyAce 数组，它们之间为 OR 关系。

（5）调用 GetPolicyDigest 方法计算 Policy 摘要。

（6）定义 Key 模板，第 3 个参数设置为步骤（5）生成的 Policy 摘要。需要注意的是，第 2 个参数虽然去掉了 ObjectAttr. UserWithAuth，但是新增了 ObjectAttr. AdminWithPolicy，表示有关 Key 对象的管理行为必须使用 Policy 授权。

（7）使用密码保护 Key 对象，创建 SensitiveCreate 对象，第 1 个参数为密码数组。

（8）调用 tpm 实例的 CreatePrimary 方法创建 Key 对象，此方法返回指向新创建的 Key 对象的 HANDLE，将其存储至 handle 变量。

（9）调用 handle. SetAuth 方法，进行 Password 授权。

（10）调用 tpm 实例的 StartAuthSessionEx 方法创建 Session 对象，存储至 sess 变量。

（11）调用 sess. RunPolicy 方法重新计算 Policy 摘要，第 1 个参数为 tpm 实例；第 2 个参数为 PolicyTree 对象；第 3 个参数指定 user-branch，表示计算 Policy 摘要时将评估 user-branch 分支，填充 sess 对象用于加密过程。

（12）调用 tpm 实例的 EncryptDecrypt 方法加密 data 数组。注意，通过语法 tpm[sess]关联了 tpm 实例与 sess 对象。加密结果存储至 encryptedData 数组。

（13）调用 BitConverter. ToString 方法将 encryptedData 数组转换为十六进制字符串，存储至 encrypted 变量。

（14）调用 BitConverter. ToString 方法将 data 数组转换为十六进制字符串，存储至 dataHex 变量。

（15）输出 dataHex 原始数据与 encrypted 加密数据。

（16）调用 tpm 实例的 StartAuthSessionEx 方法创建新的 Session 对象，存储至 sess2 变量。

（17）调用 sess2. RunPolicy 方法重新计算 Policy 摘要，第 1 个参数为 tpm 实例；第 2 个参数为 PolicyTree 对象；第 3 个参数指定 admin-branch，表示计算 Policy 摘要时将评估 admin-branch 分支，填充 sess2 对象用于导出过程。

（18）调用 tpm 实例的 Duplicate 方法，第 1 个参数为指向 Key 对象的 HANDLE；第 2 个参数为 TpmRh. Null；第 3 个参数与第 4 个参数分别为 null、默认的 SymDefObject 对象，表示不对导出的 Key 进行额外加密；第 5 个参数为 TpmPrivate 类型的输出参数，其封装了导出的 Key 数据；第 6 个参数将在第 17 章介绍。注意，通过语法 tpm[sess2]关联了 tpm 实例与 sess2 对象。

（19）调用 TpmPrivate 对象的 buffer 属性获取 Key 数据，存储至 buffer 数组。

(20) 输出 buffer 数组中的后 16 字节，即导出的 Key(长度为 128 位)。

程序运行结果如图 9-5 所示。

图 9-5 使用 C# 导出 Key

9.5.3 导入 Key

使用 Rust 语言模拟第三方应用系统。首先导入 Key，然后尝试加密一段相同的明文字符串，以验证 9.5.2 节示例导出 Key 的正确性。

模拟第三方应用系统导入 Key 的过程见代码 9-17。

代码 9-17 模拟第三方应用系统导入 Key

```
use std::str;
use aes::Aes128;
use cfb_mode::Cfb;
use cfb_mode::cipher::{NewCipher, AsyncStreamCipher};

#[tokio::main]
async fn main() -> Result<(), Box<dyn std::error::Error>> {
    type AesCfb = Cfb<Aes128>;
    // 定义 Key 数组(与 9.5.2 节导出的 Key 相同)
    let key: [u8; 16] = [0x8f, 0xb2, 0x3e, 0xf4,
                         0x19, 0x80, 0x9f, 0xb2,
                         0x4e, 0xd6, 0xa3, 0xa5,
                         0xc2, 0x04, 0x55, 0x69];
    let iv: [u8; 16] = [0x00,0x00,0x00,0x00,
                        0x00,0x00,0x00,0x00,
                        0x00,0x00,0x00,0x00,
                        0x00,0x00,0x00,0x00];
    // 定义明文数据
    let text = b"Who programmed us ?";
    let mut data = text.to_vec();
    // 加密数据
    AesCfb::new_from_slices(&key, &iv).unwrap().encrypt(&mut data);
    // 输出加密数据
    println!("Encrypted msg: {:x?}", &data);
    Ok(())
}
```

代码 9-17 的详细解释如下：

(1) 以 hardcode 方式定义 Key 数组(来自 9.5.2 节示例的输出)。

(2) 定义名称为 data 的字节数组，存储字符串的字节数据。

(3) 使用软 AES Key 加密 data 数组。

(4) 输出加密后的数据。

程序运行结果如图 9-6 所示,查看控制台窗口输出的密文,应当与 9.5.2 节示例使用 TPM 生成的密文一致。

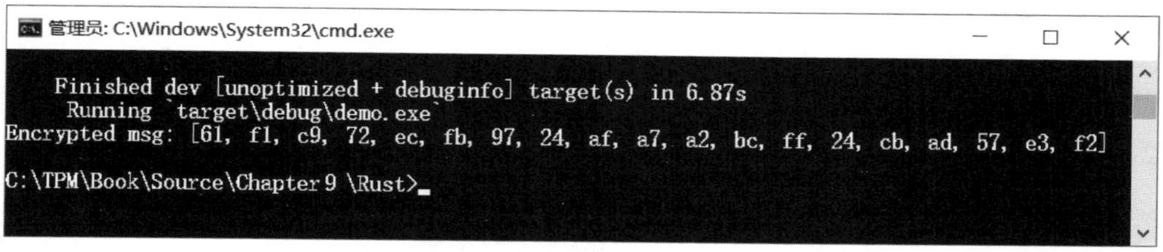

```
管理员: C:\Windows\System32\cmd.exe
    Finished dev [unoptimized + debuginfo] target(s) in 6.87s
     Running `target\debug\demo.exe`
Encrypted msg: [61, f1, c9, 72, ec, fb, 97, 24, af, a7, a2, bc, ff, 24, cb, ad, 57, e3, f2]

C:\TPM\Book\Source\Chapter9 \Rust>
```

图 9-6 模拟第三方应用系统导入 Key 并加密

9.6 本章小结

本章首先介绍了 TPM 中的 MFA 身份认证方式——Policy 授权,它基于表达式的评估,支持多种类型的表达式组合,功能非常灵活强大。Session 是 Policy 的载体,提供了 Policy 摘要存储与填充等自动化的管理方式。进行 Policy 授权时,需要计算 Policy 摘要并填充 Session 缓冲区。随后通过两个简单的示例演示了 Policy 授权的基本使用方式。最后通过完整的示例演示了如何将 Key 从 TPM 中导出以及验证导出 Key 的正确性。

第10章

非对称密钥

非对称密钥(本书统称为非对称 Key)使用一组密钥(公钥与私钥)分别进行数据加密与解密。非对称性指的是如果使用公钥加密数据,则只能使用私钥解密数据(数据加密);如果使用私钥加密数据,则只能使用公钥解密数据(数字签名)。由于非对称 Key 的使用方式比对称 Key 更复杂,涉及的应用场景也更广泛,因此有关使用 TSS API 管理非对称 Key 的内容将分为 8 章(第 10～17 章)循序渐进地介绍。

本章重点学习使用 TSS API 管理非对称 Key 以及基本的加密、解密方法。RSA 算法作为非对称 Key 算法的经典代表,安全性非常高,可以满足大部分应用系统的安全需求。本书有关非对称 Key 的示例均以 RSA 算法为基础。

在开始演示使用 TSS API 管理非对称 Key 之前,首先将介绍 TPM 分层的概念。

10.1 分层

在第 6～9 章的示例中,每当创建 Key 对象时,都用到了 TPM_RH_NULL 属性(C#称为 TpmRh.Null),它表示的是 TPM 分层的概念。分层是一种用于管理与组织对象(又称为实体,Entity)的方式,类似于组(Group)的概念,即将不同的对象进行分组,以达到逻辑隔离、统一管理的目的。TPM 规范定了 4 种类型的分层,分别是 NULL 分层、存储分层、背书分层、平台分层。这 4 种分层又可以归为两大类,即非持久化分层与持久化分层。顾名思义,TPM_RH_NULL 表示的是 NULL 分层,TPM_RH_NULL 其实是指向 NULL 分层的 HANDLE。NULL 分层属于非持久化分层,适用于临时的使用场景。当计算机重启或断电后,NULL 分层中的数据全部清零。当访问 NULL 分层时,不需要对分层自身进行授权,即 NULL 分层缺少身份认证保护机制,它对于任何用户都是公开的,任何应用系统都可以随意访问。其他 3 种类型的分层均属于持久化分层,可以简单地理解为其中存储的数据是持久的,不随计算机重启或断电而消失。

如果只是希望使用 TSS API 开发一般类型的应用系统,那么可以直接跳至 10.1.1 节;如果还想深入了解有关分层的知识,就需要理解其实持久化分层并非真的持久。由于 TPM 的内存容量非常有限,因此不能像硬盘一样将各种数据或对象都随心所欲地存入 TPM 内存。TPM 使用类似虚拟内存的技术,将正在使用的数据与暂时不用的数据反复在内部与外部之间进行交换。4种分层的根节点各有一个seed,用于派生不同类型的Key。对于持久化分层,seed是固定值,即使Key对象被删除,也能重新生成相同的Key,这也是TPM能够应用虚拟内存技术的根本原因,即虽然Key对象被转移至外部(转移与导出是不同的概念,转移是TPM的内部操作),甚至被删除,也能通过seed重新生成;对于非持久化分层,每次计算机重启或断电都会导致生成新的seed,这就造成了NULL分层中的对象无法持久化。

芯片制造商基于成本等因素考虑,使得TPM内存容量非常小,例如,一些型号的TPM芯片仅有6KB内存,最多只能存储3个Key对象或Session,而就连于1982年生产的Intel 80286计算机都至少有1MB内存。当多个不同的应用系统同时访问TPM时,如果没有统一的调度管理者,互相对有限内存资源的争夺就会导致局面变得混乱不堪。为此,TPM规范定义了资源管理器(Resource Manager,RM)的概念来解决资源竞争问题。RM本质上属于一种类似虚拟内存的技术,提供了额外的虚拟化层实现对象管理与映射服务。如图10-1所示,有了RM虚拟化层以后,应用系统不再直接访问TPM内存,而是访问RM所管理的虚拟对象,任何命令请求与命令响应都必须经过RM。RM通过维护映射表来存储虚拟对象与实际对象的映射关系,它会自动将应用系统目前使用的对象读入TPM内存,而将暂时不用的对象转移至系统内存,从而解决资源限制与竞争问题。对于应用系统来说,此过程是完全透明的,应用系统不需要担心TPM内存容量的限制。

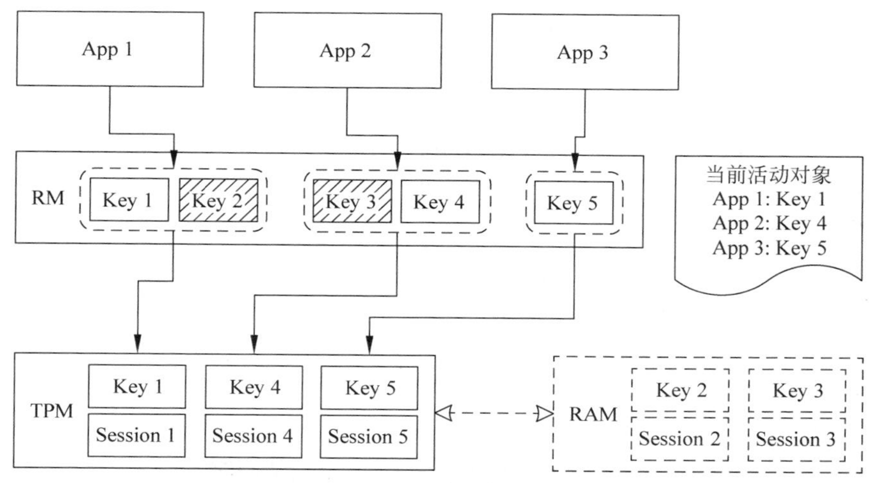

图10-1 RM虚拟化层

4种类型的分层各具特点:NULL分层除了缺少Password授权与Policy授权外,使用方式或支持的功能与持久化分层没有任何区别;存储分层适用于一般类型的应用系统,本章将重点介绍存储分层的使用方式;背书分层、平台分层通常是为设备制造商或系统程序服务的,因此不做过多介绍。

NULL分层的特点如下:

(1) 使用方便,无须授权。

(2) 允许任何用户访问。

(3) 计算机重启或断电后自动重置,数据全部消失。

(4) 适用于临时使用场景。

存储分层的特点如下:

（1）使用之前需要授权。

（2）少数有权限的用户才能访问。

（3）数据持久化存储，不随重启或断电而消失。

（4）适用于长期使用场景。

（5）授权管理是需要考虑的业务问题。

10.1.1 夺回所有权

存储分层的所有权通常属于企业 IT 管理员。Windows 10 或 Windows 11 操作系统在安装阶段会完全接管存储分层，并将其密码自动设置为随机数。遗憾的是，目前没有方法可以直接获取 Windows 操作系统为存储分层生成的密码。为了能够使用 TSS API 访问存储分层，只能重置 TPM 并设置新密码。

在实施重置行为之前，应当充分考虑如下问题：

（1）哪些应用系统正在使用存储分层？重置行为是否会对生产环境造成不可预计的后果？

（2）当多个不同的应用系统需要使用存储分层时，如何分配密码与管理权限？这关系到业务流程与系统安全设计。

在充分评估并明确存储分层的管理方案后，可以将存储分层的所有权从操作系统层面收回。

警告：在重置 TPM 之前，请务必确认没有应用系统正在使用存储分层中的对象或数据，并且已经完整备份了与应用系统相关的数据。因为当重置后，存储分层中的 Key 对象将永远无法恢复。在学习 TSS API 阶段，建议使用专用于测试的计算机。

重置 TPM 的步骤如下：

（1）在安装 Windows 操作系统的计算机上，单击“开始”菜单，在弹出的菜单中选择“运行”命令，输入 tpm. msc，单击“确定”按钮，进入 TPM 管理控制台，如图 10-2 所示，单击“清除 TPM”按钮。

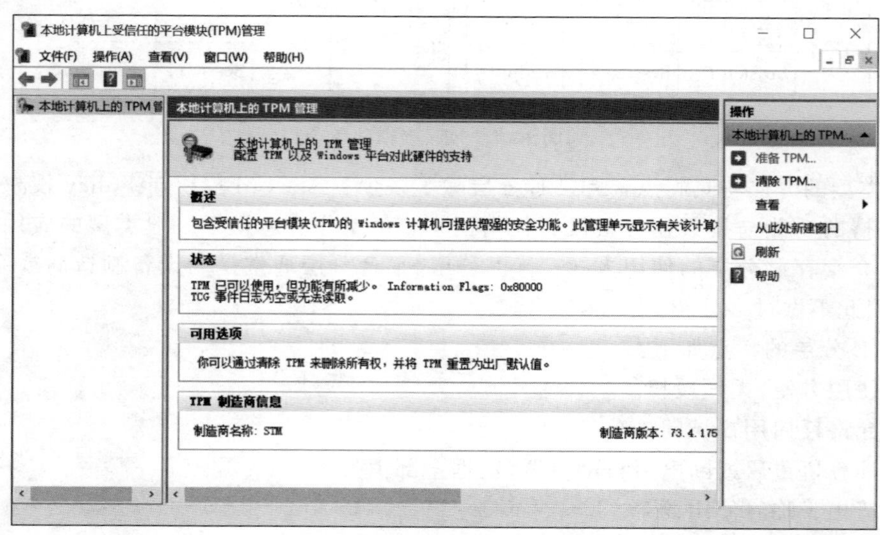

图 10-2 TPM 管理控制台

（2）在“清除 TPM”对话框中单击“重新启动”按钮。

计算机重新启动后，存储分层中的数据全部消失，存储分层的授权也被清除（密码重置为空）。

10.1.2 修改分层授权

使用 HierarchyChangeAuth 方法将存储分层的密码修改为新的值。

使用 C++修改存储分层密码的过程见代码 10-1。

代码 10-1 使用 C++修改存储分层密码

```
#include <iostream>
#include "Tpm2.h"
using namespace TpmCpp;

int main()
{
    // 连接 TPM，略

    // 定义存储分层密码
    const char* ownerpwd = "E(H+MbQe";
    ByteVec ownerAuth(ownerpwd, ownerpwd + strlen(ownerpwd));

    ChangeAuth(tpm, ownerAuth);
}

void ChangeAuth(Tpm2 tpm, ByteVec& ownerAuth)
{
    tpm.HierarchyChangeAuth(TPM_RH::OWNER, ownerAuth);
}
```

使用 C#修改存储分层密码的过程见代码 10-2。

代码 10-2 使用 C#修改存储分层密码

```
using System;
using System.Text;
using Tpm2Lib;
namespace TPMDemoNET
{
    class Program
    {
        static void Main(string[] args)
        {
            // 连接 TPM，略

            // 定义存储分层密码
            string ownerpwd = "E(H+MbQe";
            byte[] ownerAuth = Encoding.ASCII.GetBytes(ownerpwd);

            ChangeAuth(tpm, ownerAuth);
        }
```

```
        private static void ChangeAuth(Tpm2 tpm, byte[] ownerAuth)
        {
            tpm.HierarchyChangeAuth(TpmRh.Owner, ownerAuth);
        }
    }
}
```

10.2 使用非对称 Key

RSA 算法是非对称 Key 算法的一种类型，Key 长度有 512 位、1024 位、2048 位、4096 位可供选择，NIST 推荐的最小 Key 长度是 2048 位。最优非对称加密填充（Optimal Asymmetric Encryption Padding，OAEP）是经常与 RSA 算法联合使用的填充方案，有着较高的安全性与广泛的兼容性，因此 RSA 算法也经常被称为 RSA-OAEP 算法。10.2.1～10.2.2 节将基于 RSA-OAEP/2048 算法演示加密与解密的使用场景。

因为已经夺回了存储分层的所有权并修改了密码，所以当访问存储分层时，必须进行 Password 授权。访问存储分层或 NULL 分层的方式是使用 HANDLE，但是与 Key 对象的 HANDLE 不同，分层 HANDLE 是持久的、固定的，即 HANDLE 不能被删除，也不能修改 HANDLE 对应的值。存储分层的 Password 授权方式与 Key 对象的 Password 授权方式完全相同，即调用分层 HANDLE 的 SetAuth 方法。

10.2.1 加密字符串

首先创建基于 RSA 算法的 Key 对象，然后使用公钥加密字符串。非对称 Key 的公钥是公开的，因此虽然在创建 Key 对象时绑定了 Policy 摘要，但是实际的加密过程并不需要进行任何授权。

RSA 算法中的 exponent 因子表示的是公钥指数，通常设置为 0x10001（十六进制），即 65537（十进制）。较小的 exponent 值拥有更好的性能，但是安全性相对较弱，因此，NIST 曾于 2007 年建议 exponent 因子不应当小于 65 537。

使用 C++加密字符串的过程见代码 10-3，其中的关键点如下。

RSA Key 模板与 AES Key 模板结构非常类似，但是其中一些属性是 RSA 算法独有的。

首先，objectAttributes 属性应当设置为 TPMA_OBJECT::decrypt | TPMA_OBJECT::sensitiveDataOrigin。RSA 算法是非对称 Key 算法，加密与解密使用不同的 Key，通常公钥用于加密，私钥用于解密，由于公钥本身是公开的，因此关于 Key（私钥）的用途只需定义 TPMA_OBJECT::decrypt，即表示解密。

其次，对于 parameters 属性，创建表示 RSA 算法参数的 TPMS_RSA_PARMS 对象，它继承自 TPMU_PUBLIC_PARMS 基类型。TPMS_RSA_PARMS 类型的构造函数需要分别传入 TPMS_SCHEME_OAEP 对象、Key 长度及 exponent 因子。

代码 10-3 使用 C++加密字符串

```
#include <iostream>
```

```
#include "Tpm2.h"
using namespace TpmCpp;
#define null { }

TPM_ALG_ID hashAlg = TPM_ALG_ID::SHA1;

int main()
{
    // 连接 TPM,略

    // 定义存储分层密码
    const char* ownerpwd = "E(H+MbQe";
    ByteVec ownerAuth(ownerpwd, ownerpwd + strlen(ownerpwd));
    // 定义 Key 对象密码
    const char* cpwd = "password";
    ByteVec useAuth(cpwd, cpwd + strlen(cpwd));
    // 定义明文数据
    const char* cstr = "Fantom is something apparently seen but no reality";
    ByteVec data(cstr, cstr + strlen(cstr));
    // 在访问存储分层之前,需要进行 Password 授权
    tpm._AdminOwner.SetAuth(ownerAuth);

    TPM_HANDLE handle;
    ByteVec encrypted = Encrypt(tpm, useAuth, data, handle);

    // 输出原始数据与加密数据
    std::cout <<
        "Data: " << data << endl <<
        "Encrypted: " << encrypted << endl;
}

ByteVec Encrypt(Tpm2 tpm, ByteVec& useAuth, ByteVec& data, TPM_HANDLE& handle)
{
    // 定义 Policy
    PolicyAuthValue policyAuthValue;
    PolicyTree p(policyAuthValue);
    // 计算 Policy 摘要
    TPM_HASH policyDigest = p.GetPolicyDigest(hashAlg);
    // 定义 Key 模板
    TPMT_PUBLIC temp(hashAlg,
        TPMA_OBJECT::decrypt | TPMA_OBJECT::sensitiveDataOrigin,
        policyDigest,
        TPMS_RSA_PARMS(null, TPMS_SCHEME_OAEP(hashAlg), 2048, 65537),
        TPM2B_PUBLIC_KEY_RSA());
    // 使用密码保护 Key 对象
    TPMS_SENSITIVE_CREATE sensCreate(useAuth, null);
    // 创建 Key 对象
    CreatePrimaryResponse primary =
        tpm.CreatePrimary(TPM_RH::OWNER, sensCreate, temp, null, null);
    handle = primary.handle;
    // 使用公钥加密数据
    ByteVec encrypted = primary.outPublic.Encrypt(data, null);
    return encrypted;
}
```

代码 10-3 的 main 方法详细解释如下：

(1) 定义名称为 ownerAuth 的字节数组，存储分层密码。

(2) 定义名称为 useAuth 的字节数组，存储用户密码。

(3) 定义名称为 data 的字节数组，存储有关字符串的字节数据。

(4) tpm 实例的_AdminOwner 属性表示指向存储分层的 HANDLE，调用其 SetAuth 方法进行分层 Password 授权。

(5) 定义名称为 handle 的变量，用于接收 Key 对象的 HANDLE。

(6) 调用 Encrypt 方法。

(7) 输出 data 原始数据与 encrypted 加密数据。

代码 10-3 的 Encrypt 方法详细解释如下：

(1) 定义 PolicyAuthValue 类型的表达式对象，表示用户需要 Password 授权。

(2) 创建 PolicyTree 对象，将步骤(1)定义的表达式对象作为其参数。

(3) 调用 GetPolicyDigest 方法计算 Policy 摘要。

(4) 定义 Key 模板，第 1 个参数指定 TPM_ALG_ID::SHA1；第 2 个参数设置为 TPMA_OBJECT::decrypt | TPMA_OBJECT::sensitiveDataOrigin，表示 Key 对象仅用于解密，并且强制使用 Policy 授权；第 3 个参数为 Policy 摘要；第 4 个参数为 Key 对象的算法参数，创建表示非对称 Key 参数的 TPMS_RSA_PARMS 对象，在其构造函数分别传入 null、TPMS_SCHEME_OAEP 对象、Key 长度及公钥 exponent；第 5 个参数为 TPM2B_PUBLIC_KEY_RSA 对象。

(5) 使用密码保护 Key 对象，创建 TPMS_SENSITIVE_CREATE 对象，第 1 个参数为用户密码数组。

(6) 调用 tpm 实例的 CreatePrimary 方法创建 Key 对象，第 1 个参数为 TPM_RH::OWNER，表示指向存储分层的 HANDLE；第 2 个参数为 TPMS_SENSITIVE_CREATE 对象；第 3 个参数为 TPMT_PUBLIC 模板；其他参数均为 null。命令响应结果存储至 primary 变量。

(7) 调用 primary.handle 获取指向新创建的 Key 对象的 HANDLE，存储至 handle 变量。

(8) primary.outPublic 表示 Key 对象的公钥部分，即 TPMT_PUBLIC 模板，调用其 Encrypt 方法，表示使用公钥加密数据，第 1 个参数为 data 数组，即需要加密的原始数据；第 2 个参数为 null。加密结果存储至 encrypted 数组。

程序运行结果如图 10-3 所示。

使用 C# 加密字符串的过程见代码 10-4，其中的关键点如下。

RSA Key 模板与 AES Key 模板结构非常类似，但是其中一些属性是 RSA 算法独有的。

首先，_objectAttributes 属性应当设置为 ObjectAttr.Decrypt | ObjectAttr.SensitiveDataOrigin。RSA 算法是非对称 Key 算法，加密与解密使用不同的 Key，通常公钥用于加密，私钥用于解密，由于公钥本身是公开的，因此关于 Key(私钥)的用途只需定义 ObjectAttr.Decrypt，即表示解密。

其次，对于_parameters 属性，创建表示 RSA 算法参数的 RsaParms 对象，它实现了

```
Microsoft Visual Studio 调试控制台
Data:  46616e74 6f6d2069 7320736f 6d657468 696e6720 61707061 72656e74 6c792073 65656e20 62757420 6e
6f2072 65616c69 7479

Encrypted:  48362619 3bb4038a 224a19be 2f110bfe de640136 3af083d3 1d11c1c5 b543e194 c2f5a704 a169ce
19 1d10fa5f b022c7fd dac58e04 fb7c0591 8897caa5 bef45290 f4abc8ff 8c80d4d1 9ce1fe1c a00b73c5 34bcc4
48 2de411fa adf2747f ca93af6d c3655331 696e2c1a 5708f3d6 1cebdc70 57c8e752 f8b91a5d dc817954 48e362
e9 5be740ee 77d3800c f98e275f fe66ad87 6f407122 04b35a19 87416023 82f1258c 38b77a32 db8326f6 1b6607
72 c4365e93 cfff85ba 8d9e851e 23015d6e 18eb0fce e763c696 96e0e78c fd3d6a61 3e7fa396 200bbf69 9f7fbd
ff f6c697f6 872f6d0a 3a313bc4 26f097b3 80739475 94fbcc1e da11c0b9 948548d5 7e2545de 0c6b0421

C:\TPM\Book\Source\Chapter10\TPMDemo\Debug\TPMDemo.exe (进程 2864)已退出，代码为 0。
要在调试停止时自动关闭控制台，请启用“工具”->“选项”->“调试”->“调试停止时自动关闭控制台”。
按任意键关闭此窗口. . .
```

图 10-3　使用 C++加密字符串

IPublicParmsUnion 接口。RsaParms 类型的构造函数需要分别传入 SymDefObject 对象、SchemeOaep 对象、Key 长度及 exponent 因子。

代码 10-4　C#加密字符串

```
using System;
using System.Text;
using Tpm2Lib;
namespace TPMDemoNET
{
    class Program
    {
        private static TpmAlgId hashAlg = TpmAlgId.Sha1;

        static void Main(string[] args)
        {
            // 连接 TPM,略

            // 定义存储分层密码
            string ownerpwd = "E(H+MbQe";
            byte[] ownerAuth = Encoding.ASCII.GetBytes(ownerpwd);
            // 定义 Key 对象密码
            string cpwd = "password";
            byte[] useAuth = Encoding.ASCII.GetBytes(cpwd);
            // 定义明文数据
            string cstr = "Fantom is something apparently seen but no reality";
            byte[] data = Encoding.ASCII.GetBytes(cstr);
            // 在访问存储分层之前,需要进行 Password 授权
            tpm.OwnerAuth.AuthVal = ownerAuth;

            TpmHandle handle = null;
            byte[] encryptedData = Encrypt(tpm, useAuth, data, ref handle);

            // 输出原始数据与加密数据
            string encrypted = BitConverter.ToString(encryptedData)
                                        .Replace("-", "").ToLower();
            string dataHex = BitConverter.ToString(data).Replace("-", "").ToLower();
            Console.WriteLine("Data: " + dataHex);
            Console.WriteLine("Encrypted: " + encrypted);
        }
```

```
        private static byte[] Encrypt(
            Tpm2 tpm, byte[] useAuth, byte[] data, ref TpmHandle handle)
        {
            // 定义 Policy
            PolicyTree p = new PolicyTree(hashAlg);
            p.Create(new PolicyAce[]
            {
                new TpmPolicyAuthValue()
            });
            // 计算 Policy 摘要
            TpmHash policyDigest = p.GetPolicyDigest();
            // 定义 Key 模板
            var temp = new TpmPublic(hashAlg,
                ObjectAttr.Decrypt | ObjectAttr.SensitiveDataOrigin,
                policyDigest,
                new RsaParms(new SymDefObject(), new SchemeOaep(hashAlg),
                        2048, 65537),
                new Tpm2bPublicKeyRsa());
            // 使用密码保护 Key 对象
            SensitiveCreate sensCreate = new SensitiveCreate(useAuth, null);
            // 创建 Key 对象
            TpmPublic keyPublic;
            CreationData creationData;
            TkCreation creationTicket;
            byte[] creationHash;
            handle = tpm.CreatePrimary(TpmRh.Owner, sensCreate, temp, null, null,
                                   out keyPublic, out creationData,
                                   out creationHash, out creationTicket);
            // 使用公钥加密数据
            byte[] encrypted = keyPublic.EncryptOaep(data, null);
            return encrypted;
        }
    }
}
```

代码 10-4 的 Main 方法详细解释如下：

(1) 定义名称为 ownerAuth 的字节数组，存储分层密码。

(2) 定义名称为 useAuth 的字节数组，存储用户密码。

(3) 定义名称为 data 的字节数组，存储有关字符串的字节数据。

(4) tpm 实例的 OwnerAuth 属性表示存储分层的授权结构，设置其 AuthVal 属性的值进行分层 Password 授权。

(5) 定义名称为 handle 的变量，用于接收 Key 对象的 HANDLE。

(6) 调用 Encrypt 方法。

(7) 输出 data 原始数据与 encrypted 加密数据。

代码 10-4 的 Encrypt 方法详细解释如下：

(1) 创建 PolicyTree 对象。

(2) 调用 PolicyTree 对象的 Create 方法，传入 PolicyAce 数组，其中仅包含 TpmPolicyAuthValue 类型的表达式对象，表示用户需要 Password 授权。

(3) 调用 GetPolicyDigest 方法计算 Policy 摘要。

(4) 定义 Key 模板，第 1 个参数指定 TpmAlgId.Sha1；第 2 个参数设置为 ObjectAttr.Decrypt | ObjectAttr.SensitiveDataOrigin，表示 Key 对象仅用于解密，并且强制使用 Policy 授权；第 3 个参数为 Policy 摘要；第 4 个参数为 Key 对象的算法参数，创建表示非对称 Key 参数的 RsaParms 对象，在其构造函数分别传入 SymDefObject 对象(空对象)、SchemeOaep 对象、Key 长度及公钥 exponent；第 5 个参数为 Tpm2bPublicKeyRsa 对象。

(5) 使用密码保护 Key 对象，创建 SensitiveCreate 对象，第 1 个参数为用户密码数组。

(6) 调用 tpm 实例的 CreatePrimary 方法创建 Key 对象，第 1 个参数为 TpmRh.Owner，表示指向存储分层的 HANDLE；第 2 个参数为 SensitiveCreate 对象；第 3 个参数为 TpmPublic 模板；其他入参均为 null；其他出参均定义相关类型的变量并以 out 关键词修饰，需要注意的是，名称为 keyPublic 的出参将在步骤(7)中使用。此方法返回指向新创建的 Key 对象的 HANDLE，将其存储至 handle 变量。

(7) keyPublic 出参表示 Key 对象的公钥部分，即 TpmPublic 模板，调用其 EncryptOaep 方法，表示使用公钥加密数据，第 1 个参数为 data 数组，即需要加密的原始数据；第 2 个参数为 null。加密结果存储至 encrypted 数组。

程序运行结果如图 10-4 所示。

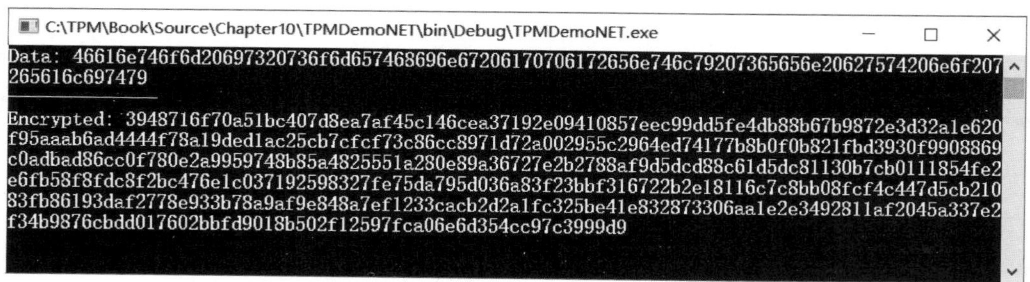

图 10-4　使用 C# 加密字符串

10.2.2　解密字符串

定义并实现名称为 Decrypt 的方法，它负责使用私钥解密数据。与加密过程不同的是，解密过程需要进行 Policy 授权。

使用 C++解密字符串的过程见代码 10-5。

代码 10-5　使用 C++解密字符串

```
int main()
{
    // 略(见代码 10 - 3 中定义密码、明文数据，以及进行分层 Password 授权的部分)

    TPM_HANDLE handle;
    ByteVec encrypted = Encrypt(tpm, useAuth, data, handle);
    ByteVec decrypted = Decrypt(tpm, useAuth, encrypted, handle);

    // 输出原始数据、加密数据、解密数据
    std::cout <<
        "Data: " << data << endl <<
```

```
        "Encrypted: " << encrypted << endl
        "Decrypted: " << decrypted << endl;
}

ByteVec Decrypt(Tpm2 tpm, ByteVec& useAuth, ByteVec& encrypted, TPM_HANDLE& handle)
{
    // 定义 Policy
    PolicyAuthValue policyAuthValue;
    PolicyTree p(policyAuthValue);
    // 进行 Password 授权
    handle.SetAuth(useAuth);
    // 创建 Session 对象
    AUTH_SESSION sess = tpm.StartAuthSession(TPM_SE::POLICY, hashAlg);
    p.Execute(tpm, sess);
    // 使用私钥解密数据
    ByteVec decrypted =
        tpm[sess].RSA_Decrypt(handle, encrypted, TPMS_NULL_ASYM_SCHEME(), null);
    tpm.FlushContext(sess);
    return decrypted;
}
```

代码 10-5 的详细解释如下：

(1) 定义名称为 Decrypt 的方法。

(2) 在 Decrypt 方法中定义 PolicyAuthValue 类型的表达式对象，表示用户需要 Password 授权。

(3) 创建 PolicyTree 对象，将步骤(1)定义的表达式对象作为其参数。

(4) 调用 handle.SetAuth 方法，进行 Password 授权。

(5) 调用 tpm 实例的 StartAuthSession 方法创建 Session 对象。

(6) 调用 PolicyTree 对象的 Execute 方法计算 Policy 摘要。

(7) 调用 tpm 实例的 RSA_Decrypt 方法，第 1 个参数为指向 Key 对象的 HANDLE；第 2 个参数为 encrypted 数组，即需要解密的数据；第 3 个参数为 TPMS_NULL_ASYM_SCHEME 对象；第 4 个参数为 null。解密结果存储至 decrypted 数组。

(8) 调用 tpm 实例的 FlushContext 方法清理 Session 对象。

(9) 在 main 方法中增加对 Decrypt 方法的调用。

程序运行结果如图 10-5 所示。

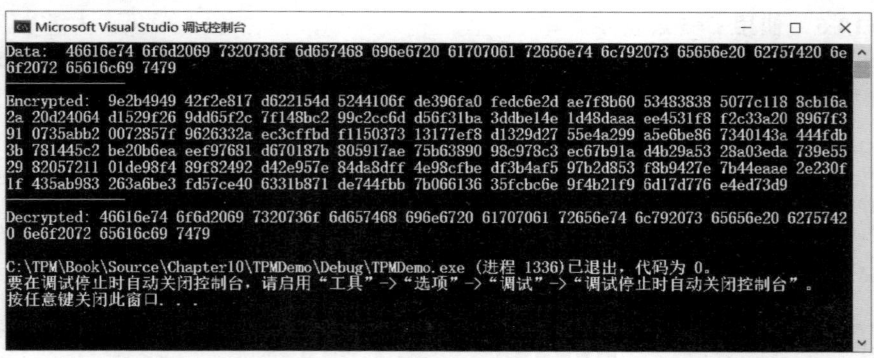

图 10-5　使用 C++解密字符串

使用 C# 解密字符串的过程见代码 10-6。

代码 10-6 使用 C# 解密字符串

```
namespace TPMDemoNET
{
    class Program
    {
        private static TpmAlgId hashAlg = TpmAlgId.Sha1;

        static void Main(string[] args)
        {
            // 略(见代码 10-4 中定义密码、明文数据,以及进行分层 Password 授权的部分)

            TpmHandle handle = null;
            byte[] encryptedData = Encrypt(tpm, useAuth, data, ref handle);
            byte[] decryptedData = Decrypt(tpm, useAuth, encryptedData, handle);

            // 输出原始数据、加密数据、解密数据
            string encrypted = BitConverter.ToString(encryptedData)
                                           .Replace("-", "").ToLower();
            string decrypted = BitConverter.ToString(decryptedData)
                                           .Replace("-", "").ToLower();
            string dataHex = BitConverter.ToString(data).Replace("-", "").ToLower();
            Console.WriteLine("Data: " + dataHex);
            Console.WriteLine("Encrypted: " + encrypted);
            Console.WriteLine("Decrypted: " + decrypted);
        }

        private static byte[] Decrypt(
            Tpm2 tpm, byte[] useAuth, byte[] encrypted, TpmHandle handle)
        {
            // 定义 Policy
            PolicyTree p = new PolicyTree(hashAlg);
            p.Create(new PolicyAce[]
            {
                new TpmPolicyAuthValue()
            });
            // 进行 Password 授权
            handle.SetAuth(useAuth);
            // 创建 Session 对象
            AuthSession sess = tpm.StartAuthSessionEx(TpmSe.Policy, hashAlg);
            sess.RunPolicy(tpm, p);
            // 使用私钥解密数据
            byte[] decrypted =
                tpm[sess].RsaDecrypt(handle, encrypted, new NullAsymScheme(), null);
            tpm.FlushContext(sess);
            return decrypted;
        }
    }
}
```

代码 10-6 的详细解释如下:

（1）定义名称为 Decrypt 的方法。

（2）在 Decrypt 方法中创建 PolicyTree 对象。

（3）调用 PolicyTree 对象的 Create 方法，传入 PolicyAce 数组，其中仅包含 TpmPolicyAuthValue 类型的表达式对象，表示用户需要 Password 授权。

（4）调用 handle. SetAuth 方法，进行 Password 授权。

（5）调用 tpm 实例的 StartAuthSessionEx 方法创建 Session 对象。

（6）调用 Session 对象的 RunPolicy 方法计算 Policy 摘要。

（7）调用 tpm 实例的 RsaDecrypt 方法，第 1 个参数为指向 Key 对象的 HANDLE；第 2 个参数为 encrypted 数组，即需要解密的数据；第 3 个参数为 NullAsymScheme 对象；第 4 个参数为 null。解密结果存储至 decrypted 数组。

（8）调用 tpm 实例的 FlushContext 方法清理 Session 对象。

（9）在 Main 方法中增加对 Decrypt 方法的调用。

程序运行结果如图 10-6 所示。

图 10-6　使用 C# 解密字符串

10.3　本章小结

本章首先介绍了 TPM 中的分层概念，它是用于组织与隔离对象的安全区域。TPM 规范定了 4 种类型的分层，即 NULL 分层、存储分层、背书分层、平台分层。这 4 种分层又可以归为两大类，即非持久化分层与持久化分层。NULL 分层属于非持久化分层，存储分层属于持久化分层。随后介绍了收回被操作系统控制的存储分层的方法，在强行夺取分层之前，需要评估可能对生产环境造成的影响。最后通过示例演示了如何使用 RSA 算法加密与解密字符串。

第11章

非对称密钥公钥导出

在第 10 章中介绍了有关分层的概念以及使用非对称 Key 加密与解密数据的方法，然而第 10 章的示例存在明显的问题，即公钥与私钥同时存储在 TPM 容器中，TPM 既用于加密也用于解密，这使得非对称 Key 与对称 Key 似乎没有任何区别，也违背了非对称 Key 的设计初衷。在实际的应用场景中，公钥应当从 TPM 中导出并交由消息发送方管理，而私钥应当始终封存在 TPM 中，只能由消息接收方使用。消息发送方使用公钥加密消息，消息接收方使用 TPM 中的私钥解密消息。

本章将模拟基于非对称 Key 的网络安全应用场景。假设 TCP/IP 网络中存在两个应用系统，一个应用系统用于接收消息，称为接收方；另一个应用系统用于发送消息，称为发送方。接收方应用系统基于 C++或 C#语言编写，使用 TSS API 创建非对称 Key 对象并导出公钥，以及使用私钥解密消息；发送方应用系统基于 Rust 语言编写，使用公钥加密消息。

11.1 架构设计

为了模拟基于公钥导出场景的异构网络安全应用环境，定义以下角色：

(1) 接收方：接收与解密消息。接收方是需要关注的重点，因为它使用 TSS API 导出公钥以及使用 TPM 中的私钥进行解密运算。

(2) 发送方：加密与编码消息，发送至接收方。为了与接收方进行区分，使用 Rust 语言编写，并使用公钥进行加密运算。

接收方与发送方的架构设计如图 11-1 所示。

Key 初始化过程简述如下：

(1) 接收方生成非对称 Key。

(2) 接收方导出公钥。

(3) 以离线或在线方式分发公钥。

(4) 发送方导入公钥。

网络通信过程简述如下：

(1) 发送方使用导入的公钥加密消息。

(2) 发送方将消息发送至网络。

(3) 接收方接收消息,使用 TPM 中的私钥解密消息。

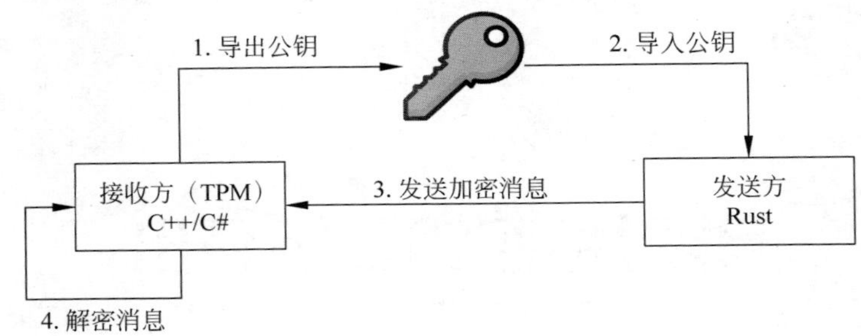

图 11-1 模拟架构设计

11.2 导出公钥

隐私增强邮件(Privacy Enhanced Mail,PEM)是一种用于传输或存储证书相关信息的编码格式。PEM 格式可以被包含在 ASCII 或富文本(Rich Text)中,这表示它可以被复制并粘贴至文档或邮件中,以在不同的异构系统之间进行安全传输。

PEM 格式通常作为公钥交换的载体,但是 TSS API 没有直接提供用于转换 PEM 格式的函数,为了能够将公钥编码为 PEM 格式,还需要进行一些额外的开发环境配置工作。

11.2.1 安装 Botan

Botan 是适用于 C++语言的优秀的安全算法库,支持 SHA-1、AES、DES、RSA、DSA 等多种算法。如果正在使用 C++语言,可以选择安装 Botan 库。

Botan 库的安装与配置步骤如下:

(1) 安装 Python 3.10 以上版本运行环境。

(2) 下载 Botan 源代码,解压至 C:\TPM\botan-master 目录。

(3) 启动 Developer Command Prompt for VS 2019 命令提示符。在命令提示符窗口执行命令 python "c:\tpm\botan-master\configure.py" --cc=msvc --cp=i386,开始配置过程。

(4) 执行命令 nmake,开始编译过程。

(5) 执行命令 nmake intall,开始安装过程。

(6) 当安装过程完成后,手工建立 C:\botan 目录,将安装过程生成的 botan.dll 与 botan-cli.exe 文件复制到 C:\botan\bin 目录中,然后将 build\include\botan 目录中的文件复制到 C:\botan\include\botan-3\botan 目录中,最后将 botan.lib 文件复制到 C:\botan\lib 目录中。

11.2.2 配置 Botan

(1) 启动 Visual Studio 开发工具,打开项目属性,在“TPMDemo 属性页”对话框中选择“VC++目录”命令,然后在“包含目录”文本框新增 C:\Botan\include\botan-3 路径;在“库目录”文本框新增 C:\Botan\lib 路径,如图 11-2 所示。

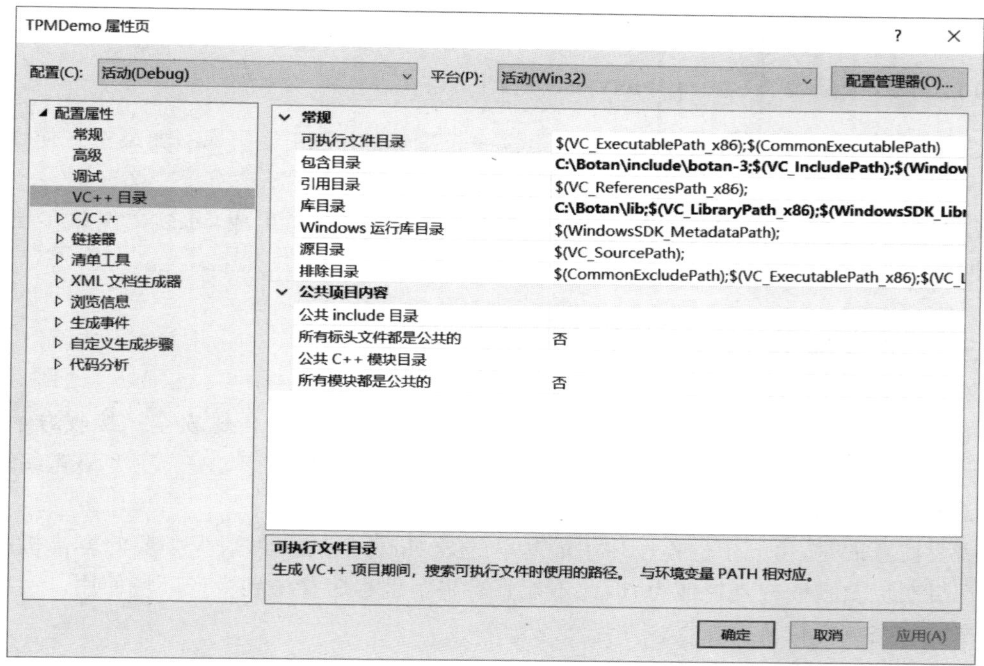

图 11-2 配置 Botan 包含目录

(2) 在“TPMDemo 属性页”对话框中选择“链接器”→“输入”命令，然后在“附加依赖项”文本框新增 botan.lib 文件的路径，如 C:\Botan\lib\botan.lib，如图 11-3 所示(也可以将 botan.lib 文件直接复制到项目的 lib 目录中)。

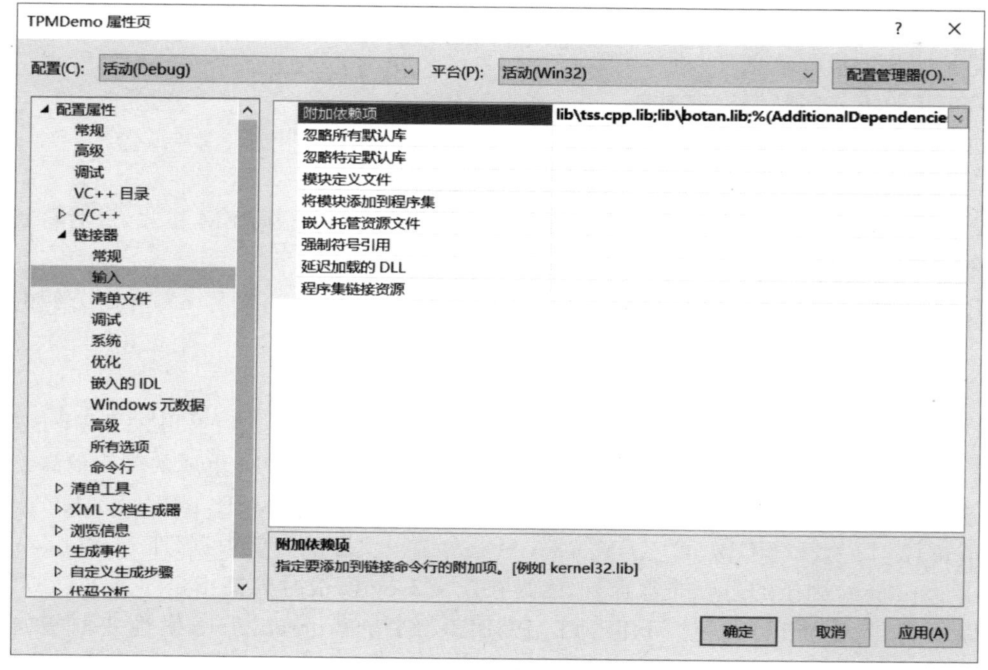

图 11-3 配置 Botan 链接器

(3) 编译项目,将 botan.dll 文件复制到应用程序的输出目录中。

11.2.3 安装 CSharp-easy-RSA-PEM

CSharp-easy-RSA-PEM 是适用于 C#语言的轻量级的 PEM 编码库。如果正在使用 C#语言,可以选择安装 CSharp-easy-RSA-PEM 库。

CSharp-easy-RSA-PEM 库的安装方式非常简单,只需编译生成 DLL 文件并在项目中引用即可。

11.3 完整应用示例

本节示例使用 RSA 算法保护消息在发送方与接收方之间的传输安全。接收方示例程序主要负责创建 Key 对象、导出公钥、接收消息以及解密消息,基于 C++与 C#语言编写,其中有关导出公钥的部分是需要重点关注的内容。

需要注意的是,由于示例程序使用最基本的 Socket 通信过程,缺少必要的容错机制、异常处理机制以及多线程支持能力,因此不能直接将示例程序移植到生产环境使用。

系统的整体运行流程如下:

(1) 接收方创建 Key 对象。

(2) 接收方导出公钥。

(3) 发送方导入公钥。

(4) 接收方与发送方建立 Socket 连接,请求消息。

(5) 发送方使用公钥加密消息。

(6) 发送方发送消息。

(7) 接收方接收消息。

(8) 接收方使用私钥解密消息。

11.3.1 导出公钥

首先创建 Key 对象,然后导出 Key 对象的公钥部分并编码为 PEM 格式,最后将其存储至本地文件。

RSA 公钥的核心是指数(exponent,简称 e)与模数(modulus,简称 n),导出公钥的过程本质上是求 exponent 与 modulus 因子的过程。

使用 C++导出公钥的过程见代码 11-1,其中的关键点如下。

CreatePrimaryResponse 对象的 outPublic 属性是包含公钥信息的 TPMT_PUBLIC 结构,它其实是创建 Key 对象时定义的模板,只是进一步附加了 TPM 生成的公钥信息。对于 RSA 算法而言,TPMT_PUBLIC 结构的 unique 属性是指向 TPM2B_PUBLIC_KEY_RSA 对象的指针,TPM2B_PUBLIC_KEY_RSA 对象封装了实际的公钥数据,即 modulus(n)。

求 exponent 因子的过程非常容易,因为在定义 Key 模板时为其指定了值 65 537,所以既可以硬编码,也可以通过访问 TPMT_PUBLIC 结构的 parameters 属性获取指向表示 RSA 算法参数的 TPMS_RSA_PARMS 对象的指针,然后获取 exponent(e)。

代码 11-1　使用 C++导出公钥

```
#include <iostream>
#include <fstream>
#include <botan/rsa.h>
#include <botan/bigint.h>
#include <botan/x509cert.h>
#include <botan/x509_key.h>
#include <botan/pem.h>
#include "base64.h"
#include "Tpm2.h"
using namespace TpmCpp;
#define null { }

TPM_ALG_ID hashAlg = TPM_ALG_ID::SHA1;

int main()
{
    // 连接 TPM,略

    // 定义存储分层密码
    const char* ownerpwd = "E(H+MbQe";
    ByteVec ownerAuth(ownerpwd, ownerpwd + strlen(ownerpwd));
    // 定义 Key 对象密码
    const char* cpwd = "password";
    ByteVec useAuth(cpwd, cpwd + strlen(cpwd));
    // 在访问存储分层之前,需要进行 Password 授权
    tpm._AdminOwner.SetAuth(ownerAuth);

    TPM_HANDLE handle;
    string pem = Export(tpm, useAuth, handle);

    // 输出公钥数据
    std::cout << pem << endl;
}

string Export(Tpm2 tpm, ByteVec& useAuth, TPM_HANDLE& handle)
{
    // 定义 Policy
    PolicyAuthValue policyAuthValue;
    PolicyTree p(policyAuthValue);
    // 计算 Policy 摘要
    TPM_HASH policyDigest = p.GetPolicyDigest(hashAlg);
    // 定义 Key 模板
    TPMT_PUBLIC temp(hashAlg,
        TPMA_OBJECT::decrypt | TPMA_OBJECT::sensitiveDataOrigin,
        policyDigest,
        TPMS_RSA_PARMS(null, TPMS_SCHEME_OAEP(hashAlg), 2048, 65537),
        TPM2B_PUBLIC_KEY_RSA());
    // 使用密码保护 Key 对象
    TPMS_SENSITIVE_CREATE sensCreate(useAuth, null);
    // 创建 Key 对象
    CreatePrimaryResponse primary =
        tpm.CreatePrimary(TPM_RH::OWNER, sensCreate, temp, null, null);
```

```
    handle = primary.handle;
    // 导出公钥
    TPMT_PUBLIC pub = primary.outPublic;
    TPM2B_PUBLIC_KEY_RSA * pubKey =
        dynamic_cast < TPM2B_PUBLIC_KEY_RSA * >(pub.unique.get());
    Botan::BigInt modulus = Botan::BigInt(pubKey -> buffer);
    TPMS_RSA_PARMS * params =
        dynamic_cast < TPMS_RSA_PARMS * >(& * pub.parameters);
    Botan::BigInt exponent = Botan::BigInt(params -> exponent);
    Botan::RSA_PublicKey rsaPubKey(modulus, exponent);
    string pem = Botan::X509::PEM_encode(rsaPubKey);
    // 存储至硬盘
    std::ofstream file("pub.pem");
    file.write(pem.c_str(), strlen(pem.c_str()));
    file.flush();
    file.close();
    return pem;
}
```

代码 11-1 的 main 方法详细解释如下：

(1) 定义名称为 ownerAuth 的字节数组，存储分层密码。

(2) 定义名称为 useAuth 的字节数组，存储用户密码。

(3) 对存储分层进行 Password 授权。

(4) 定义名称为 handle 的变量，用于接收 Key 对象的 HANDLE。

(5) 调用 Export 方法。

(6) 输出公钥 PEM 数据。

代码 11-1 的 Export 方法详细解释如下：

(1) 创建 Key 对象的步骤与第 10 章的方法相同，此处不再赘述。

(2) 调用 primary.outPublic 属性获取 TPMT_PUBLIC 模板，存储至 pub 变量。

(3) 调用 pub.unique 属性获取指向 TPM2B_PUBLIC_KEY_RSA 对象的指针，存储至 pubKey 变量。

(4) 调用 pubKey 指针的 buffer 属性获取公钥数据并转换为 BigInt 类型，存储至 modulus 变量。

(5) 调用 pub.parameters 属性获取指向 TPMS_RSA_PARMS 对象的指针，存储至 params 变量。

(6) 调用 params 指针的 exponent 属性并转换为 BigInt 类型，存储至 exponent 变量。

(7) 创建 RSA_PublicKey 对象，传入 modulus 与 exponent 变量。

(8) 调用 Botan::X509::PEM_encode 方法编码 RSA_PublicKey 对象。

(9) 将编码后的字符串写入 pub.pem 文件。

程序运行结果如图 11-4 所示。

使用 C# 导出公钥的过程见代码 11-2，其中的关键点如下。

CreatePrimary 方法返回的 keyPublic 出参表示公钥信息，它其实是创建 Key 对象时定义的 TpmPublic 模板，只是进一步附加了 TPM 生成的公钥信息。对于 RSA 算法而言，TpmPublic 对象的 unique 属性是 Tpm2bPublicKeyRsa 对象，Tpm2bPublicKeyRsa 对象封

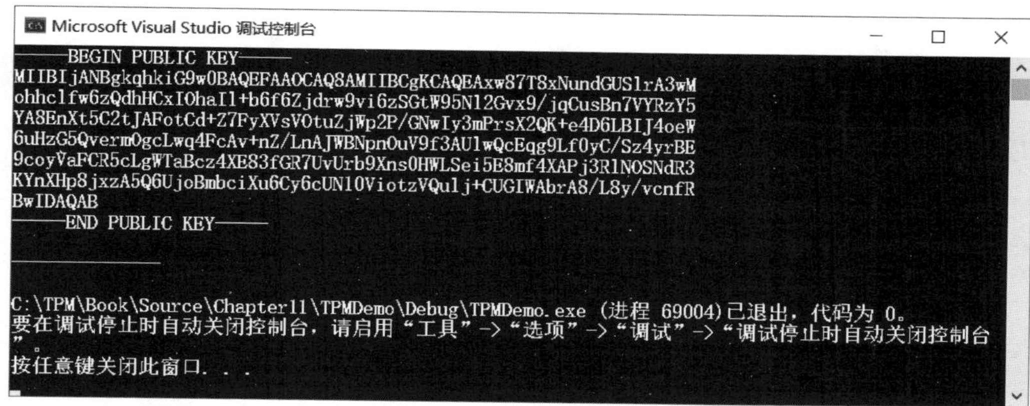

图 11-4　使用 C++导出公钥

装了实际的公钥数据，即 modulus(n)。

求 exponent 因子的过程非常容易，因为在定义 Key 模板时为其指定了值 65 537，所以既可以硬编码，也可以通过访问 TpmPublic 对象的 parameters 属性获取表示 RSA 算法参数的 RsaParms 对象，然后获取 exponent(e)。

代码 11-2　使用 C# 导出公钥

```
using System;
using System.IO;
using System.Linq;
using System.Text;
using System.Security.Cryptography;
using Tpm2Lib;
using CSharp_easy_RSA_PEM;
namespace TPMDemoNET
{
    class Program
    {
        private static TpmAlgId hashAlg = TpmAlgId.Sha1;

        static void Main(string[] args)
        {
            // 连接 TPM，略

            // 定义存储分层密码
            string ownerpwd = "E(H+MbQe";
            byte[] ownerAuth = Encoding.ASCII.GetBytes(ownerpwd);
            // 定义 Key 对象密码
            string cpwd = "password";
            byte[] useAuth = Encoding.ASCII.GetBytes(cpwd);
            // 在访问存储分层之前，需要进行 Password 授权
            tpm.OwnerAuth.AuthVal = ownerAuth;

            TpmHandle handle = null;
            string pem = Export(tpm, useAuth, ref handle);

            // 输出公钥数据
```

```
            Console.WriteLine(pem);
        }

        private static string Export(
            Tpm2 tpm, byte[] useAuth, ref TpmHandle handle)
        {
            // 定义 Policy
            PolicyTree p = new PolicyTree(hashAlg);
            p.Create(new PolicyAce[]
            {
                new TpmPolicyAuthValue()
            });
            // 计算 Policy 摘要
            TpmHash policyDigest = p.GetPolicyDigest();
            // 定义 Key 模板
            var temp = new TpmPublic(hashAlg,
                ObjectAttr.Decrypt | ObjectAttr.SensitiveDataOrigin,
                policyDigest,
                new RsaParms(new SymDefObject(), new SchemeOaep(hashAlg),
                        2048, 65537),
                new Tpm2bPublicKeyRsa());
            // 使用密码保护 Key 对象
            SensitiveCreate sensCreate = new SensitiveCreate(useAuth, null);
            // 创建 Key 对象
            TpmPublic keyPublic;
            CreationData creationData;
            TkCreation creationTicket;
            byte[] creationHash;
            handle = tpm.CreatePrimary(TpmRh.Owner, sensCreate, temp, null, null,
                                out keyPublic, out creationData,
                                out creationHash, out creationTicket);
            // 导出公钥
            Tpm2bPublicKeyRsa pubKey = keyPublic.unique as Tpm2bPublicKeyRsa;
            byte[] modulus = pubKey.buffer;
            RsaParms parms = keyPublic.parameters as RsaParms;
            byte[] exponent = new BigInteger(
                parms.exponent.ToString(), 10).getBytes();
            RSACryptoServiceProvider rsa = new RSACryptoServiceProvider();
            RSAParameters keyInfo = new RSAParameters()
            {
                Modulus = modulus,
                Exponent = exponent
            };
            rsa.ImportParameters(keyInfo);
            string pem = Crypto.ExportPublicKeyToX509PEM(rsa);
            // 存储至硬盘
            string filePath = string.Format ("{0}\\..\\..\\{1}",
                                    Directory.GetCurrentDirectory(),
                                    "pub.pem");
            File.WriteAllText(filePath, pem);
            return pem;
        }
    }
}
```

代码 11-2 的 Main 方法详细解释如下：

(1) 定义名称为 ownerAuth 的字节数组，存储分层密码。

(2) 定义名称为 useAuth 的字节数组，存储用户密码。

(3) 对存储分层进行 Password 授权。

(4) 定义名称为 handle 的变量，用于接收 Key 对象的 HANDLE。

(5) 调用 Export 方法。

(6) 输出公钥 PEM 数据。

代码 11-2 的 Export 方法详细解释如下：

(1) 创建 Key 对象的步骤与第 10 章的方法相同，此处不再赘述。

(2) 调用 keyPublic. unique 属性获取 Tpm2bPublicKeyRsa 对象，存储至 pubKey 变量。

(3) 调用 pubKey. buffer 属性获取公钥数据，存储至 modulus 数组。

(4) 调用 keyPublic. parameters 属性获取 RsaParms 对象，存储至 params 变量。

(5) 调用 params. exponent 属性并转换为 BigInteger 类型，再转换为字节数组，存储至 exponent 数组。

(6) 创建 RSACryptoServiceProvider 对象，存储至 rsa 变量。

(7) 创建 RSAParameters 对象，传入 modulus 与 exponent 数组。

(8) 调用 rsa. ImportParameters 方法，传入 RSAParameters 对象。

(9) 调用 Crypto. ExportPublicKeyToX509PEM 方法编码 rsa 对象。

(10) 将编码后的字符串写入 pub. pem 文件。

程序运行结果如图 11-5 所示。

图 11-5　使用 C# 导出公钥

11.3.2　解密消息

定义并实现名称为 Decrypt 的方法，解密消息。与加密过程不同的是，解密过程需要使用 Key 对象的私钥，因此必须进行 Policy 授权。

使用 C++解密消息的过程见代码 11-3。

代码 11-3　使用 C++解密消息

```
ByteVec Decrypt(Tpm2 tpm, ByteVec& useAuth, string encoded, TPM_HANDLE& handle)
{
    // 解码消息
    ByteVec encrypted = base64_decode(encoded);
```

```
    // 定义 Policy
    PolicyAuthValue policyAuthValue;
    PolicyTree p(policyAuthValue);
    // 进行 Password 授权
    handle.SetAuth(useAuth);
    // 创建 Session 对象
    AUTH_SESSION sess = tpm.StartAuthSession(TPM_SE::POLICY, hashAlg);
    p.Execute(tpm, sess);
    // 使用私钥解密消息
    ByteVec decrypted =
        tpm[sess].RSA_Decrypt(handle, encrypted, TPMS_NULL_ASYM_SCHEME(), null);
    tpm.FlushContext(sess);
    return decrypted;
}
```

代码 11-3 的详细解释如下：

(1) 调用 base64_decode 方法解码 encoded 字符串。

(2) 进行基于密码的 Policy 授权。

(3) 调用 tpm 实例的 RSA_Decrypt 方法，第 1 个参数为指向 Key 对象的 HANDLE；第 2 个参数为需要解密的数据；第 3 个参数为 TPMS_NULL_ASYM_SCHEME 对象；第 4 个参数为 null。解密结果存储至 decrypted 数组。

(4) 调用 tpm 实例的 FlushContext 方法清理 Session 对象。

使用 C# 解密消息的过程见代码 11-4。

代码 11-4　使用 C# 解密消息

```
private static byte[] Decrypt(
    Tpm2 tpm, byte[] useAuth, string encoded, TpmHandle handle)
{
    // 解码消息
    byte[] encrypted = Convert.FromBase64String(encoded);
    // 定义 Policy
    PolicyTree p = new PolicyTree(hashAlg);
    p.Create(new PolicyAce[]
    {
        new TpmPolicyAuthValue()
    });
    // 进行 Password 授权
    handle.SetAuth(useAuth);
    // 创建 Session 对象
    AuthSession sess = tpm.StartAuthSessionEx(TpmSe.Policy, hashAlg);
    sess.RunPolicy(tpm, p);
    // 使用私钥解密消息
    byte[] decrypted =
        tpm[sess].RsaDecrypt(handle, encrypted, new NullAsymScheme(), null);
    tpm.FlushContext(sess);
    return decrypted;
}
```

代码 11-4 的详细解释如下：

（1）调用 Convert.FromBase64String 方法解码 encoded 字符串。

（2）进行基于密码的 Policy 授权。

（3）调用 tpm 实例的 RsaDecrypt 方法，第 1 个参数为指向 Key 对象的 HANDLE；第 2 个参数为需要解密的数据；第 3 个参数为 NullAsymScheme 对象；第 4 个参数为 null。解密结果存储至 decrypted 数组。

（4）调用 tpm 实例的 FlushContext 方法清理 Session 对象。

11.3.3　接收消息

定义并实现名称为 RequestMsg 的方法，它负责与发送方（IP 地址为 192.168.0.15）建立 TCP 连接，然后请求并接收经过编码的消息。需要注意的是，在 RequestMsg 方法中发送 ping 消息没有特殊的含义，只是为了测试发送方是否应答，并告诉发送方：接收方已经准备就绪，可以随时接收消息。

使用 C++接收消息的过程见代码 11-5。

代码 11-5　使用 C++接收消息

```
#pragma comment(lib,"WS2_32.lib")
const char* address = "192.168.0.15";
const int port = 8001;
const int buffer_size = 512;

TPM_ALG_ID hashAlg = TPM_ALG_ID::SHA1;

int main()
{
    // 略(见代码 11-1 中定义密码以及进行分层 Password 授权的部分)

    // 调用 11.3.1 节实现的 Export 方法,导出公钥
    TPM_HANDLE handle;
    string pem = Export(tpm, useAuth, handle);
    // 输出公钥数据
    std::cout << pem << endl;
    // 接收编码消息
    char buffer[buffer_size] = { 0 };
    if (RequestMsg("ping", buffer) == 1)
        std::cout << "Msg received: " << buffer << endl;
    // 调用 11.3.2 节实现的 Decrypt 方法,解密消息
    ByteVec decrypted = Decrypt(tpm, useAuth, buffer, handle);
    // 输出解密消息
    char str[buffer_size] = { 0 };
    int i = 0;
    for (unsigned char& c : decrypted)
    {
        str[i] = static_cast<char>(c);
        ++i;
    }
    std::cout << "Decrypted: " << str << endl;
}
```

```
int RequestMsg(string msg, char * buffer)
{
    WSADATA wsd;
    SOCKET client;
    SOCKADDR_IN addrSrv;
    if (WSAStartup(MAKEWORD(2, 2), &wsd) != 0) return 0;
    client = socket(AF_INET, SOCK_STREAM, 0);
    if (INVALID_SOCKET == client) return 0;
    addrSrv.sin_addr.S_un.S_addr = inet_addr(address);
    addrSrv.sin_family = AF_INET;
    addrSrv.sin_port = htons(port);
    if (SOCKET_ERROR == connect(client, (SOCKADDR * )&addrSrv, sizeof(addrSrv)))
        return 0;
    // 发送消息
    const char * cmsg = msg.c_str();
    send(client, cmsg, strlen(cmsg), 0);
    // 接收消息
    recv(client, buffer, buffer_size, 0);
    closesocket(client);
    WSACleanup();
    return 1;
}
```

代码 11-5 的详细解释如下：

（1）定义名称为 RequestMsg 的方法。

（2）在 RequestMsg 方法中创建客户端 Socket 对象，指定服务端的 IP 地址与端口。

（3）调用 connect 方法建立 Socket 连接。

（4）调用 send 方法发送 ping 消息。

（5）调用 recv 方法接收编码消息。

（6）在 main 方法中增加对 RequestMsg 与 Decrypt 方法的调用。

（7）在 main 方法中输出解密消息。

使用 C# 接收消息的过程见代码 11-6。

代码 11-6　使用 C# 接收消息

```
// 新增以下引用
using System.Net;
using System.Net.Sockets;
namespace TPMDemoNET
{
    class Program
    {
        private const string address = "192.168.0.15";
        private const int port = 8001;
        private const int buffer_size = 512;

        private static TpmAlgId hashAlg = TpmAlgId.Sha1;

        static void Main(string[] args)
        {
```

```
            // 略(见代码 11 - 2 中定义密码以及进行分层 Password 授权的部分)

            // 调用 11.3.1 节实现的 Export 方法,导出公钥
            TpmHandle handle = null;
            string pem = Export(tpm, useAuth, ref handle);
            // 输出公钥数据
            Console.WriteLine(pem);
            // 接收编码消息
            byte[] buffer = new byte[buffer_size];
            string encoded = null;
            if (RequestMsg("ping", buffer))
            {
                encoded = Encoding.ASCII.GetString(
                    buffer.Where(x => x != 0).ToArray());
                Console.WriteLine("Msg received: " + encoded);
            }
            // 调用 11.3.2 节实现的 Decrypt 方法,解密消息
            byte[] decrypted = Decrypt(tpm, useAuth, encoded, handle);
            // 输出解密消息
            string str = Encoding.ASCII.GetString(decrypted);
            Console.WriteLine("Decrypted: " + str);
        }

        private static bool RequestMsg(string msg, byte[] buffer)
        {
            Socket client = new Socket(AddressFamily.InterNetwork,
                                     SocketType.Stream, ProtocolType.Tcp);
            IPAddress ipAddr = IPAddress.Parse(address);
            IPEndPoint endpoint = new IPEndPoint(ipAddr, port);
            client.Connect(endpoint);
            // 发送消息
            byte[] data = Encoding.ASCII.GetBytes(msg);
            client.Send(data);
            // 接收消息
            client.Receive(buffer);
            client.Close();
            return true;
        }
    }
}
```

代码 11-6 的详细解释如下：

(1) 引入 System. Net 与 System. Net. Sockets 名称空间。

(2) 定义名称为 RequestMsg 的方法。

(3) 在 RequestMsg 方法中创建客户端 Socket 对象,指定服务端的 IP 地址与端口。

(4) 调用 client. Connect 方法建立 Socket 连接。

(5) 调用 client. Send 方法发送 ping 消息。

(6) 调用 client. Receive 方法接收编码消息。

(7) 在 Main 方法中增加对 RequestMsg 与 Decrypt 方法的调用。

(8) 在 Main 方法中输出解密消息。

11.3.4 加密消息

在发送方(IP 地址为 192.168.0.15)计算机上,使用 Rust 语言编写用于加密与发送消息的代码。

将 11.3.1 节生成的 pub.pem 公钥文件复制到应用程序的主目录中,定义并实现名称为 encrypt_msg 的方法,导入公钥并加密消息。需要注意的是,encrypt_msg 方法以纯软件方式进行 RSA 加密运算,没有使用 TSS API。

加密消息的过程见代码 11-7。

代码 11-7 加密消息

```
fn encrypt_msg() -> String {
    // 读入 PEM 公钥文件数据
    let pub_key = fs::read_to_string("pub.pem").expect("Unable to read file");
    // 定义明文消息
    let data = "A quick brown fox jumps over the lazy dog.";
    // 使用公钥加密消息
    let rsa = Rsa::public_key_from_pem(pub_key.as_bytes()).unwrap();
    let mut buffer: Vec<u8> = vec![0; rsa.size() as usize];
    let _ = rsa.public_encrypt(
        data.as_bytes(), &mut buffer, Padding::PKCS1_OAEP).unwrap();
    base64::encode(&buffer)
}
```

代码 11-7 的详细解释如下:

(1) 读入 PEM 公钥文件的数据。

(2) 使用公钥加密消息。

(3) 调用 base64::encode 方法编码消息。

11.3.5 发送消息

下面实现用于发送消息的代码。

发送消息的过程见代码 11-8。

代码 11-8 发送消息

```
use std::net::{TcpStream, TcpListener, Shutdown};
use std::io::{Read, Write};
use std::fs;
use openssl::rsa::{Rsa, Padding};

#[tokio::main]
async fn main() -> Result<(), Box<dyn std::error::Error>> {
    let listener = TcpListener::bind("192.168.0.15:8001").unwrap();
    for stream in listener.incoming() {
        let stream = stream.unwrap();
        handle_client(stream);
    }
    drop(listener);
```

```
    Ok(())
}

fn handle_client(mut stream: TcpStream) {
    let mut buffer = [0; 64];
    while match stream.read(&mut buffer) {
        Ok(size) => {
            if size > 0 {
                let msg = String::from_utf8_lossy(&buffer[0..size]).to_string();
                // 收到的 ping 消息仅用于测试连通性
                println!("Received msg: {}", msg);
                // 加密消息
                let encoded = encrypt_msg();
                stream.write(encoded.as_bytes()).unwrap();
                // 输出发送的消息
                println!("Sent msg: {}", encoded);
                true
            }
            else {
                println!("No msg read, quit.");
                false
            }
        },
        Err(_) => {
            println!(" An error occurred, terminating connection.");
            stream.shutdown(Shutdown::Both).unwrap();
            false
        }
    } {}
}
```

代码 11-8 的详细解释如下：

(1) 引入 OpenSSL RSA 算法相关模块。

(2) 在 main 方法中创建 TCP 侦听器，侦听来自客户端的连接请求。

(3) 收到客户端连接请求后，将 TcpStream 传入 handle_client 方法。

(4) handle_client 方法读取 TcpStream，存储至 buffer 缓冲区。

(5) 将 buffer 数组转换为字符串，即 ping 消息。

(6) 调用 encrypt_msg 方法加密消息，加密结果存储至 encoded 变量。

(7) 将 encoded 变量转换为字节数组，写入 Socket 流。

11.3.6 测试程序

11.3.1 节示例创建了 Key 对象并导出公钥；11.3.5 节示例将公钥导入发送方。11.3.1 节示例与 11.3.5 节示例共同完成如下公钥交换流程：

(1) 接收方应用程序导出了公钥，即 pub.pem 文件。

(2) pub.pem 公钥文件被导入发送方应用程序的主目录中。

现在测试接收方与发送方应用程序的加密通信过程。

编译发送方程序(服务端)，在项目的主目录执行命令 cargo build 编译项目，然后执行命令 cargo run 运行程序，程序运行后将处于等待连接状态。

运行接收方程序(客户端)，程序运行后，通过如图 11-6 所示的控制台窗口看到收到一条密文消息(Msg received)，并成功解密出对应的明文消息(Decrypted)。

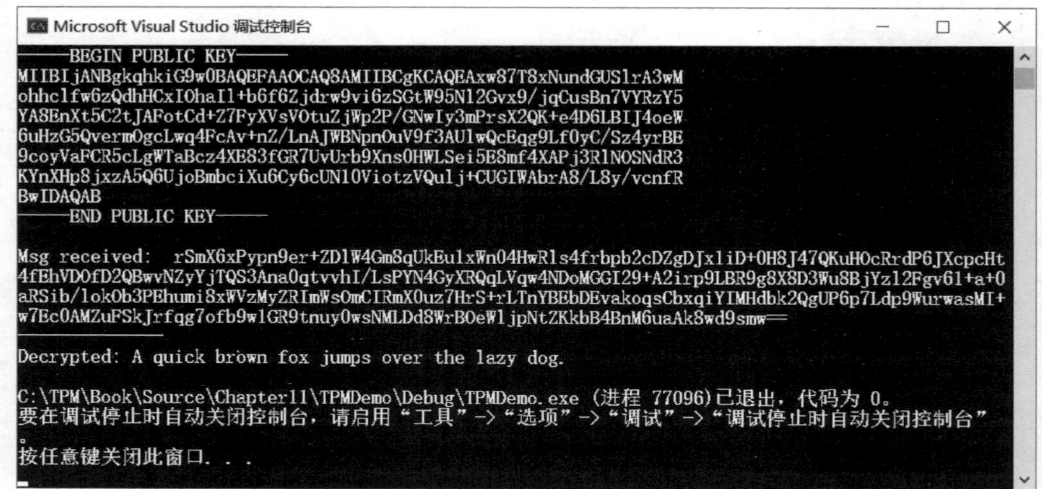

图 11-6 运行接收方程序

查看发送方程序的控制台窗口，如图 11-7 所示，可以看到接收方发来的 ping 消息(Received msg)以及向接收方发送的密文消息(Sent msg)。

```
vincent@ubuntu: ~/TPM
vincent@ubuntu:~/TPM$ cargo run
    Finished dev [unoptimized + debuginfo] target(s) in 0.26s
     Running `target/debug/demo`
Received msg: ping
Sent msg: rSmX6xPypn9er+ZDlW4Gm8qUkEu1xWn04HwRls4frbpb2cDZgDJx1iD+0H8J47QKuHOcRrdP6JXcpcH
t4fEhVDOfD2QBwvNZyYjTQS3Ana0qtvvhI/LsPYN4GyXRQqLVqw4NDoMGGI29+A2irp9LBR9g8X8D3Wu8BjYzl2Fg
v61+a+0aRSib/lokOb3PEhumi8xWVzMyZRImWsOmCIRmX0uz7HrS+rLTnYBEbDEvakoqsCbxqiYIMHdbk2QgUP6p7
Ldp9WurwasMI+w7Ec0AMZuFSkJrfqg7ofb9w1GR9tnuy0wsNMLDd8WrBOeWljpNtZKkbB4BnM6uaAk8wd9smw==
No msg read, quit.
```

图 11-7 查看发送方程序

11.4 本章小结

本章首先介绍了 PEM 格式，它用于存储证书或密钥信息，支持在异构系统之间安全交换数据。PEM 本质上是附加了起始行(如 BEGIN PUBLIC KEY)与结束行(如 END PUBLIC KEY)的 base64 编码的二进制数据。随后通过示例演示了在不同应用系统之间使用 RSA 算法加密并传输消息的具体实现过程，主要包括消息接收方导出公钥、编码 PEM 格式；消息发送方导入公钥、加密消息；接收方与发送方接建立 Socket 通信、接收消息以及使用私钥解密消息。

第12章

非对称密钥公钥导入

在第11章中介绍了使用TSS API导出公钥以及使用PEM格式编码公钥的方法，本章将第11章的示例流程进行反转，重点研究如何将第三方生成的公钥导入TPM内存，这对于与其他应用系统进行集成或通信是十分关键的。

本章用于演示公钥导入场景的网络环境与第11章非常类似，但是消息处理双方的角色发生了互换，即发送方应用系统基于C++或C#语言编写，使用TSS API导入公钥、加密消息；接收方应用系统基于Rust语言编写，使用私钥解密消息。

12.1 架构设计

为了模拟基于公钥导入场景的异构网络安全应用环境，定义以下角色：

(1) Key生成方：生成非对称Key并以PEM格式编码。为了简化流程，使用在线工具代替。

(2) 发送方：加密与编码消息，发送至接收方。发送方是需要关注的重点，因为它使用TSS API导入公钥，并使用公钥进行加密运算。

(3) 接收方：接收与解密消息。为了与发送方进行区分，使用Rust语言编写，并使用私钥进行解密运算。

Key生成方、发送方、接收方的架构设计如图12-1所示。

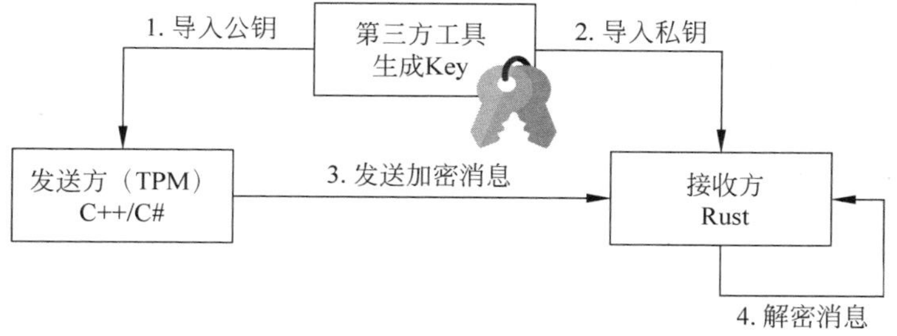

图12-1 模拟架构设计

Key初始化过程简述如下：

(1) Key 生成方生成非对称 Key。

(2) 以 PEM 格式编码公钥与私钥,分别分发给发送方与接收方应用系统管理员。

(3) 发送方导入公钥。

(4) 接收方导入私钥。

网络通信过程简述如下:

(1) 发送方使用导入的公钥加密消息。

(2) 发送方将消息发送至网络。

(3) 接收方接收消息,使用导入的私钥解密消息。

12.2 导入公钥

导入公钥与导出公钥的过程类似,但顺序相反,依然需要借助 Botan 库或 CSharp-easy-RSA-PEM 库提供的中间类型与辅助函数进行协助。TSS API 提供的 LoadExternal 方法用于将公钥导入 TPM 内存,并返回指向该内存的 HANDLE。

综上所述,为了导入公钥,需要做的工作如下:

(1) Key 生成方生成非对称 Key,将公钥存储为 PEM 格式的文件。

(2) 读入 PEM 文件。

(3) 使用 Botan 库或 CSharp-easy-RSA-PEM 库解码 PEM 信息。

(4) 获取表示公钥的 modulus 因子。

(5) 定义 Key 模板并提供 modulus 因子。

(6) 调用 LoadExternal 方法导入公钥。

(7) 获取指向 Key 对象的 HANDLE。

12.3 完整应用示例

本节示例使用 RSA 算法保护消息在发送方与接收方之间的传输安全。发送方示例程序基于 C++与 C#语言编写,其中最需要关注的是使用 TSS API 将公钥导入 TPM 的具体步骤。

从系统整体的开发流程角度来说,将按照以下步骤进行:

(1) Key 生成方生成 RSA Key。

(2) 发送方导入公钥。

(3) 发送方使用公钥加密消息。

(4) 发送方与接收方建立 Socket 连接,发送消息。

(5) 接收方侦听 Socket 连接,接收消息。

(6) 接收方导入私钥。

(7) 接收方使用私钥解密消息。

12.3.1 生成 Key

使用在线工具生成 RSA Key,如图 12-2 所示,在 Key Size 右侧的下拉列表框中选择

“2048 bit”选项，单击 Generate New Keys 按钮，即可分别在 Private Key 与 Public Key 文本框中看到新生成的私钥与公钥。如果对生成结果不满意，再次单击 Generate New Keys 按钮可以重新生成 Key。

需要注意的是，在使用此类在线工具之前，应当首先确认工具的来源是否可靠（避免访问钓鱼网站），并观察浏览器的地址栏左侧是否有“安全锁”图标，以判断网站使用的 SSL/TLS 证书是否真实有效。

将生成的私钥与公钥字符串分别保存为 private. pem 与 pub. pem 文件，然后以安全的方式交给对应的应用系统管理员。本节出于演示目的，将 pub. pem 文件直接复制到发送方应用程序的目录中；将 private. pem 文件复制到接收方应用程序的目录中。

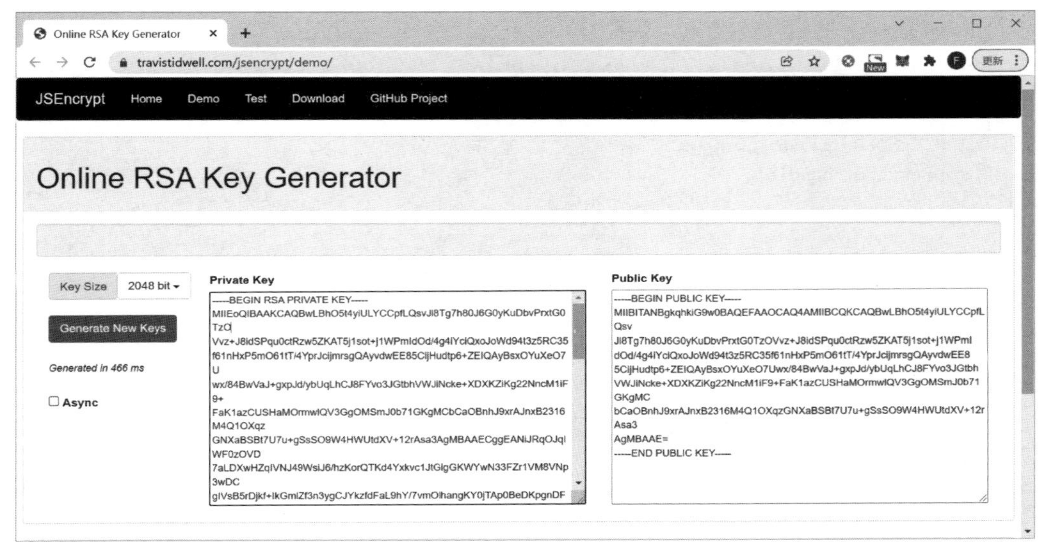

图 12-2　使用在线工具生成 RSA Key

12.3.2　导入公钥

将 12.3.1 节生成的 pub. pem 公钥文件复制到发送方应用程序的主目录中。

读入公钥文件并解码，然后调用 LoadExternal 方法将其导入 TPM 中的 NULL 分层。

因为公钥是公开的，任何有需要的用户应当都可以使用，所以在导入公钥过程中，既无须设置密码，也无须绑定 Policy 摘要。

使用 C++导入公钥的过程见代码 12-1，其中的关键点如下。

PEM 格式本质上是 base64 编码的二进制数据，因此首先调用 Botan 库的 base64_decode 方法对 PEM 文件进行解码，提取出字节数组。然后调用 Botan 库的 X509::load_key 方法导入字节数组，获取指向 RSA_PublicKey 对象的指针。最后调用 RSA_PublicKey 指针的 get_n 方法获取 modulus 因子，并在定义 Key 模板时提供 modulus 数组。

代码 12-1　使用 C++导入公钥

```
#include <iostream>
#include <fstream>
#include <botan/rsa.h>
```

```
#include <botan/bigint.h>
#include <botan/x509cert.h>
#include <botan/x509_key.h>
#include <botan/pem.h>
#include <botan/base64.h>
#include <regex>
#include "base64.h"
#include "Tpm2.h"
using namespace TpmCpp;
#define null { }

TPM_ALG_ID hashAlg = TPM_ALG_ID::SHA1;

int main()
{
    // 连接 TPM,略

    TPM_HANDLE handle;
    Import(tpm, handle);
}

void Import(Tpm2 tpm, TPM_HANDLE& handle)
{
    // 读入 PEM 公钥文件数据
    std::ifstream inFile("pub.pem");
    string pem(
        (std::istreambuf_iterator<char>(inFile)),
        (std::istreambuf_iterator<char>()));
    pem = std::regex_replace(pem, std::regex("-----BEGIN PUBLIC KEY-----"), "");
    pem = std::regex_replace(pem, std::regex("-----END PUBLIC KEY-----"), "");
    // 获取 modulus
    Botan::SecureVector<uint8_t> keyBytes = Botan::base64_decode(pem);
    std::vector<uint8_t> keyBytesU8(keyBytes.begin(), keyBytes.end());
    Botan::Public_Key* pubKey = Botan::X509::load_key(keyBytesU8);
    Botan::RSA_PublicKey* rsaPubKey = dynamic_cast<Botan::RSA_PublicKey*>(pubKey);
    Botan::BigInt modulus = rsaPubKey->get_n();
    int size = modulus.bytes();
    ByteVec buffer(size);
    modulus.binary_encode(buffer.data(), buffer.size());
    // 定义 Key 模板
    TPMT_PUBLIC temp(hashAlg,
        TPMA_OBJECT::decrypt | TPMA_OBJECT::sensitiveDataOrigin,
        null,
        TPMS_RSA_PARMS(null, TPMS_SCHEME_OAEP(hashAlg), 2048, 65537),
        TPM2B_PUBLIC_KEY_RSA(buffer));
    // 导入公钥
    handle = tpm.LoadExternal(null, temp, TPM_RH_NULL);
}
```

代码 12-1 的 main 方法详细解释如下：

(1) 定义名称为 handle 的变量，用于接收 Key 对象的 HANDLE。

(2) 调用 Import 方法。

代码 12-1 的 Import 方法详细解释如下：

（1）使用 ifstream 对象读入 pub. pem 公钥文件的数据，存储至 pem 变量。

（2）去除 pem 字符串中的头部与尾部信息。

（3）调用 Botan::base64_decode 方法解码 pem 字符串，存储至 keyBytes 数组。

（4）将 keyBytes 数组转换为 vector < uint8_t >类型，存储至 keyBytesU8 数组。

（5）调用 Botan::X509::load_key 方法，传入 keyBytesU8 数组，获取指向 Public_Key 对象的指针。

（6）将 Public_Key 指针类型转换为 RSA_PublicKey 指针类型，存储至 rasPubKey 变量。

（7）调用 rsaPubKey 指针的 get_n 方法获取 BigInt 类型的 modulus 因子。

（8）将 modulus 因子转换为 ByteVec 类型，存储至 buffer 数组。

（9）定义 Key 模板，前 4 个参数与第 10 章定义的参数基本相同，只是第 3 个参数未绑定 Policy 摘要；第 5 个参数为公钥数据，创建 TPM2B_PUBLIC_KEY_RSA 对象，在其构造函数中传入 buffer 数组。

（10）调用 tpm 实例的 LoadExternal 方法导入 Key 对象，第 1 个参数为 null，不设置密码；第 2 个参数为 TPMT_PUBLIC 模板；第 3 个参数为 TPM_RH_NULL。此方法返回指向导入的公钥对象的 HANDLE，将其存储至 handle 变量。

使用 C# 导入公钥的过程见代码 12-2，其中的关键点如下。

PEM 格式本质上是 base64 编码的二进制数据，因此首先调用 CSharp-easy-RSA-PEM 库的 DecodeX509PublicKey 方法对 PEM 文件进行解码，获取 RSACryptoServiceProvider 对象。然后调用 ExportParameters 方法导出 RSAParameters 对象。最后调用 RSAParameters 对象的 Modulus 属性获取 modulus 因子，并在定义 Key 模板时提供 modulus 数组。

代码 12-2　使用 C# 导入公钥

```
using System;
using System.Text;
using System.Security.Cryptography;
using Tpm2Lib;
using CSharp_easy_RSA_PEM;
namespace TPMDemoNET
{
    class Program
    {
        private static TpmAlgId hashAlg = TpmAlgId.Sha1;

        static void Main(string[] args)
        {
            // 连接 TPM,略;

            TpmHandle handle = null;
            Import(tpm, ref handle);
        }

        private static void Import(Tpm2 tpm, ref TpmHandle handle)
```

```
        {
            // 读入 PEM 公钥文件数据
            string inFile = string.Format("{0}\\..\\..\\{1}",
                                          Directory.GetCurrentDirectory(),
                                          "pub.pem");
            string pem = File.ReadAllText(inFile);
            // 获取 modulus
            RSACryptoServiceProvider rsa = Crypto.DecodeX509PublicKey(pem);
            RSAParameters keyInfo = rsa.ExportParameters(false);
            byte[] modulus = keyInfo.Modulus;
            // 定义 Key 模板
            var temp = new TpmPublic(hashAlg,
                ObjectAttr.Decrypt | ObjectAttr.SensitiveDataOrigin,
                null,
                new RsaParms(new SymDefObject(), new SchemeOaep(hashAlg),
                        2048, 65537),
                new Tpm2bPublicKeyRsa(modulus));
            // 导入公钥
            handle = tpm.LoadExternal(null, temp, TpmRh.Null);
        }
    }
}
```

代码 12-2 的 Main 方法详细解释如下：

（1）定义名称为 handle 的变量，用于接收 Key 对象的 HANDLE。

（2）调用 Import 方法。

代码 12-2 的 Import 方法详细解释如下：

（1）调用 File.ReadAllText 方法读入 pub.pem 公钥文件的数据，存储至 pem 变量。

（2）调用 Crypto.DecodeX509PublicKey 方法解码 pem 字符串，获取 RSACryptoServiceProvider 对象，存储至 rsa 变量。

（3）调用 rsa.ExportParameters 方法，获取 RSAParameters 对象，存储至 keyInfo 变量。

（4）调用 keyInfo.Modulus 属性获取 modulus 数组。

（5）定义 Key 模板，前 4 个参数与第 10 章定义的参数基本相同，只是第 3 个参数未绑定 Policy 摘要；第 5 个参数为公钥数据，创建 Tpm2bPublicKeyRsa 对象，在其构造函数中传入 modulus 数组。

（6）调用 tpm 实例的 LoadExternal 方法导入 Key 对象，第 1 个参数为 null，不设置密码；第 2 个参数为 TpmPublic 模板；第 3 个参数为 TpmRh.Null。此方法返回指向导入的公钥对象的 HANDLE，将其存储至 handle 变量。

12.3.3 加密消息

定义并实现名称为 Encrypt 的方法，使用导入的公钥加密一段明文消息，并以 base64 格式编码。需要注意的是，加密过程不需要任何形式的授权。

使用 C++加密消息的过程见代码 12-3。

代码 12-3 使用 C++加密消息

```
string Encrypt(Tpm2 tpm, ByteVec& data, TPM_HANDLE& handle)
{
    // 使用公钥加密消息
    ByteVec encrypted =
        tpm.RSA_Encrypt(handle, data, TPMS_NULL_ASYM_SCHEME(), null);
    // 编码消息
    string encoded = base64_encode(encrypted.data(), encrypted.size());
    return encoded;
}
```

代码 12-3 的详细解释如下：

（1）调用 tpm 实例的 RSA_Encrypt 方法，第 1 个参数为指向 Key 对象的 HANDLE，即导入的公钥对象；第 2 个参数为 data 数组，即需要加密的数据；第 3 个参数为 TPMS_NULL_ASYM_SCHEME 对象；第 4 个参数为 null。加密结果存储至 encrypted 数组。

（2）调用 base64_encode 方法编码 encrypted 数组。

使用 C#加密消息的过程见代码 12-4。

代码 12-4 使用 C#加密消息

```
private static string Encrypt(Tpm2 tpm, byte[] data, TpmHandle handle)
{
    // 使用公钥加密消息
    byte[] encrypted = tpm.RsaEncrypt(handle, data, new NullAsymScheme(), null);
    // 编码消息
    string encoded = Convert.ToBase64String(encrypted);
    return encoded;
}
```

代码 12-4 的详细解释如下：

（1）调用 tpm 实例的 RsaEncrypt 方法，第 1 个参数为指向 Key 对象的 HANDLE，即导入的公钥对象；第 2 个参数为 data 数组，即需要加密的数据；第 3 个参数为 NullAsymScheme 对象；第 4 个参数为 null。加密结果存储至 encrypted 数组。

（2）调用 Convert.ToBase64String 方法编码 encrypted 数组。

12.3.4 发送消息

定义并实现名称为 Send2Network 的方法，它负责与接收方（IP 地址为 192.168.0.15）建立 TCP 连接，然后发送编码后的消息。

使用 C++发送消息的过程见代码 12-5。

代码 12-5 使用 C++发送消息

```
#pragma comment(lib,"WS2_32.lib")
const char* address = "192.168.0.15";
const int port = 8001;
```

```
TPM_ALG_ID hashAlg = TPM_ALG_ID::SHA1;

int main()
{
    // 连接 TPM,略

    // 定义明文消息
    const char * cstr = "Doge barking at the moon";
    ByteVec data(cstr, cstr + strlen(cstr));
    // 调用 12.3.2 节实现的 Import 方法,导入公钥
    TPM_HANDLE handle;
    Import(tpm, handle);
    // 调用 12.3.3 节实现的 Encrypt 方法,加密消息
    string encoded = Encrypt(tpm, data, handle);
    // 输出原始消息与加密消息
    std::cout <<
        "Data: " << data << endl <<
        "Encrypted: " << encoded << endl;
    // 发送编码消息
    if (Send2Network(encoded) == 1)
        std::cout << "Msg sent successfully." << endl;
}

int Send2Network(string& msg)
{
    WSADATA wsd;
    SOCKET client;
    SOCKADDR_IN addrSrv;
    if (WSAStartup(MAKEWORD(2, 2), &wsd) != 0) return 0;
    client = socket(AF_INET, SOCK_STREAM, 0);
    if (INVALID_SOCKET == client) return 0;
    addrSrv.sin_addr.S_un.S_addr = inet_addr(address);
    addrSrv.sin_family = AF_INET;
    addrSrv.sin_port = htons(port);
    if (SOCKET_ERROR == connect(client, (SOCKADDR * )&addrSrv, sizeof(addrSrv)))
        return 0;
    // 发送消息
    const char * cmsg = msg.c_str();
    send(client, cmsg, strlen(cmsg), 0);
    closesocket(client);
    WSACleanup();
    return 1;
}
```

代码 12-5 的详细解释如下：

(1) 定义名称为 Send2Network 的方法。

(2) 在 Send2Network 方法中创建客户端 Socket 对象,指定服务端的 IP 地址与端口。

(3) 调用 connect 方法建立 Socket 连接。

(4) 调用 send 方法发送编码消息。

(5) 在 main 方法中定义明文消息,并增加对 Encrypt 与 Send2Network 方法的调用。

(6) 在 main 方法中输出原始消息与加密消息。

使用 C# 发送消息的过程见代码 12-6。

代码 12-6 使用 C# 发送消息

```
// 新增以下引用
using System.Net;
using System.Net.Sockets;
namespace TPMDemoNET
{
    class Program
    {
        private const string address = "192.168.0.15";
        private const int port = 8001;

        private static TpmAlgId hashAlg = TpmAlgId.Sha1;

        static void Main(string[] args)
        {
            // 连接 TPM,略

            // 定义明文消息
            string cstr = "Doge barking at the moon";
            byte[] data = Encoding.ASCII.GetBytes(cstr);
            // 调用 12.3.2 节实现的 Import 方法,导入公钥
            TpmHandle handle = null;
            Import(tpm, ref handle);
            // 调用 12.3.3 节实现的 Encrypt 方法,加密消息
            string encoded = Encrypt(tpm, data, handle);
            // 输出原始消息与加密消息
            string dataHex = BitConverter.ToString(data).Replace("-", "").ToLower();
            Console.WriteLine("Data: " + dataHex);
            Console.WriteLine("Encrypted: " + encoded);
            // 发送编码消息
            if (Send2Network(encoded))
                Console.WriteLine("Msg sent successfully.");
        }

        private static bool Send2Network(string msg)
        {
            Socket client = new Socket(AddressFamily.InterNetwork,
                                       SocketType.Stream, ProtocolType.Tcp);
            IPAddress ipAddr = IPAddress.Parse(address);
            IPEndPoint endpoint = new IPEndPoint(ipAddr, port);
            client.Connect(endpoint);
            // 发送消息
            byte[] data = Encoding.ASCII.GetBytes(msg);
            client.Send(data);
            client.Close();
            return true;
        }
    }
}
```

代码 12-6 的详细解释如下：

（1）引入 System. Net 与 System. Net. Sockets 名称空间。

（2）定义名称为 Send2Network 的方法。

（3）在 Send2Network 方法中创建客户端 Socket 对象，指定服务端的 IP 地址与端口。

（4）调用 client. Connect 方法建立 Socket 连接。

（5）调用 client. Send 方法发送编码消息。

（6）在 Main 方法中定义明文消息，并增加对 Encrypt 与 Send2Network 方法的调用。

（7）在 Main 方法中输出原始消息与加密消息。

12.3.5 接收消息

在接收方（IP 地址为 192.168.0.15）计算机上，使用 Rust 语言编写用于接收消息的代码。

接收消息的过程见代码 12-7。

代码 12-7 接收消息

```
use std::net::{TcpStream, TcpListener, Shutdown};
use std::io::{Read, Write};
use std::fs;
use openssl::rsa::{Rsa, Padding};

#[tokio::main]
async fn main() -> Result<(), Box<dyn std::error::Error>> {
    let listener = TcpListener::bind("192.168.0.15:8001").unwrap();
    for stream in listener.incoming() {
        let stream = stream.unwrap();
        handle_client(stream);
    }
    drop(listener);
    Ok(())
}

fn handle_client(mut stream: TcpStream) {
    let mut buffer = [0; 512];
    while match stream.read(&mut buffer) {
        Ok(size) => {
            if size > 0 {
                let msg = String::from_utf8_lossy(&buffer[0..size]).to_string();
                // 输出收到的消息
                println!("Received msg: {}", msg);
                // 解密消息(待 12.3.6 节实现)
                decrypt_msg(msg);
                true
            }
            else {
                println!("No msg read, quit.");
                false
            }
        },
```

```
            Err(_) => {
                println!("An error occurred, terminating connection.");
                stream.shutdown(Shutdown::Both).unwrap();
                false
            }
        } {}
}
```

代码 12-7 的详细解释如下：

(1) 引入 OpenSSL RSA 算法相关模块。

(2) 在 main 方法中创建 TCP 侦听器，侦听来自客户端的连接请求。

(3) 收到客户端连接请求后，将 TcpStream 传入 handle_client 方法。

(4) handle_client 方法读取 TcpStream，存储至 buffer 缓冲区。

(5) 将 buffer 数组转换为字符串，即发送方发来的消息，存储至 msg 变量。

(6) 调用 decrypt_msg 方法，传入 msg 变量(decrypt_msg 方法将在 12.3.6 节实现)。

12.3.6 解密消息

将 12.3.1 节 Key 生成方生成的 private.pem 私钥文件复制到接收方应用程序的主目录中，定义并实现名称为 decrypt_msg 的方法，导入私钥并解密消息。需要注意的是，decrypt_msg 方法以纯软件方式进行 RSA 解密运算，没有使用 TSS API。

解密消息的过程见代码 12-8。

代码 12-8 解密消息

```
fn decrypt_msg(msg: String) {
    // 读入 PEM 私钥文件数据
    let private_key = fs::read_to_string("private.pem")
        .expect("Unable to read file");
    let data = base64::decode(msg).unwrap();
    // 使用私钥解密消息
    let rsa = Rsa::private_key_from_pem(private_key.as_bytes()).unwrap();
    let mut buffer: Vec<u8> = vec![0; rsa.size() as usize];
    let _ = rsa.private_decryp(&data, &mut buffer, Padding::PKCS1_OAEP).unwrap();
    let s = match str::from_utf8(&buffer) {
        Ok(v) => v,
        Err(e) => panic!("Invalid UTF-8 sequence: {}", e),
    };
    // 输出解密消息
    println!("Decrypted msg: {}\r\n", s);
}
```

代码 12-8 的详细解释如下：

(1) 读入 PEM 私钥文件的数据。

(2) 调用 base64::decode 方法解码消息。

(3) 使用私钥解密消息。

(4) 输出解密后的消息。

12.3.7 测试程序

发送方与接收方应用程序都已经编写完成，并且 pub.pem 文件与 private.pem 文件已被分别导入发送方与接收方应用程序的主目录中，现在测试整体流程。

编译接收方程序(服务端)，在项目的主目录执行命令 cargo build 编译项目，然后执行命令 cargo run 运行程序，程序运行后将处于等待连接状态。

运行发送方程序(客户端)，程序运行后，通过如图 12-3 所示的控制台窗口看到消息以明文形式(Data)与加密形式(Encrypted)输出，然后被发送至网络中(Msg sent successfully)。

图 12-3 运行发送方程序

查看接收方程序的控制台窗口，如图 12-4 所示，可以看到收到一条密文消息(Received msg)，并成功解密出对应的明文消息(Decrypted msg)。

```
vincent@ubuntu: ~/TPM
vincent@ubuntu:~/TPM$ cargo run
   Compiling demo v0.1.0 (/home/vincent/TPM)
    Finished dev [unoptimized + debuginfo] target(s) in 1.56s
     Running `target/debug/demo`
Received msg: Su6JZVo45P3H+C22SMCZK8MCR6eTAWO4UDBITK1Wmv1gP4hMweePDMe0bEtYIgs47Sfls2r0rP
3MgOa+e7zqZb3yVNe4IvhKyBiy6PHVX0PPINTRI1yjTnZbfx/9WEGDsKarLTpO7mTs5mPA9JFeizJGowo2aSI9za
RaqgdbGOWMIU2LizMzvnuu6bJBHBa2mKHQDeLBSw4qb+o71tcgO+zASvzPSj4Syy3ipkgvxsr2Zu/UCLzlZDfnaz
8aPb2P4LEAlD6mkZxpWRVGdQX87gML1k8hvqh4kMIEDftreW0U122118oqSnWGASjBfrclDewo+/9xQ3ZRCppGu8
9Yog==

Decrypted msg: Doge barking at the moon

No msg read, quit.
```

图 12-4 查看接收方程序

12.4 本章小结

本章通过示例演示了使用 Botan 库与 CSharp-easy-RSA-PEM 库解码 PEM 格式公钥、求解 modulus 因子以及使用 LoadExternal 方法将公钥导入 TPM 内存的完整实现过程。

至此，有关使用公钥加密数据以及使用 TSS API 导入、导出公钥的方法已经全部介绍完毕。

第13章

非对称密钥私钥导出

TPM作为Key的安全管理容器，能够有效保护Key的安全，防止泄露风险的发生。通常情况下，非对称Key的公钥允许从TPM中导出，以被其他应用系统使用；而私钥应当始终封存在TPM中，只能由本地计算机中有权限的应用系统使用，以防止被非法读取、复制、转移。

私钥导出不是典型的业务场景，从安全角度考虑，即使是有权限的应用系统，也应当严格限制导出私钥的能力。尽管如此，还是有一些特殊原因致使不得不导出私钥，例如：

(1) 业务流程调整，将TPM中的私钥迁移至硬件安全模块(Hardware Security Module, HSM)设备。

(2) 系统架构调整，改用纯软件算法而不再使用TPM芯片。

(3) 计算机或服务器退役，更换新的宿主。

TSS API虽然提供了方法用于导出私钥，但是此方法过于低级(甚至可以用简陋来形容)，使用起来非常不友好，因此导出私钥的过程较为曲折。不过不用担心，本章将给出导出私钥的完整示例，演示将私钥从TPM中导出并导入其他应用系统的过程。假设TCP/IP网络中存在两个应用系统，用于发送消息的应用系统称为发送方，发送方应用系统基于C++或C#语言编写，使用TSS API创建非对称Key对象并导出私钥、使用公钥加密消息；用于接收消息的应用系统称为接收方，接收方应用系统基于Rust语言编写，使用私钥解密消息。

13.1 架构设计

为了模拟基于私钥导出场景的异构网络安全应用环境，定义以下角色：

(1) 发送方：加密与编码消息，发送至接收方。发送方是需要关注的重点，因为它使用TSS API导出私钥以及使用TPM中的公钥进行加密运算。

(2) 接收方：接收与解密消息。为了与发送方进行区分，使用Rust语言编写，并使用私钥进行解密运算。

发送方与接收方的架构设计如图13-1所示。

Key初始化过程简述如下：

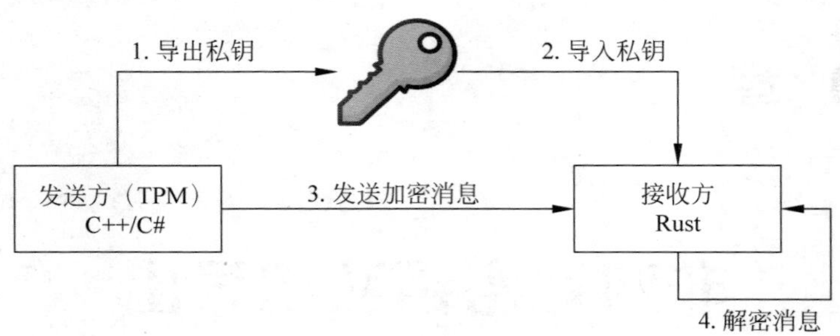

图 13-1　模拟架构设计

（1）发送方生成非对称 Key。

（2）发送方导出私钥。

（3）以离线方式转移私钥。

（4）接收方导入私钥。

网络通信过程简述如下：

（1）发送方使用 TPM 中的公钥加密消息。

（2）发送方将消息发送至网络。

（3）接收方接收消息，使用导入的私钥解密消息。

13.2　导出私钥

也许是因为导出私钥的行为并不常用，TSS API 没有提供便捷的方法直接导出私钥。回顾第 9 章介绍的 Duplicate 方法，它虽然可以用来导出对称 Key，但遗憾的是，对于非对称 Key，Duplicate 方法只能导出私钥数据中的一部分，剩余的复杂计算工作则需要用户自己完成。从接口设计角度来说，这样的设计显得不够友好，像是个半成品，也可能是接口设计人员有意为之。不管怎样，只要理解了 RSA 算法的底层数学原理，依然可以自行将剩余的步骤补充完整。

在开始导出私钥之前，需要具备以下 3 个基本条件：

（1）开发环境安装有 Botan 库(C++)或 CSharp-easy-RSA-PEM 库(C＃)。

（2）Key 对象绑定了 Policy 摘要。

（3）熟悉 RSA 算法的数学公式。

导出私钥的步骤简述如下：

（1）构建 Policy 并限定 Duplicate 命令。

（2）计算 Policy 摘要。

（3）定义 Key 模板并绑定 Policy 摘要。

（4）调用 CreatePrimary 方法创建 Key 对象。

（5）获取指向 Key 对象的 HANDLE。

（6）创建 Session 对象。

（7）重新计算 Policy 摘要，填充 Session 缓冲区。

（8）携带 Session 对象调用 Duplicate 方法。

(9) 分别计算 RSA 算法中的 n、e、p、q 等因子。

(10) 使用 Botan 库或 CSharp-easy-RSA-PEM 库重新构建私钥对象。

(11) 使用 Botan 库或 CSharp-easy-RSA-PEM 库编码私钥对象。

有关 RSA 算法的数学公式,网上有很多现成的资料,如果感兴趣可以自行查找。此外,一些 RSA 计算器工具可以分步骤计算构成 RSA 算法的各种因子,用于验证 RSA 私钥的正确性,如图 13-2 所示。

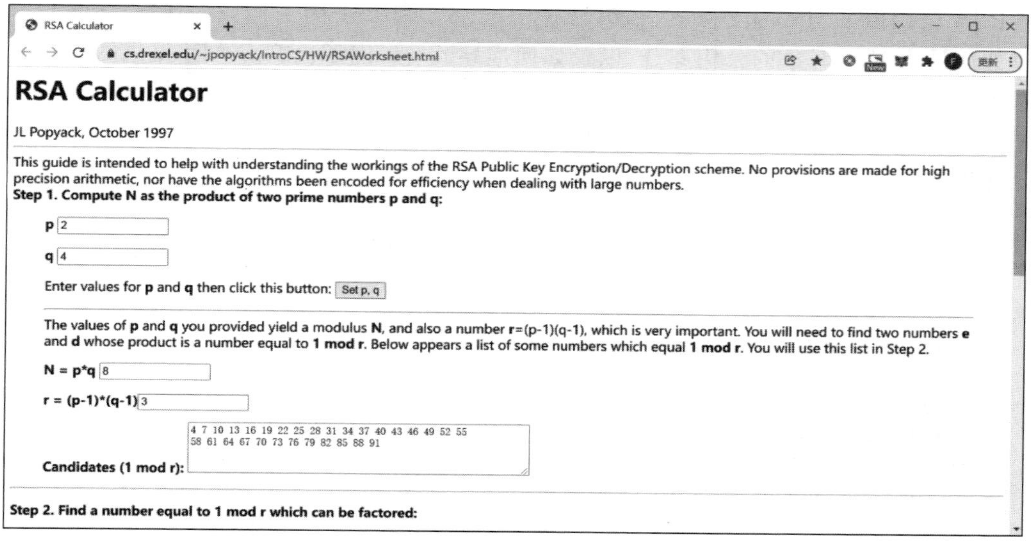

RSA Calculator

cs.drexel.edu/~jpopyack/IntroCS/HW/RSAWorksheet.html

RSA Calculator

JL Popyack, October 1997

This guide is intended to help with understanding the workings of the RSA Public Key Encryption/Decryption scheme. No provisions are made for high precision arithmetic, nor have the algorithms been encoded for efficiency when dealing with large numbers.

Step 1. Compute N as the product of two prime numbers p and q:

p 2

q 4

Enter values for **p** and **q** then click this button: Set p, q

The values of **p** and **q** you provided yield a modulus **N**, and also a number **r**=(p-1)(q-1), which is very important. You will need to find two numbers **e** and **d** whose product is a number equal to **1 mod r**. Below appears a list of some numbers which equal **1 mod r**. You will use this list in Step 2.

N = p*q 8

r = (p-1)*(q-1) 3

Candidates (1 mod r): 4 7 10 13 16 19 22 25 28 31 34 37 40 43 46 49 52 55 58 61 64 67 70 73 76 79 82 85 88 91

Step 2. Find a number equal to 1 mod r which can be factored:

图 13-2 在线 RSA 计算器

RSA 计算器网址如下。

```
https://www.cs.drexel.edu/~jpopyack/IntroCS/HW/RSAWorksheet.html
```

13.3 完整应用示例

本节示例演示使用 TSS API 从发送方的 TPM 中导出私钥、将私钥导入接收方以及使用 RSA 算法保护消息在发送方与接收方之间的传输安全的实现过程。发送方示例程序基于 C++ 与 C# 语言编写,不仅负责创建 Key 对象与导出私钥,还负责加密与发送消息。

从系统整体的开发流程角度来说,将按照以下步骤进行:

(1) 发送方创建 Key 对象。

(2) 发送方导出私钥。

(3) 发送方使用公钥加密消息。

(4) 发送方与接收方建立 Socket 连接,发送消息。

(5) 接收方侦听 Socket 连接, 接收消息。

(6) 接收方导入私钥。

(7) 接收方使用私钥解密消息。

13.3.1 导出私钥

首先创建 Key 对象，然后导出 Key 对象的私钥部分并编码为 PEM 格式，最后存储至本地文件。创建 Key 对象时，必须绑定 Policy 摘要并限定命令类型；导出私钥时，必须进行 Policy 授权。需要注意的是，示例中的 Policy 仅定义了单个表达式分支，限定 Key 对象仅用于导出行为，不能用于解密运算，此时 TPM 作为 Key 生成器使用。

RSA 公钥由 n 与 e 因子构成，私钥由 p、q、d、dp、dq、qInv 因子构成。在第 11 章已经介绍过如何导出 Key 对象的公钥部分，以及如何推导 n 与 e 因子。TSS API 提供的 Duplicate 方法可以导出私钥中的 p 因子。因此，只要能够根据 n、e、p 这 3 个已知量求出 q、d、dp、dq 等未知量，即可重新构建完整的私钥数据。

使用 C++导出私钥的过程见代码 13-1。

代码 13-1 使用 C++导出私钥

```
#include <iostream>
#include <fstream>
#include <botan/rsa.h>
#include <botan/bigint.h>
#include <botan/pkcs8.h>
#include <botan/pem.h>
#include "base64.h"
#include "Tpm2.h"
using namespace TpmCpp;
#define null { }

TPM_ALG_ID hashAlg = TPM_ALG_ID::SHA1;

int main()
{
    // 连接 TPM,略

    // 定义存储分层密码
    const char * ownerpwd = "E(H+MbQe";
    ByteVec ownerAuth(ownerpwd, ownerpwd + strlen(ownerpwd));
    // 定义 Key 对象密码
    const char * cpwd = "password";
    ByteVec useAuth(cpwd, cpwd + strlen(cpwd));
    // 在访问存储分层之前,需要进行 Password 授权
    tpm._AdminOwner.SetAuth(ownerAuth);

    TPM_HANDLE handle;
    string pem = Export(tpm, useAuth, handle);

    // 输出私钥数据
    std::cout << pem << endl;
}

string Export(Tpm2 tpm, ByteVec& useAuth, TPM_HANDLE& handle)
{
    // 定义 Policy
```

```
    PolicyAuthValue policyAuthValue;
    PolicyCommandCode policyCmd(TPM_CC::Duplicate, "admin-branch");
    PolicyTree p(policyAuthValue, policyCmd);
    // 计算 Policy 摘要
    TPM_HASH policyDigest = p.GetPolicyDigest(hashAlg);
    // 定义 Key 模板
    TPMT_PUBLIC temp(hashAlg,
        TPMA_OBJECT::decrypt |
        TPMA_OBJECT::adminWithPolicy | TPMA_OBJECT::sensitiveDataOrigin,
        policyDigest,
        TPMS_RSA_PARMS(null, TPMS_SCHEME_OAEP(hashAlg), 2048, 65537),
        TPM2B_PUBLIC_KEY_RSA());
    // 使用密码保护 Key 对象
    TPMS_SENSITIVE_CREATE sensCreate(useAuth, null);
    // 创建 Key 对象
    CreatePrimaryResponse primary =
        tpm.CreatePrimary(TPM_RH::OWNER, sensCreate, temp, null, null);
    handle = primary.handle;
    // 进行 Password 授权
    handle.SetAuth(useAuth);
    // 创建 Session 对象
    AUTH_SESSION sess = tpm.StartAuthSession(TPM_SE::POLICY, hashAlg);
    p.Execute(tpm, sess, "admin-branch");
    // 导出私钥
    DuplicateResponse duplicatedResp =
        tpm[sess].Duplicate(handle, TPM_RH_NULL, null, null);
    ByteVec buffer = duplicatedResp.duplicate.buffer;
    ByteVec privateKey(128);
    memcpy(&privateKey[0], &buffer[buffer.size() - 128], 128);
    // 计算 n, e, p, q 因子
    TPMT_PUBLIC pub = primary.outPublic;
    TPM2B_PUBLIC_KEY_RSA* pubKey =
        dynamic_cast<TPM2B_PUBLIC_KEY_RSA*>(pub.unique.get());
    Botan::BigInt modulus = Botan::BigInt(pubKey->buffer);
    TPMS_RSA_PARMS* params =
        dynamic_cast<TPMS_RSA_PARMS*>(&*pub.parameters);
    Botan::BigInt exponent = Botan::BigInt(params->exponent);
    Botan::BigInt bp = Botan::BigInt(privateKey);
    Botan::BigInt bq = modulus / bp;
    // 重构私钥对象并编码为 PEM 格式
    Botan::RSA_PrivateKey rsaPriKey(bp, bq, exponent);
    string pem = Botan::PKCS8::PEM_encode(rsaPriKey);
    // 存储至硬盘
    std::ofstream file("private.pem");
    file.write(pem.c_str(), strlen(pem.c_str()));
    file.flush();
    file.close();
    tpm.FlushContext(sess);
    return pem;
}
```

代码 13-1 的 main 方法详细解释如下：

(1) 定义名称为 ownerAuth 的字节数组，存储分层密码。

（2）定义名称为 useAuth 的字节数组，存储用户密码。

（3）对存储分层进行 Password 授权。

（4）定义名称为 handle 的变量，用于接收 Key 对象的 HANDLE。

（5）调用 Export 方法。

（6）输出私钥 PEM 数据。

代码 13-1 的 Export 方法详细解释如下：

（1）定义 PolicyAuthValue 类型的表达式对象，表示用户需要 Password 授权。

（2）定义 PolicyCommandCode 类型的表达式对象，限定用户只能调用名称为 Duplicate 的方法。

（3）创建 PolicyTree 对象，组合 PolicyCommandCode 与 PolicyAuthValue 表达式对象。

（4）调用 GetPolicyDigest 方法计算 Policy 摘要。

（5）定义 Key 模板，参数与第 10 章定义的参数基本相同，只是第 2 个参数新增了 TPMA_OBJECT::adminWithPolicy，表示有关 Key 对象的管理行为必须使用 Policy 授权。

（6）使用密码保护 Key 对象，创建 TPMS_SENSITIVE_CREATE 对象，第 1 个参数为用户密码数组。

（7）调用 tpm 实例的 CreatePrimary 方法创建 Key 对象，命令响应结果存储至 primary 变量。

（8）调用 primary.handle 获取指向新创建的 Key 对象的 HANDLE，存储至 handle 变量。

（9）调用 handle.SetAuth 方法，进行 Password 授权。

（10）调用 tpm 实例的 StartAuthSession 方法创建 Session 对象。

（11）调用 PolicyTree 对象的 Execute 方法重新计算 Policy 摘要，指定 admin-branch 分支。

（12）调用 tpm 实例的 Duplicate 方法，第 1 个参数为指向 Key 对象的 HANDLE；第 2 个参数为 TPM_RH_NULL；第 3 个参数与第 4 个参数均为 null，不对导出的私钥进行额外加密。命令响应结果存储至 duplicatedResp 变量。

（13）调用 duplicatedResp 结构的 duplicate.buffer 属性获取包含 p 因子的数据，存储至 buffer 数组。

（14）截取 buffer 数组中的后 128 字节，存储至 privateKey 数组。

（15）调用 primary.outPublic 属性获取 TPMT_PUBLIC 模板，存储至 pub 变量。

（16）调用 pub.unique 属性获取指向 TPM2B_PUBLIC_KEY_RSA 对象的指针，存储至 pubKey 变量。TPM2B_PUBLIC_KEY_RSA 对象封装了公钥数据。

（17）调用 pubKey 指针的 buffer 属性并转换为 BigInt 类型，存储至 modulus 变量。

（18）调用 pub.parameters 属性获取指向 TPMS_RSA_PARMS 对象的指针，存储至 params 变量。TPMS_RSA_PARMS 对象封装了 RSA 算法的参数。

（19）调用 params 指针的 exponent 属性并转换为 BigInt 类型，存储至 exponent 变量。

（20）将 privateKey 数组转换为 BigInt 类型，求得 p，存储至 bp 变量。

（21）根据 RSA 私钥公式 $q=n/p$，用 modulus 变量除以 bp 变量，求得 q，存储至 bq

变量。

(22) 创建 RSA_PrivateKey 对象，传入 p、q、e 因子，即 bp、bq、exponent 变量。RSA 算法中的其他因子会被自动计算。

(23) 调用 Botan::PKCS8::PEM_encode 方法编码 RSA_PrivateKey 对象。

(24) 将编码后的字符串写入 private.pem 文件。

程序运行结果如图 13-3 所示。

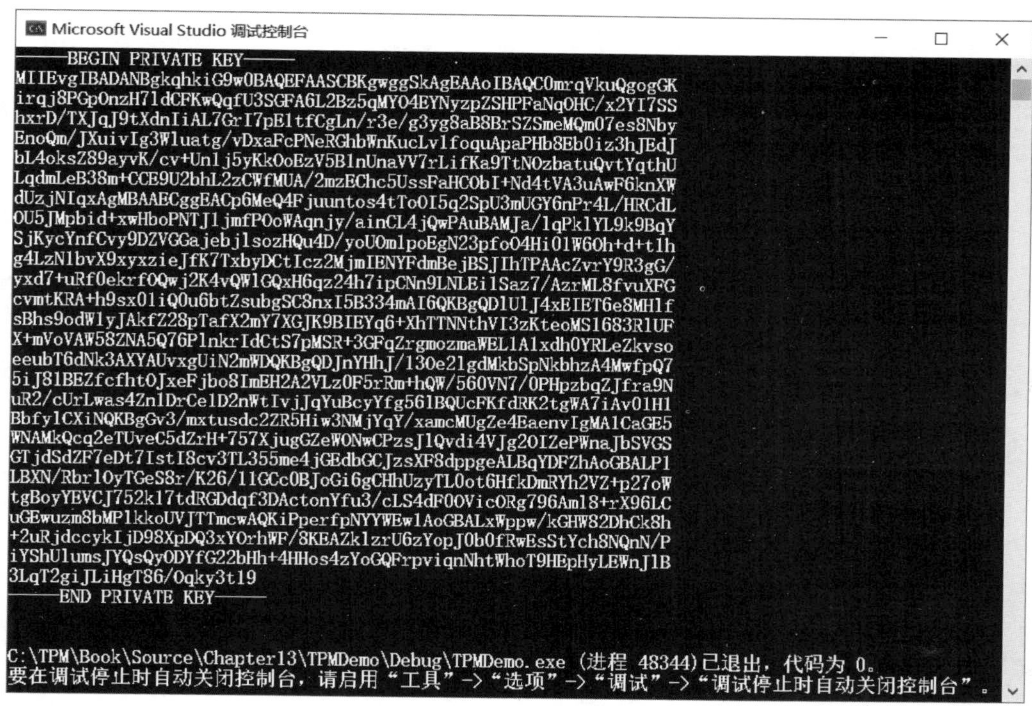

图 13-3 使用 C++导出私钥

使用 C# 导出私钥的过程见代码 13-2。

代码 13-2 使用 C# 导出私钥

```
using System;
using System.IO;
using System.Text;
using System.Security.Cryptography;
using Tpm2Lib;
using CSharp_easy_RSA_PEM;
namespace TPMDemoNET
{
    class Program
    {
        private static TpmAlgId hashAlg = TpmAlgId.Sha1;

        static void Main(string[] args)
        {
            // 连接 TPM,略
```

```
        // 定义存储分层密码
        string ownerpwd = "E(H + MbQe";
        byte[] ownerAuth = Encoding.ASCII.GetBytes(ownerpwd);
        // 定义 Key 对象密码
        string cpwd = "password";
        byte[] useAuth = Encoding.ASCII.GetBytes(cpwd);
        // 在访问存储分层之前,需要进行 Password 授权
        tpm.OwnerAuth.AuthVal = ownerAuth;

        TpmHandle handle = null;
        string pem = Export(tpm, useAuth, ref handle);

        // 输出私钥数据
        Console.WriteLine(pem);
    }

    private static string Export(
        Tpm2 tpm, byte[] useAuth, ref TpmHandle handle)
    {
        // 定义 Policy
        PolicyTree p = new PolicyTree(hashAlg);
        p.Create(new PolicyAce[]
        {
            new TpmPolicyAuthValue(),
            new TpmPolicyCommand(TpmCc.Duplicate),
            "admin - branch"
        });
        // 计算 Policy 摘要
        TpmHash policyDigest = p.GetPolicyDigest();
        // 定义 Key 模板
        var temp = new TpmPublic(hashAlg,
            ObjectAttr.Decrypt |
            ObjectAttr.AdminWithPolicy | ObjectAttr.SensitiveDataOrigin,
            policyDigest,
            new RsaParms(new SymDefObject(), new SchemeOaep(hashAlg),
                    2048, 65537),
            new Tpm2bPublicKeyRsa());
        // 用密码保护 Key 对象
        SensitiveCreate sensCreate = new SensitiveCreate(useAuth, null);
        // 创建 Key 对象
        TpmPublic keyPublic;
        CreationData creationData;
        TkCreation creationTicket;
        byte[] creationHash;
        handle = tpm.CreatePrimary(TpmRh.Owner, sensCreate, temp, null, null,
                                out keyPublic, out creationData,
                                out creationHash, out creationTicket);
        // 进行 Password 授权
        handle.SetAuth(useAuth);
        // 创建 Session 对象
        AuthSession sess = tpm.StartAuthSessionEx(TpmSe.Policy, hashAlg);
        sess.RunPolicy(tpm, p, "admin - branch");
        // 导出私钥
        TpmPrivate duplicate;
        byte[] seed;
        tpm[sess].Duplicate (handle, TpmRh.Null, null, new SymDefObject(),
                        out duplicate, out seed);
```

```
            byte[] buffer = duplicate.buffer;
            byte[] privateKey = new byte[128];
            Array.Copy(buffer, buffer.Length - 128, privateKey, 0, 128);
            // 计算 n, e, p, q, d, dp, dq, qInv 因子
            Tpm2bPublicKeyRsa pubKey = keyPublic.unique as Tpm2bPublicKeyRsa;
            byte[] modulus = pubKey.buffer;
            BigInteger big_n = new BigInteger(modulus);
            RsaParms parms = keyPublic.parameters as RsaParms;
            byte[] exponent = new BigInteger(
                parms.exponent.ToString(), 10).getBytes();
            BigInteger big_e = new BigInteger(exponent);
            byte[] bp = privateKey;
            BigInteger big_p = new BigInteger(bp);
            BigInteger big_q = (big_n / big_p);
            byte[] bq = big_q.getBytes();
            BigInteger big_m =
                 (big_p - new BigInteger(1)) * (big_q - new BigInteger(1));
            BigInteger big_d = big_e.modInverse(big_m);
            byte[] bd = big_d.getBytes();
            BigInteger big_dp = big_d % (big_p - new BigInteger(1));
            BigInteger big_dq = big_d % (big_q - new BigInteger(1));
            byte[] bdp = big_dp.getBytes();
            byte[] bdq = big_dq.getBytes();
            BigInteger qInv = big_q.modInverse(big_p);
            byte[] bqInv = qInv.getBytes();
            // 重构私钥对象并编码为 PEM 格式
            RSACryptoServiceProvider rsa = new RSACryptoServiceProvider();
            RSAParameters keyInfo = new RSAParameters()
            {
                Modulus = modulus,
                Exponent = exponent,
                P = bp,
                Q = bq,
                D = bd,
                DP = bdp,
                DQ = bdq,
                InverseQ = bqInv
            };
            rsa.ImportParameters(keyInfo);
            string pem = Crypto.ExportPrivateKeyToPKCS8PEM(rsa);
            // 存储至硬盘
            string filePath = string.Format ("{0}\\..\\..\\{1}",
                                             Directory.GetCurrentDirectory(),
                                             "private.pem");
            File.WriteAllText(filePath, pem);
            tpm.FlushContext(sess);
            return pem;
        }
    }
}
```

代码 13-2 的 Main 方法详细解释如下：

(1) 定义名称为 ownerAuth 的字节数组，存储分层密码。

(2) 定义名称为 useAuth 的字节数组，存储用户密码。

（3）对存储分层进行 Password 授权。

（4）定义名称为 handle 的变量，用于接收 Key 对象的 HANDLE。

（5）调用 Export 方法。

（6）输出私钥 PEM 数据。

代码 13-2 的 Export 方法详细解释如下：

（1）创建 PolicyTree 对象。

（2）调用 PolicyTree 对象的 Create 方法，传入 PolicyAce 数组，其中包含两个表达式对象以及 tag。TpmPolicyCommand 类型的表达式对象限定用户只能调用名称为 Duplicate 的方法；PolicyAuthValue 类型的表达式对象表示用户需要 Password 授权。

（3）调用 GetPolicyDigest 方法计算 Policy 摘要。

（4）定义 Key 模板，参数与第 10 章定义的参数基本相同，只是第 2 个参数新增了 ObjectAttr. AdminWithPolicy，表示有关 Key 对象的管理行为必须使用 Policy 授权。

（5）使用密码保护 Key 对象，创建 SensitiveCreate 对象，第 1 个参数为用户密码数组。

（6）调用 tpm 实例的 CreatePrimary 方法创建 Key 对象，此方法返回指向新创建的 Key 对象的 HANDLE，将其存储至 handle 变量。

（7）调用 handle. SetAuth 方法，进行 Password 授权。

（8）调用 tpm 实例的 StartAuthSessionEx 方法创建 Session 对象。

（9）调用 Session 对象的 RunPolicy 方法重新计算 Policy 摘要，指定 admin-branch 分支。

（10）调用 tpm 实例的 Duplicate 方法，第 1 个参数为指向 Key 对象的 HANDLE；第 2 个参数为 TpmRh. Null；第 3 个参数与第 4 个参数分别为 null、默认的 SymDefObject 对象，表示不对导出的私钥进行额外加密；第 5 个参数为 TpmPrivate 类型的输出参数，其封装了导出的私钥数据；第 6 个参数将在第 17 章介绍。

（11）调用 TpmPrivate 对象的 buffer 属性获取包含 p 因子的数据，存储至 buffer 数组。

（12）截取 buffer 数组中的后 128 字节，存储至 privateKey 数组。

（13）调用 keyPublic. unique 属性获取 Tpm2bPublicKeyRsa 对象，存储至 pubKey 变量。Tpm2bPublicKeyRsa 对象封装了公钥数据。

（14）调用 pubKey. buffer 属性获取 modulus 数组。

（15）将 modulus 数组转换为 BigInteger 类型，求得 n，存储至 big_n 变量。

（16）调用 keyPublic. parameters 属性获取 RsaParms 对象，存储至 params 变量。RsaParms 对象封装了 RSA 算法的参数。

（17）调用 params. exponent 属性并转换为 BigInteger 类型，再转换为字节数组，存储至 exponent 数组。

（18）将 exponent 数组转换为 BigInteger 类型，求得 e，存储至 big_e 变量。

（19）将 privateKey 数组重命名为 bp 数组。

（20）将 bp 数组转换为 BigInteger 类型，求得 p，存储至 big_p 变量。

（21）根据 RSA 私钥公式 $q = n/p$，用 big_n 变量除以 big_p 变量，求得 q，存储至 big_q 变量。

（22）将 big_q 变量转换为字节数组，存储至 bq 数组。

(23) RSA 算法中的 d 因子表示私有指数,在计算 d 因子之前,需要根据如下公式计算中间数值 m,存储至 big_m 变量。

$$m = (p-1) \times (q-1)$$

其中,p 为 RSA 算法中的 p 因子,即 big_p 变量;q 为 RSA 算法中的 q 因子,即 big_q 变量;m 为计算结果。

(24) 调用 big_e. modInverse 方法,传入 big_m 变量,求得 d,存储至 big_d 变量。

(25) 将 big_d 变量转换为字节数组,存储至 bd 数组。

(26) 根据如下公式计算 dp 与 dq 因子,分别存储至 big_dp、big_dq 变量。

$$dp = d \% (p-1)$$

$$dq = d \% (q-1)$$

其中,d 为 RSA 算法中的 d 因子,即步骤(24)求得的 big_d 变量;p 为 RSA 算法中的 p 因子,即 big_p 变量;q 为 RSA 算法中的 q 因子,即 big_q 变量。

(27) 将 big_dp 与 big_dq 变量转换为字节数组,分别存储至 bdp、bdq 数组。

(28) 调用 big_q. modInverse 方法,传入 big_p 变量,计算结果存储至 qInv 变量。

(29) 将 qInv 变量转换为字节数组,存储至 bqInv 数组。

(30) 创建 RSACryptoServiceProvider 对象,存储至 rsa 变量。

(31) 创建 RSAParameters 对象,分别为 Modules、Exponent、P、Q、D、DP、DQ、InverseQ 属性传入对应的 modulus、exponent、bp、bq、bd、bdp、bdq、bqInv 数组。

(32) 调用 rsa. ImportParameters 方法,传入 RSAParameters 对象。

(33) 调用 Crypto. ExportPrivateKeyToPKCS8PEM 方法编码 rsa 对象。

(34) 将编码后的字符串写入 private. pem 文件。

程序运行结果如图 13-4 所示。

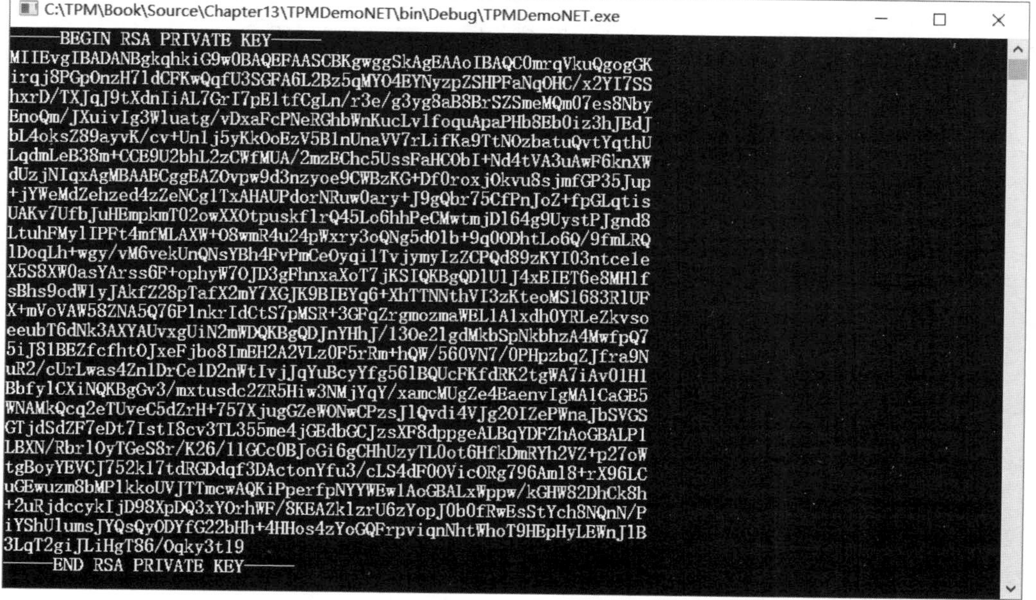

图 13-4 使用 C# 导出私钥

13.3.2 加密消息

定义并实现名称为 Encrypt 的方法，使用公钥加密一段明文消息，并以 base64 格式编码。

使用 C++加密消息的过程见代码 13-3。

代码 13-3 使用 C++加密消息

```
string Encrypt(Tpm2 tpm, ByteVec& data, TPM_HANDLE& handle)
{
    // 使用公钥加密消息
    ByteVec encrypted =
        tpm.RSA_Encrypt(handle, data, TPMS_NULL_ASYM_SCHEME(), null);
    // 编码消息
    string encoded = base64_encode(encrypted.data(), encrypted.size());
    return encoded;
}
```

代码 13-3 的详细解释如下：

(1) 调用 tpm 实例的 RSA_Encrypt 方法，第 1 个参数为指向 Key 对象的 HANDLE；第 2 个参数为 data 数组，即需要加密的数据；第 3 个参数为 TPMS_NULL_ASYM_SCHEME 对象；第 4 个参数为 null。加密结果存储至 encrypted 数组。

(2) 调用 base64_encode 方法编码 encrypted 数组。

使用 C# 加密消息的过程见代码 13-4。

代码 13-4 使用 C# 加密消息

```
private static string Encrypt(Tpm2 tpm, byte[] data, TpmHandle handle)
{
    // 使用公钥加密消息
    byte[] encrypted = tpm.RsaEncrypt(handle, data, new NullAsymScheme(), null);
    // 编码消息
    string encoded = Convert.ToBase64String(encrypted);
    return encoded;
}
```

代码 13-4 的详细解释如下：

(1) 调用 tpm 实例的 RsaEncrypt 方法，第 1 个参数为指向 Key 对象的 HANDLE；第 2 个参数为 data 数组，即需要加密的数据；第 3 个参数为 NullAsymScheme 对象；第 4 个参数为 null。加密结果存储至 encrypted 数组。

(2) 调用 Convert.ToBase64String 方法编码 encrypted 数组。

13.3.3 发送消息

定义并实现名称为 Send2Network 的方法，它负责与接收方(IP 地址为 192.168.0.15)建立 TCP 连接，然后发送编码后的消息。

使用 C++发送消息的过程见代码 13-5。

代码 13-5 使用 C++发送消息

```
#pragma comment(lib,"WS2_32.lib")
const char* address = "192.168.0.15";
const int port = 8001;

TPM_ALG_ID hashAlg = TPM_ALG_ID::SHA1;

int main()
{
    // 略(见代码 13-1 中定义密码以及进行分层 Password 授权的部分)

    // 定义明文消息
    const char* cstr = "Doge barking at the moon";
    ByteVec data(cstr, cstr + strlen(cstr));
    // 调用 13.3.1 节实现的 Export 方法,导出私钥
    TPM_HANDLE handle;
    string pem = Export(tpm, useAuth, handle);
    // 输出私钥数据
    std::cout << pem << endl;
    // 调用 13.3.2 节实现的 Encrypt 方法,加密消息
    string encoded = Encrypt(tpm, data, handle);
    // 输出原始消息与加密消息
    std::cout <<
        "Data: " << data << endl <<
        "Encrypted: " << encoded << endl;
    // 发送编码消息
    if (Send2Network(encoded) == 1)
        std::cout << "Msg sent successfully." << endl;
}

int Send2Network(string& msg)
{
    WSADATA wsd;
    SOCKET client;
    SOCKADDR_IN addrSrv;
    if (WSAStartup(MAKEWORD(2, 2), &wsd) != 0) return 0;
    client = socket(AF_INET, SOCK_STREAM, 0);
    if (INVALID_SOCKET == client) return 0;
    addrSrv.sin_addr.S_un.S_addr = inet_addr(address);
    addrSrv.sin_family = AF_INET;
    addrSrv.sin_port = htons(port);
    if (SOCKET_ERROR == connect(client, (SOCKADDR*)&addrSrv, sizeof(addrSrv)))
        return 0;
    // 发送消息
    const char* cmsg = msg.c_str();
    send(client, cmsg, strlen(cmsg), 0);
    closesocket(client);
    WSACleanup();
    return 1;
}
```

代码 13-5 的详细解释如下：

(1) 定义名称为 Send2Network 的方法。
(2) 在 Send2Network 方法中创建客户端 Socket 对象,指定服务端的 IP 地址与端口。
(3) 调用 connect 方法建立 Socket 连接。
(4) 调用 send 方法发送编码消息。
(5) 在 main 方法中定义明文消息,并增加对 Encrypt 与 Send2Network 方法的调用。
(6) 在 main 方法中输出原始消息与加密消息。

使用 C# 发送消息的过程见代码 13-6。

代码 13-6　使用 C# 发送消息

```
// 新增以下引用
using System.Net;
using System.Net.Sockets;
namespace TPMDemoNET
{
    class Program
    {
        private const string address = "192.168.0.15";
        private const int port = 8001;

        private static TpmAlgId hashAlg = TpmAlgId.Sha1;

        static void Main(string[] args)
        {
            // 略(见代码 13-2 中定义密码以及进行分层 Password 授权的部分)

            // 定义明文消息
            string cstr = "Doge barking at the moon";
            byte[] data = Encoding.ASCII.GetBytes(cstr);
            // 调用 13.3.1 节实现的 Export 方法,导出私钥
            TpmHandle handle = null;
            string pem = Export(tpm, useAuth, ref handle);
            // 输出私钥数据
            std::cout << pem << endl;
            // 调用 13.3.2 节实现的 Encrypt 方法,加密消息
            string encoded = Encrypt(tpm, data, handle);
            // 输出原始消息与加密消息
            string dataHex = BitConverter.ToString(data).Replace("-", "").ToLower();
            Console.WriteLine("Data: " + dataHex);
            Console.WriteLine("Encrypted: " + encoded);
            // 发送编码消息
            if (Send2Network(encoded))
                Console.WriteLine("Msg sent successfully.");
        }

        private static bool Send2Network(string msg)
        {
            Socket client = new Socket(AddressFamily.InterNetwork,
                                    SocketType.Stream, ProtocolType.Tcp);
            IPAddress ipAddr = IPAddress.Parse(address);
            IPEndPoint endpoint = new IPEndPoint(ipAddr, port);
            client.Connect(endpoint);
```

```
                // 发送消息
                byte[] data = Encoding.ASCII.GetBytes(msg);
                client.Send(data);
                client.Close();
                return true;
            }
        }
    }
```

代码 13-6 的详细解释如下：

(1) 引入 System. Net 与 System. Net. Sockets 名称空间。

(2) 定义名称为 Send2Network 的方法。

(3) 在 Send2Network 方法中创建客户端 Socket 对象，指定服务端的 IP 地址与端口。

(4) 调用 client. Connect 方法建立 Socket 连接。

(5) 调用 client. Send 方法发送编码消息。

(6) 在 Main 方法中定义明文消息，并增加对 Encrypt 与 Send2Network 方法的调用。

(7) 在 Main 方法中输出原始消息与加密消息。

13.3.4 接收消息

在接收方(IP 地址为 192.168.0.15)计算机上，使用 Rust 语言编写用于接收消息的代码。

接收消息的过程见代码 13-7。

代码 13-7 接收消息

```
use std::net::{TcpStream, TcpListener, Shutdown};
use std::io::{Read, Write};
use std::fs;
use openssl::rsa::{Rsa, Padding};

#[tokio::main]
async fn main() -> Result<(), Box<dyn std::error::Error>> {
    let listener = TcpListener::bind("192.168.0.15:8001").unwrap();
    for stream in listener.incoming() {
        let stream = stream.unwrap();
        handle_client(stream);
    }
    drop(listener);
    Ok(())
}

fn handle_client(mut stream: TcpStream) {
    let mut buffer = [0; 512];
    while match stream.read(&mut buffer) {
        Ok(size) => {
            if size > 0 {
                let msg = String::from_utf8_lossy(&buffer[0..size]).to_string();
                // 输出收到的消息
                println!("Received msg: {}", msg);
```

```
                // 解密消息(待 13.3.5 节实现)
                decrypt_msg(msg);
                true
            }
            else {
                println!("No msg read, quit.");
                false
            }
        },
        Err(_) => {
            println!("An error occurred, terminating connection.");
            stream.shutdown(Shutdown::Both).unwrap();
            false
        }
    } {}
}
```

代码 13-7 的详细解释如下：

(1) 引入 OpenSSL RSA 算法相关模块。

(2) 在 main 方法中创建 TCP 侦听器，侦听来自客户端的连接请求。

(3) 收到客户端连接请求后，将 TcpStream 传入 handle_client 方法。

(4) handle_client 方法读取 TcpStream，存储至 buffer 缓冲区。

(5) 将 buffer 数组转换为字符串，即发送方发来的消息，存储至 msg 变量。

(6) 调用 decrypt_msg 方法，传入 msg 变量(decrypt_msg 方法将在 13.3.5 节实现)。

13.3.5 解密消息

将 13.3.1 节发送方导出的 private.pem 私钥文件复制到接收方应用程序的主目录中。与此同时，应当删除(在生产环境中应当粉碎)发送方应用程序目录中的 private.pem 文件。

定义并实现名称为 decrypt_msg 的方法，导入私钥并解密消息。需要注意的是，decrypt_msg 方法以纯软件方式进行 RSA 解密运算，没有使用 TSS API。

解密消息的过程见代码 13-8。

代码 13-8 解密消息

```
fn decrypt_msg(msg: String) {
    // 读入 PEM 私钥文件数据
    let private_key = fs::read_to_string("private.pem")
        .expect("Unable to read file");
    let data = base64::decode(msg).unwrap();
    // 使用私钥解密消息
    let rsa = Rsa::private_key_from_pem(private_key.as_bytes()).unwrap();
    let mut buffer: Vec<u8> = vec![0; rsa.size() as usize];
    let _ = rsa.private_decryp(&data, &mut buffer, Padding::PKCS1_OAEP).unwrap();
    let s = match str::from_utf8(&buffer) {
        Ok(v) => v,
        Err(e) => panic!("Invalid UTF-8 sequence: {}", e),
    };
    // 输出解密消息
```

```
    println!("Decrypted msg: {}\r\n", s);
}
```

代码 13-8 的详细解释如下：

(1) 读入 PEM 私钥文件的数据。

(2) 调用 base64::decode 方法解码消息。

(3) 使用私钥解密消息。

(4) 输出解密后的消息。

13.3.6 测试程序

13.3.1 节示例创建了 Key 对象并导出私钥；13.3.5 节示例将私钥导入接收方。13.3.1 节示例与 13.3.5 节示例共同完成如下私钥交换流程：

(1) 发送方应用程序导出私钥，即 private.pem 文件。

(2) private.pem 私钥文件被导入接收方应用程序的主目录中。

现在测试发送方与接收方应用程序的加密通信过程。

编译接收方程序(服务端)，在项目的主目录执行命令 cargo build 编译项目，然后执行命令 cargo run 运行程序，程序运行后将处于等待连接状态。

运行发送方程序(客户端)，程序运行后，通过如图 13-5 所示的控制台窗口看到消息以明文形式(Data)与加密形式(Encrypted)输出，然后被发送至网络中(Msg sent successfully)。此外，控制台窗口还输出了私钥数据，这是 Export 方法的输出结果。从安全角度考虑，建议在导出完成后注释 Export 方法中有关导出私钥的部分，以防止其重复输出敏感数据。

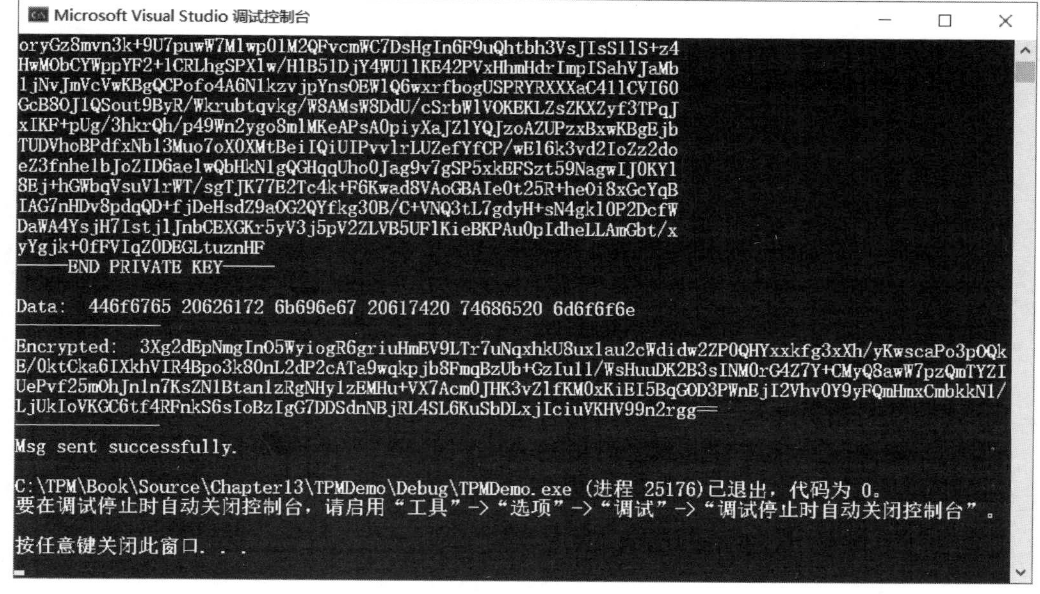

图 13-5 运行发送方程序

查看接收方程序的控制台窗口，如图 13-6 所示，可以看到收到一条密文消息(Received msg)，并成功解密出对应的明文消息(Decrypted msg)。

```
vincent@ubuntu: ~/TPM
vincent@ubuntu:~/TPM$ cargo run
    Finished dev [unoptimized + debuginfo] target(s) in 0.06s
     Running `target/debug/demo`
Received msg: 3Xg2dEpNmgInO5WyiogR6griuHmEV9LTr7uNqxhkU8ux1au2cWdidw2ZP0QHYxxkfg3xXh/yKw
scaPo3pOQkE/0ktCka6IXkhVIR4Bpo3k80nL2dP2cATa9wqkpjb8FmqBzUb+GzIu11/WsHuuDK2B3sINM0rG4Z7Y
+CMyQ8awW7pzQmTYZIUePvf25mOhJn1n7KsZN1Btan1zRgNHy1zEMHu+VX7Acm0JHK3vZlfKM0xKiEI5BqGOD3PW
nEjI2Vhv0Y9yFQmHmxCmbkkN1/LjUkIoVKGC6tf4RFnkS6sIoBzIgG7DDSdnNBjRL4SL6KuSbDLxjIciuVKHV99n
2rgg==

Decrypted msg: Doge barking at the moon

No msg read, quit.
```

图 13-6 查看接收方程序

13.4 本章小结

TSS API 提供的 Duplicate 方法只能导出 RSA 私钥中的 p 因子，因此需要开发者手工重构完整的私钥数据。这种“欲言又止”的设计理念让人困惑，也对使用者造成了不便。好在能够根据 RSA 算法的数学公式自行拼凑出用于构建私钥的其他因子，如 q、d、dp、dq、qInv，然后借助 Botan 库或 CSharp-easy-RSA-PEM 库即可重构完整的私钥对象，并以 PEM 格式进行编码。

虽然手工计算私钥的过程十分曲折，尤其是 C# 语言比 C++ 语言需要更多的计算过程，但这正是编程的乐趣所在。如果任何事情都能简单地用 Ctrl+C 组合键与 Ctrl+V 组合键解决，那么本书也就没有存在的价值了。

第14章

非对称密钥私钥导入

有些时候，企业中的应用系统可能已经在使用 HSM 设备、HSM 云服务或 OpenSSL 组件，并基于这些设备或服务创建了非对称 Key，但是出于某些原因（例如系统架构师认为 OpenSSL 组件漏洞频发不够安全），希望将非对称 Key 迁移至 TPM 进行存储与管理。对于这种场景，就需要进一步研究如何将第三方生成的私钥导入 TPM 内存。

本章将基于私钥导入场景模拟 TCP/IP 网络中两个应用系统的加密通信过程，即接收方应用系统基于 C++或 C＃语言编写，使用 TSS API 导入私钥、解密消息；发送方应用系统基于 Rust 语言编写，使用公钥加密消息。

14.1 架构设计

为了模拟基于私钥导入场景的异构网络安全应用环境，定义以下角色：

（1）Key 生成方：生成非对称 Key 并以 PEM 格式编码。为了简化流程，使用在线工具代替。

（2）接收方：接收与解密消息。接收方是需要关注的重点，因为它使用 TSS API 导入私钥，并使用私钥进行解密运算。

（3）发送方：加密与编码消息，发送至接收方。为了与接收方进行区分，使用 Rust 语言编写，并使用公钥进行加密运算。

Key 生成方、接收方、发送方的架构设计如图 14-1 所示。

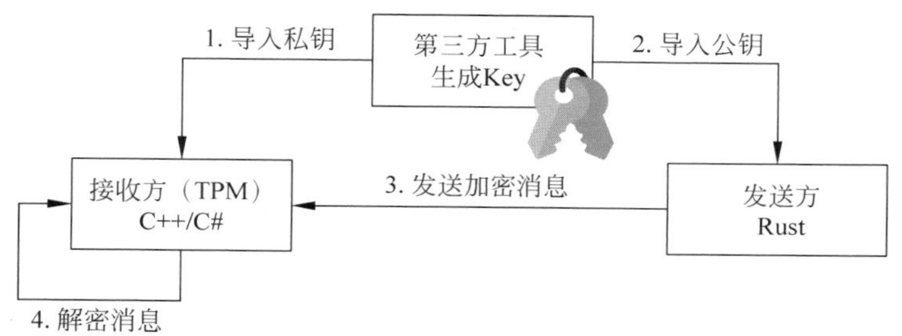

图 14-1　模拟架构设计

Key 初始化过程简述如下：

(1) Key 生成方生成非对称 Key。

(2) 以 PEM 格式编码私钥与公钥，分别分发给接收方与发送方应用系统管理员。

(3) 接收方导入私钥。

(4) 发送方导入公钥。

网络通信过程简述如下：

(1) 发送方使用导入的公钥加密消息。

(2) 发送方将消息发送至网络。

(3) 接收方接收消息，使用导入的私钥解密消息。

14.2 导入私钥

导入私钥的过程首先需要借助 Botan 库或 CSharp-easy-RSA-PEM 库解码 PEM 格式数据，然后计算 modulus 与 p 因子(分别表示公钥数据与私钥数据)，最后调用 TSS API 提供的 LoadExternal 方法将它们导入 TPM 内存。

导入私钥的过程有两个地方需要注意：一是在导入私钥时，必须连同公钥一起导入，而不能只导入私钥；二是在导入私钥之前，需要根据所使用的语言，解码 PEM 格式数据并转换为相应的 PKCS 格式。

公钥密码标准(Public Key Cryptography Standards，PKCS)是一组由 RSA 信息安全公司于 1990 年发布的有关公钥的密码学标准，包括证书申请、证书更新、证书吊销、数字签名、数字信封等一系列的相关协议。RSA 信息安全公司为了推广 RSA 技术的应用，不断发展与完善 PKCS，其中常用 PKCS 如下：

(1) PKCS#1：定义了 RSA 算法的数理基础、公钥与私钥格式、加密与解密流程、签名与验证签名流程。PKCS#1 主要用于 RSA 公钥与私钥的存储。

(2) PKCS#8：定义了加密的私钥存储标准，支持明文或密文私钥的存储以及明文公钥的存储。PKCS#8 比 PKCS#1 更具通用性，不再局限于 RSA 算法，因此也支持存储其他算法类型的密钥对信息，如 DSA、ECDSA 算法等。

(3) PKCS#12：定义了个人身份信息，包括私钥、证书、各种密钥与扩展字段的格式。PKCS#12 标准提供了更强的私钥安全保护机制，有助于证书与私钥的安全传输。

综上所述，为了导入私钥，需要做的工作如下：

(1) Key 生成方生成非对称 Key，将私钥存储为 PEM 格式的文件。

(2) 根据使用的语言转换私钥格式：C++ 开发者需要将 PEM 格式转换为 PKCS#8 标准；C# 开发者需要将 PEM 格式转换为 PKCS#1 标准。

(3) 读入 PEM 文件。

(4) 使用 Botan 库或 CSharp-easy-RSA-PEM 库解码 PEM 信息。

(5) 计算 RSA 算法中的 modulus 与 p 因子。

(6) 定义 Key 模板并提供表示公钥的 modulus 因子。

(7) 创建 TPMS_SENSITIVE 对象，设置密码并载入表示私钥的 p 因子。

(8) 调用 LoadExternal 方法同时导入公钥与私钥。

（9）获取指向 Key 对象的 HANDLE。

14.3 完整应用示例

本节示例演示使用 TSS API 将私钥导入接收方的 TPM，并使用私钥解密来自发送方的消息的实现过程。接收方示例程序基于 C++与 C#语言编写，其中最需要关注的是导入私钥的具体步骤。

系统的整体运行流程如下：

（1）Key 生成方生成 RSA Key。

（2）根据使用的语言，将私钥转换为相应的 PKCS。

（3）接收方导入私钥。

（4）发送方导入公钥。

（5）接收方与发送方建立 Socket 连接，请求消息。

（6）发送方使用公钥加密消息。

（7）发送方发送消息。

（8）接收方接收消息。

（9）接收方使用私钥解密消息。

14.3.1 生成 Key

使用在线工具生成 RSA Key，如图 14-2 所示，在 Key Size 右侧的下拉列表框中选择 2048 bit 选项，单击 Generate New Keys 按钮，即可分别在 Private Key 与 Public Key 文本框中看到新生成的私钥（PKCS#1 格式）与公钥（X.509 格式）。如果对生成结果不满意，再次单击 Generate New Keys 按钮可以重新生成 Key。

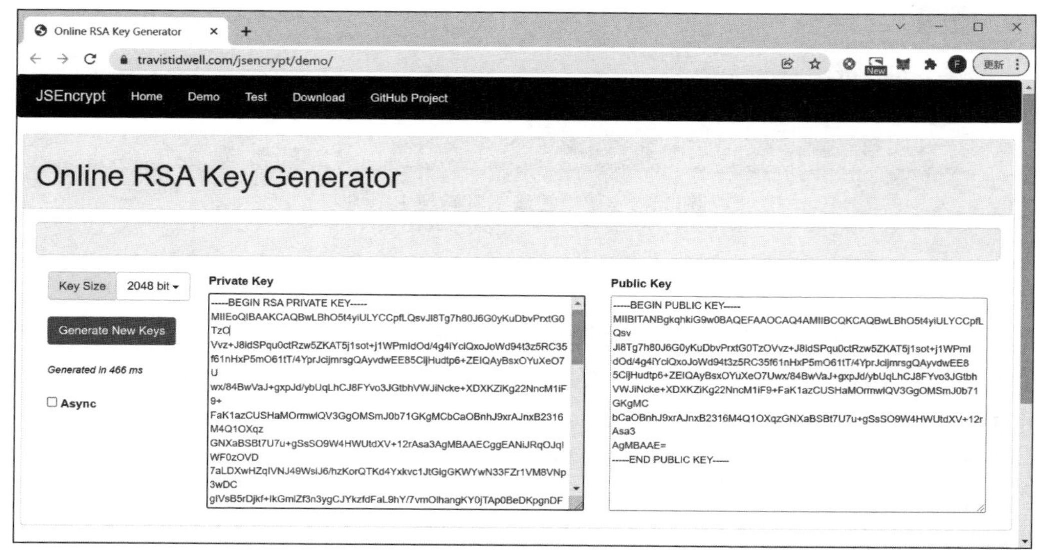

图 14-2 使用在线工具生成 RSA Key

将生成的私钥与公钥字符串分别保存为 private. pem 与 pub. pem 文件，然后以安全的方式交给对应的应用系统管理员。本节出于演示目的，将 private. pem 文件直接复制到接收方应用程序的目录中；将 pub. pem 文件复制到发送方应用程序的目录中。

14.3.2 转换 Key

由于 Botan 库不支持 PKCS＃1 的解析，因此需要将 private. pem 私钥文件转换为 PKCS＃8。

使用在线转换工具可以在不同的 PKCS 之间进行转换，如图 14-3 所示，在工具窗口的文本框中粘贴 private. pem 私钥文件的内容，单击 Convert 按钮，即可在工具窗口下方看到转换后的私钥字符串，将其复制并替换 private. pem 文件中的内容。

如果正在使用 C＃语言的 API，则忽略本节。

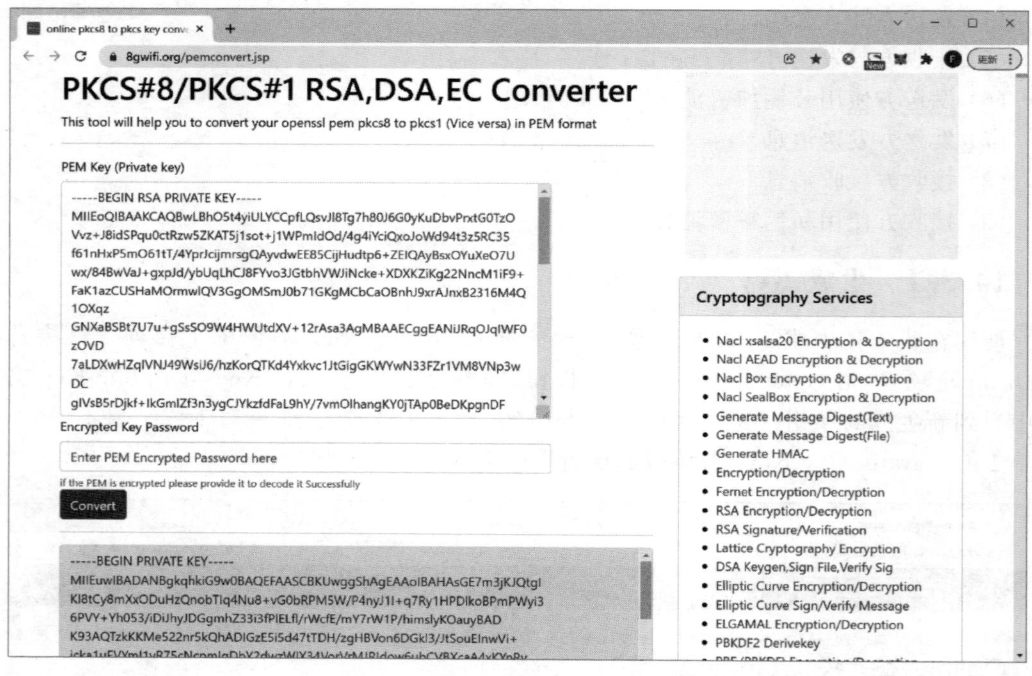

图 14-3　使用在线工具转换 PKCS

14.3.3 导入私钥

将 private. pem 私钥文件复制到接收方应用程序的主目录中。

读入私钥文件并解码，然后分别计算 modulus 与 p 因子，最后调用 LoadExternal 方法将其导入 TPM 的 NULL 分层，并绑定 Policy 摘要以保护私钥的安全。

使用 C++导入私钥的过程见代码 14-1，其中的关键点如下。

首先调用 Botan 库的 base64_decode 方法对 PEM 文件进行解码，提取出字节数组。然后调用 Botan 库的 PKCS8::load_key 方法（注意，不是 X509::load_key 方法）导入字节数组，获取指向 Private_Key 对象的指针，根据该指针，就可以重构 RSA_PublicKey 与 RSA_PrivateKey 对象。最后调用 RSA_PublicKey 对象的 get_n 方法获取 modulus 因子，调用

RSA_PrivateKey 对象的 get_p 方法获取 p 因子。

有了 modulus 与 p 因子之后，在定义 Key 模板时提供 modulus 因子，在创建 TPMT_SENSITIVE 对象时提供 p 因子。

代码 14-1　使用 C++导入私钥

```
#include <iostream>
#include <fstream>
#include <botan/rsa.h>
#include <botan/bigint.h>
#include <botan/pkcs8.h>
#include <botan/pem.h>
#include <botan/base64.h>
#include <regex>
#include "base64.h"
#include "Tpm2.h"
using namespace TpmCpp;
#define null { }

TPM_ALG_ID hashAlg = TPM_ALG_ID::SHA1;

int main()
{
    // 连接 TPM,略

    // 定义 Key 对象密码
    const char * cpwd = "password";
    ByteVec useAuth(cpwd, cpwd + strlen(cpwd));

    TPM_HANDLE handle;
    Import(tpm, useAuth, handle);
}

void Import(Tpm2 tpm, ByteVec& useAuth, TPM_HANDLE& handle)
{
    // 读入 PEM 私钥文件数据
    std::ifstream inFile("private.pem");
    string pem(
        (std::istreambuf_iterator<char>(inFile)),
        (std::istreambuf_iterator<char>()));
    pem = std::regex_replace(pem, std::regex("-----BEGIN PRIVATE KEY-----"), "");
    pem = std::regex_replace(pem, std::regex("-----END PRIVATE KEY-----"), "");
    // 计算 modulus 与 p 因子
    Botan::SecureVector<uint8_t> keyBytes = Botan::base64_decode(pem);
    std::vector<uint8_t> keyBytesU8(keyBytes.begin(), keyBytes.end());
    Botan::DataSource_Memory dataSource(keyBytesU8);
    std::unique_ptr<Botan::Private_Key> priKey =
        Botan::PKCS8::load_key(dataSource);
    Botan::RSA_PublicKey rsaPubKey(
        priKey->algorithm_identifier(), priKey->public_key_bits());
    Botan::RSA_PrivateKey rsaPriKey(
        priKey->algorithm_identifier(), priKey->private_key_bits());
    Botan::BigInt modulus = rsaPubKey.get_n();
```

```
    int size = modulus.bytes();
    ByteVec bufferPub(size);
    modulus.binary_encode(bufferPub.data(), bufferPub.size());
    Botan::BigInt bp = rsaPriKey.get_p();
    size = bp.bytes();
    ByteVec buffer(size);
    bp.binary_encode(buffer.data(), buffer.size());
    // 定义 Policy
    PolicyAuthValue policyAuthValue;
    PolicyTree p(policyAuthValue);
    // 计算 Policy 摘要
    TPM_HASH policyDigest = p.GetPolicyDigest(hashAlg);
    // 定义 Key 模板
    TPMT_PUBLIC temp(hashAlg,
        TPMA_OBJECT::decrypt | TPMA_OBJECT::sensitiveDataOrigin,
        policyDigest,
        TPMS_RSA_PARMS(null, TPMS_SCHEME_OAEP(hashAlg), 2048, 65537),
        TPM2B_PUBLIC_KEY_RSA(bufferPub));
    // 导入 Key 对象
    TPMT_SENSITIVE sens(useAuth, null, TPM2B_PRIVATE_KEY_RSA(buffer));
    handle = tpm.LoadExternal(sens, temp, TPM_RH_NULL);
}
```

代码 14-1 的 main 方法详细解释如下：

(1) 定义名称为 useAuth 的字节数组，存储用户密码。

(2) 定义名称为 handle 的变量，用于接收 Key 对象的 HANDLE。

(3) 调用 Import 方法。

代码 14-1 的 Import 方法详细解释如下：

(1) 使用 ifstream 对象读入 PKCS＃8 标准的 private.pem 私钥文件的数据，存储至 pem 变量。

(2) 去除 pem 字符串中的头部与尾部信息。

(3) 调用 Botan::base64_decode 方法解码 pem 字符串，存储至 keyBytes 数组。

(4) 将 keyBytes 数组转换为 vector<uint8_t>类型，存储至 keyBytesU8 数组。

(5) 调用 Botan::PKCS8::load_key 方法，传入 keyBytesU8 数组，获取指向 Private_Key 对象的指针，存储至 priKey 变量。

(6) 通过调用 priKey 指针的 algorithm_identifier 方法，获取算法标识符；通过调用 priKey 指针的 public_key_bits 方法，获取公钥数组。根据算法标识符与公钥数组，创建表示公钥的 RSA_PublicKey 对象，存储至 rsaPubKey 变量。

(7) 通过调用 priKey 指针的 private_key_bits 方法，获取私钥数组。根据算法标识符与私钥数组，创建表示私钥的 RSA_PrivateKey 对象，存储至 rsaPriKey 变量。

(8) 调用 rsaPubKey 对象的 get_n 方法获取 BigInt 类型的 modulus 因子。

(9) 将 modulus 因子转换为 ByteVec 类型，存储至 bufferPub 数组。

(10) 调用 rsaPriKey 对象的 get_p 方法获取 BigInt 类型的 p 因子。

(11) 将 p 因子转换为 ByteVec 类型，存储至 buffer 数组。

(12) 定义 PolicyAuthValue 类型的表达式对象，表示用户需要 Password 授权。

（13）创建 PolicyTree 对象，将步骤（12）定义的表达式对象作为其参数。

（14）调用 GetPolicyDigest 方法计算 Policy 摘要。

（15）定义 Key 模板，前 4 个参数与第 10 章定义的参数完全相同；第 5 个参数为公钥数据，创建 TPM2B_PUBLIC_KEY_RSA 对象并载入 bufferPub 数组。

（16）创建 TPMS_SENSITIVE 对象，第 1 个参数为用户密码数组；第 2 个参数为 null，不使用 seed 进行额外混淆；第 3 个参数为需要导入的私钥数据，创建 TPM2B_PRIVATE_KEY_RSA 对象并载入 buffer 数组。

（17）调用 tpm 实例的 LoadExternal 方法导入 Key 对象，第 1 个参数为 TPMT_SENSITIVE 对象；第 2 个参数为 TPMT_PUBLIC 模板；第 3 个参数为 TPM_RH_NULL。此方法返回指向导入的 Key 对象的 HANDLE，将其存储至 handle 变量。

使用 C# 导入私钥的过程见代码 14-2，其中的关键点如下。

首先调用 CSharp-easy-RSA-PEM 库的 DecodeRsaPrivateKey 方法对 PEM 文件进行解码，获取 RSACryptoServiceProvider 对象。然后调用 ExportParameters 方法导出 RSAParameters 对象，并连同私钥数据一起导出。最后调用 RSAParameters 对象的 Modulus 属性获取 modulus 因子，调用 P 属性获取 p 因子。

有了 modulus 与 p 因子之后，在定义 Key 模板时提供 modulus 因子，在创建 Sensitive 对象时提供 p 因子。

代码 14-2 使用 C# 导入私钥

```
using System;
using System.IO;
using System.Text;
using System.Security.Cryptography;
using Tpm2Lib;
using CSharp_easy_RSA_PEM;
namespace TPMDemoNET
{
    class Program
    {
        private static TpmAlgId hashAlg = TpmAlgId.Sha1;

        static void Main(string[] args)
        {
            // 连接 TPM，略

            // 定义 Key 对象密码
            string cpwd = "password";
            byte[] useAuth = Encoding.ASCII.GetBytes(cpwd);

            TpmHandle handle = null;
            Import(tpm, useAuth, ref handle);
        }

        private static void Import(
            Tpm2 tpm, byte[] useAuth, ref TpmHandle handle)
        {
            // 读入 PEM 私钥文件数据
```

```
            string inFile = string.Format("{0}\\..\\..\\{1}",
                                        Directory.GetCurrentDirectory(),
                                        "private.pem");
            string pem = File.ReadAllText(inFile);
            // 计算 modulus 与 p 因子
            RSACryptoServiceProvider rsa = Crypto.DecodeRsaPrivateKey(pem);
            RSAParameters keyInfo = rsa.ExportParameters(true);
            byte[] modulus = keyInfo.Modulus;
            byte[] bp = keyInfo.P;
            // 定义 Policy
            PolicyTree p = new PolicyTree(hashAlg);
            p.Create(new PolicyAce[]
            {
                new TpmPolicyAuthValue()
            });
            // 计算 Policy 摘要
            TpmHash policyDigest = p.GetPolicyDigest();
            // 定义 Key 模板
            var temp = new TpmPublic(hashAlg,
                ObjectAttr.Decrypt | ObjectAttr.SensitiveDataOrigin,
                policyDigest,
                new RsaParms(new SymDefObject(), new SchemeOaep(hashAlg),
                        2048, 65537),
                new Tpm2bPublicKeyRsa(modulus));
            // 导入 Key 对象
            Sensitive sens =
                new Sensitive(useAuth, null, new Tpm2bPrivateKeyRsa(bp));
            handle = tpm.LoadExternal(sens, temp, TpmRh.Null);
        }
    }
}
```

代码 14-2 的 Main 方法详细解释如下：

（1）定义名称为 useAuth 的字节数组，存储用户密码。

（2）定义名称为 handle 的变量，用于接收 Key 对象的 HANDLE。

（3）调用 Import 方法。

代码 14-2 的 Import 方法详细解释如下：

（1）调用 File.ReadAllText 方法读入 PKCS#1 标准的 private.pem 私钥文件的数据，存储至 pem 变量。

（2）调用 Crypto.DecodeRsaPrivateKey 方法解码 pem 字符串，获取 RSACryptoServiceProvider 对象，存储至 rsa 变量。

（3）调用 rsa.ExportParameters 方法并将 includePrivateParameters 参数设置为 true，获取包含私钥数据的 RSAParameters 对象，存储至 keyInfo 变量。

（4）调用 keyInfo.Modulus 属性获取 modulus 数组。

（5）调用 keyInfo.P 属性获取 p 因子，存储至 bp 数组。

（6）创建 PolicyTree 对象。

（7）调用 PolicyTree 对象的 Create 方法，传入 PolicyAce 数组，其中仅包含 TpmPolicyAuthValue 类型的表达式对象，表示用户需要 Password 授权。

(8) 调用 GetPolicyDigest 方法计算 Policy 摘要。

(9) 定义 Key 模板，前 4 个参数与第 10 章定义的参数完全相同；第 5 个参数为公钥数据，创建 Tpm2bPublicKeyRsa 对象并载入 modulus 数组。

(10) 创建 Sensitive 对象，第 1 个参数为用户密码数组；第 2 个参数为 null，不使用 seed 进行额外混淆；第 3 个参数为需要导入的私钥数据，创建 Tpm2bPrivateKeyRsa 对象并载入 bp 数组。

(11) 调用 tpm 实例的 LoadExternal 方法导入 Key 对象，第 1 个参数为 Sensitive 对象；第 2 个参数为 TpmPublic 模板；第 3 个参数为 TpmRh. Null。此方法返回指向导入的 Key 对象的 HANDLE，将其存储至 handle 变量。

14.3.4 解密消息

定义并实现名称为 Decrypt 的方法，解密消息。在使用 Key 对象的私钥之前，必须进行 Policy 授权。

使用 C++解密消息的过程见代码 14-3。

代码 14-3 使用 C++解密消息

```
ByteVec Decrypt(Tpm2 tpm, ByteVec& useAuth, string encoded, TPM_HANDLE& handle)
{
    // 解码消息
    ByteVec encrypted = base64_decode(encoded);
    // 定义 Policy
    PolicyAuthValue policyAuthValue;
    PolicyTree p(policyAuthValue);
    // 进行 Password 授权
    handle.SetAuth(useAuth);
    // 创建 Session 对象
    AUTH_SESSION sess = tpm.StartAuthSession(TPM_SE::POLICY, hashAlg);
    p.Execute(tpm, sess);
    // 使用私钥解密消息
    ByteVec decrypted =
        tpm[sess].RSA_Decrypt(handle, encrypted, TPMS_NULL_ASYM_SCHEME(), null);
    tpm.FlushContext(sess);
    return decrypted;
}
```

代码 14-3 的详细解释如下：

(1) 调用 base64_decode 方法解码 encoded 字符串。

(2) 进行基于密码的 Policy 授权。

(3) 调用 tpm 实例的 RSA_Decrypt 方法，第 1 个参数为指向 Key 对象的 HANDLE；第 2 个参数为需要解密的数据；第 3 个参数为 TPMS_NULL_ASYM_SCHEME 对象；第 4 个参数为 null。解密结果存储至 decrypted 数组。

(4) 调用 tpm 实例的 FlushContext 方法清理 Session 对象。

使用 C# 解密消息的过程见代码 14-4。

代码 14-4　使用 C#解密消息

```
private static byte[ ] Decrypt(
    Tpm2 tpm, byte[ ] useAuth, string encoded, TpmHandle handle)
{
    // 解码消息
    byte[ ] encrypted = Convert.FromBase64String(encoded);
    // 定义 Policy
    PolicyTree p = new PolicyTree(hashAlg);
    p.Create(new PolicyAce[ ]
    {
        new TpmPolicyAuthValue()
    });
    // 进行 Password 授权
    handle.SetAuth(useAuth);
    // 创建 Session 对象
    AuthSession sess = tpm.StartAuthSessionEx(TpmSe.Policy, hashAlg);
    sess.RunPolicy(tpm, p);
    // 使用私钥解密消息
    byte[ ] decrypted =
        tpm[sess].RsaDecrypt(handle, encrypted, new NullAsymScheme(), null);
    tpm.FlushContext(sess);
    return decrypted;
}
```

代码 14-4 的详细解释如下：

(1) 调用 Convert.FromBase64String 方法解码 encoded 字符串。

(2) 进行基于密码的 Policy 授权。

(3) 调用 tpm 实例的 RsaDecrypt 方法，第 1 个参数为指向 Key 对象的 HANDLE；第 2 个参数为需要解密的数据；第 3 个参数为 NullAsymScheme 对象；第 4 个参数为 null。解密结果存储至 decrypted 数组。

(4) 调用 tpm 实例的 FlushContext 方法清理 Session 对象。

14.3.5 接收消息

定义并实现名称为 RequestMsg 的方法，它负责与发送方(IP 地址为 192.168.0.15)建立 TCP 连接，然后请求并接收经过编码的消息。

使用 C++接收消息的过程见代码 14-5。

代码 14-5　使用 C++接收消息

```
#pragma comment(lib,"WS2_32.lib")
const char * address = "192.168.0.15";
const int port = 8001;
const int buffer_size = 512;

TPM_ALG_ID hashAlg = TPM_ALG_ID::SHA1;

int main()
{
```

```
    // 连接 TPM,略

    // 定义 Key 对象密码
    const char * cpwd = "password";
    ByteVec useAuth(cpwd, cpwd + strlen(cpwd));
    // 调用 14.3.3 节实现的 Import 方法,导入私钥
    TPM_HANDLE handle;
    Import(tpm, useAuth, handle);
    // 接收编码消息
    char buffer[buffer_size] = { 0 };
    if (RequestMsg("ping", buffer) == 1)
        std::cout << "Msg received: " << buffer << endl;
    // 调用 14.3.4 节实现的 Decrypt 方法,解密消息
    ByteVec decrypted = Decrypt(tpm, useAuth, buffer, handle);
    // 输出解密消息
    char str[buffer_size] = { 0 };
    int i = 0;
    for (unsigned char& c : decrypted)
    {
        str[i] = static_cast<char>(c);
        ++i;
    }
    std::cout << "Decrypted: " << str << endl;
}

int RequestMsg(string msg, char * buffer)
{
    WSADATA wsd;
    SOCKET client;
    SOCKADDR_IN addrSrv;
    if (WSAStartup(MAKEWORD(2, 2), &wsd) != 0) return 0;
    client = socket(AF_INET, SOCK_STREAM, 0);
    if (INVALID_SOCKET == client) return 0;
    addrSrv.sin_addr.S_un.S_addr = inet_addr(address);
    addrSrv.sin_family = AF_INET;
    addrSrv.sin_port = htons(port);
    if (SOCKET_ERROR == connect(client, (SOCKADDR * )&addrSrv, sizeof(addrSrv)))
        return 0;
    // 发送消息
    const char * cmsg = msg.c_str();
    send(client, cmsg, strlen(cmsg), 0);
    // 接收消息
    recv(client, buffer, buffer_size, 0);
    closesocket(client);
    WSACleanup();
    return 1;
}
```

代码 14-5 的详细解释如下：

(1) 定义名称为 RequestMsg 的方法。

(2) 在 RequestMsg 方法中创建客户端 Socket 对象，指定服务端的 IP 地址与端口。

(3) 调用 connect 方法建立 Socket 连接。

(4) 调用 send 方法发送 ping 消息。

(5) 调用 recv 方法接收编码消息。

(6) 在 main 方法中增加对 RequestMsg 与 Decrypt 方法的调用。

(7) 在 main 方法中输出解密消息。

使用 C# 接收消息的过程见代码 14-6。

代码 14-6　使用 C# 接收消息

```
// 新增以下引用
using System.Net;
using System.Net.Sockets;
namespace TPMDemoNET
{
    class Program
    {
        private const string address = "192.168.0.15";
        private const int port = 8001;
        private const int buffer_size = 512;

        private static TpmAlgId hashAlg = TpmAlgId.Sha1;

        static void Main(string[] args)
        {
            // 连接 TPM,略

            // 定义 Key 对象密码
            string cpwd = "password";
            byte[] useAuth = Encoding.ASCII.GetBytes(cpwd);
            // 调用 14.3.3 节实现的 Import 方法,导入私钥
            TpmHandle handle = null;
            Import(tpm, useAuth, ref handle);
            // 接收编码消息
            byte[] buffer = new byte[buffer_size];
            string encoded = null;
            if (RequestMsg("ping", buffer))
            {
                encoded = Encoding.ASCII.GetString(
                    buffer.Where(x => x != 0).ToArray());
                Console.WriteLine("Msg received: " + encoded);
            }
            // 调用 14.3.4 节实现的 Decrypt 方法,解密消息
            byte[] decrypted = Decrypt(tpm, useAuth, encoded, handle);
            // 输出解密消息
            string str = Encoding.ASCII.GetString(decrypted);
            Console.WriteLine("Decrypted: " + str);
        }

        private static bool RequestMsg(string msg, byte[] buffer)
        {
            Socket client = new Socket (AddressFamily.InterNetwork,
                                SocketType.Stream, ProtocolType.Tcp);
            IPAddress ipAddr = IPAddress.Parse(address);
            IPEndPoint endpoint = new IPEndPoint(ipAddr, port);
```

```
                client.Connect(endpoint);
                // 发送消息
                byte[] data = Encoding.ASCII.GetBytes(msg);
                client.Send(data);
                // 接收消息
                client.Receive(buffer);
                client.Close();
                return true;
            }
        }
    }
```

代码 14-6 的详细解释如下：

(1) 引入 System.Net 与 System.Net.Sockets 名称空间。

(2) 定义名称为 RequestMsg 的方法。

(3) 在 RequestMsg 方法中创建客户端 Socket 对象，指定服务端的 IP 地址与端口。

(4) 调用 client.Connect 方法建立 Socket 连接。

(5) 调用 client.Send 方法发送 ping 消息。

(6) 调用 client.Receive 方法接收编码消息。

(7) 在 Main 方法中增加对 RequestMsg 与 Decrypt 方法的调用。

(8) 在 Main 方法中输出解密消息。

14.3.6 加密消息

在发送方(IP 地址为 192.168.0.15)计算机上，使用 Rust 语言编写用于加密与发送消息的代码。

将 14.3.1 节生成的 pub.pem 公钥文件复制到应用程序的主目录中，定义并实现名称为 encrypt_msg 的方法，导入公钥并加密消息。需要注意的是，encrypt_msg 方法以纯软件方式进行 RSA 加密运算，没有使用 TSS API。

加密消息的过程见代码 14-7。

代码 14-7 加密消息

```
fn encrypt_msg() -> String {
    // 读入 PEM 公钥文件数据
    let pub_key = fs::read_to_string("pub.pem").expect("Unable to read file");
    // 定义明文消息
    let data = "Doge barking at the moon";
    // 使用公钥加密消息
    let rsa = Rsa::public_key_from_pem(pub_key.as_bytes()).unwrap();
    let mut buffer: Vec<u8> = vec![0; rsa.size() as usize];
    let _ = rsa.public_encrypt(
        data.as_bytes(), &mut buffer, Padding::PKCS1_OAEP).unwrap();
    base64::encode(&buffer)
}
```

代码 14-7 的详细解释如下：

(1) 读入 PEM 公钥文件的数据。

(2) 使用公钥加密消息。

(3) 调用 base64::encode 方法编码消息。

14.3.7 发送消息

下面实现用于发送消息的代码。

发送消息的过程见代码 14-8。

代码 14-8 发送消息

```
use std::net::{TcpStream, TcpListener, Shutdown};
use std::io::{Read, Write};
use std::fs;
use openssl::rsa::{Rsa, Padding};

#[tokio::main]
async fn main() -> Result<(), Box<dyn std::error::Error>> {
    let listener = TcpListener::bind("192.168.0.15:8001").unwrap();
    for stream in listener.incoming() {
        let stream = stream.unwrap();
        handle_client(stream);
    }
    drop(listener);
    Ok(())
}

fn handle_client(mut stream: TcpStream) {
    let mut buffer = [0; 64];
    while match stream.read(&mut buffer) {
        Ok(size) => {
            if size > 0 {
                let msg = String::from_utf8_lossy(&buffer[0..size]).to_string();
                // 收到的 ping 消息仅用于测试连通性
                println!("Received msg: {}", msg);
                // 加密消息
                let encoded = encrypt_msg();
                stream.write(encoded.as_bytes()).unwrap();
                // 输出发送的消息
                println!("Sent msg: {}", encoded);
                true
            }
            else {
                println!("No msg read, quit.");
                false
            }
        },
        Err(_) => {
            println!("An error occurred, terminating connection.");
            stream.shutdown(Shutdown::Both).unwrap();
            false
        }
    } {}
}
```

代码 14-8 的详细解释如下：

（1）引入 OpenSSL RSA 算法相关模块。

（2）在 main 方法中创建 TCP 侦听器，侦听来自客户端的连接请求。

（3）收到客户端连接请求后，将 TcpStream 传入 handle_client 方法。

（4）handle_client 方法读取 TcpStream，存储至 buffer 缓冲区。

（5）将 buffer 数组转换为字符串，即 ping 消息。

（6）调用 encrypt_msg 方法加密消息，加密结果存储至 encoded 变量。

（7）将 encoded 变量转换为字节数组，写入 Socket 流。

14.3.8　测试程序

接收方与发送方应用程序都已经编写完成，并且 private. pem 文件与 pub. pem 文件已被分别导入接收方与发送方应用程序的主目录中，现在测试整体流程。

编译发送方程序（服务端），在项目的主目录执行命令 cargo build 编译项目，然后执行命令 cargo run 运行程序，程序运行后将处于等待连接状态。

运行接收方程序（客户端），程序运行后，通过如图 14-4 所示的控制台窗口看到收到一条密文消息（Msg received），并成功解密出对应的明文消息（Decrypted）。

图 14-4　运行接收方程序

查看发送方程序的控制台窗口，如图 14-5 所示，可以看到接收方发来的 ping 消息（Received msg）以及向接收方发送的密文消息（Sent msg）。

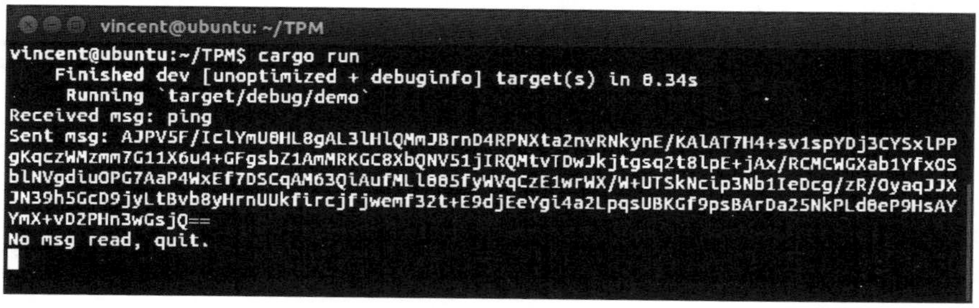

```
vincent@ubuntu: ~/TPM
vincent@ubuntu:~/TPM$ cargo run
    Finished dev [unoptimized + debuginfo] target(s) in 0.34s
     Running `target/debug/demo`
Received msg: ping
Sent msg: AJPV5F/IclYmU0HL8gAL3lHlQMmJBrnD4RPNXta2nvRNkynE/KAlAT7H4+sv1spYDj3CYSxlPP
gKqczWMzmm7G11X6u4+GFgsbZ1AmMRKGC8XbQNV51jIRQMtvTDwJkjtgsq2t8lpE+jAx/RCMCWGXab1YfxOS
blNVgdiuOPG7AaP4WxEf7DSCqAM63QiAufMLl005fyWVqCzE1wrWX/W+UTSkNcip3Nb1IeDcg/zR/OyaqJJX
JN39h5GcD9jyLtBvb8yHrnUUkfircjfjwemf32t+E9djEeYgi4a2LpqsUBKGf9psBArDa25NkPLd0eP9HsAY
YmX+vD2PHn3wGsjQ==
No msg read, quit.
```

图 14-5　查看发送方程序

14.4　本章小结

本章首先介绍了几种常见的 PKCS，如 PKCS＃1、PKCS＃8 以及 PKCS＃12。PKCS 定

义了公钥与私钥的存储格式，用于在不同的网络系统之间进行密钥交换。随后演示了使用LoadExternal方法将私钥导入TPM内存的具体实现过程，其中最关键的部分是计算私钥的p因子。

至此，已经完成了公钥导出、公钥导入、私钥导出及私钥导入这4种常见的非对称Key管理场景的介绍。

第15章

非对称密钥签名

非对称 Key 不仅用于加密数据与解密数据，还用于签名数据与验证签名。数字签名的过程与加密数据的过程恰好相反，即消息发送方使用私钥(注意，不是公钥)加密数据；消息接收方使用公钥(注意，不是私钥)解密数据。使用私钥加密数据的过程称为签名；使用公钥解密数据的过程称为验证签名，简称验签。数字签名实现了如下特性：

(1) 真实性与身份认证：只有拥有私钥的用户才能对消息进行签名，其他人无法伪造相同的签名，因此可以确定消息发送者的真实身份。

(2) 完整性：通过比对签名，确认消息在网络传输过程中是否被第三方非法篡改。

(3) 不可抵赖性：签名是发送者发出消息的强有力证据，发送消息的行为是发送者的真实意图，无法抵赖。

本章将介绍如何使用 TSS API 进行签名与验证签名，同时还将介绍 Primary Key 与 Child Key 的相关概念。

15.1 Primary Key 与 Child Key

在第 6～14 章的示例中，每当创建 Key 对象时，总是调用 CreatePrimary 方法，然而，创建 Key 对象的方法不止 CreatePrimary 这一种。TPM 允许在 Key 对象之间构建父子层级关系，通过 CreatePrimary 方法创建的 Key 对象位于 TPM 分层的上层，称为 Primary Key。Primary Key 对象自创建之时起即存在于 TPM 内存中。由于 TPM 内存容量的限制，Primary Key 对象可能随时被自动清理，但是只要其所属分层的 seed 未发生改变，依然可以重新生成完全相同的 Primary Key。

除了 Primary Key 外，TPM 还支持另一种类型的 Key，即 Child Key。如图 15-1 所示，Child Key 位于 Primary Key 的下层，并且 Child Key 的私钥被 Primary Key 进行了加密，以保证 Child Key 的存储安全性。

如果只是单独使用 Primary Key，即不打算基于 Primary Key 派生 Child Key，则 Primary Key 的功能将不会受到任何限制。在这种情况下，Primary Key 既可以是非对称 Key，也可以是对称 Key；既能用于加密，也能用于签名。

然而，如果打算基于 Primary Key 派生 Child Key，即将 Primary Key 作为 Child Key 的

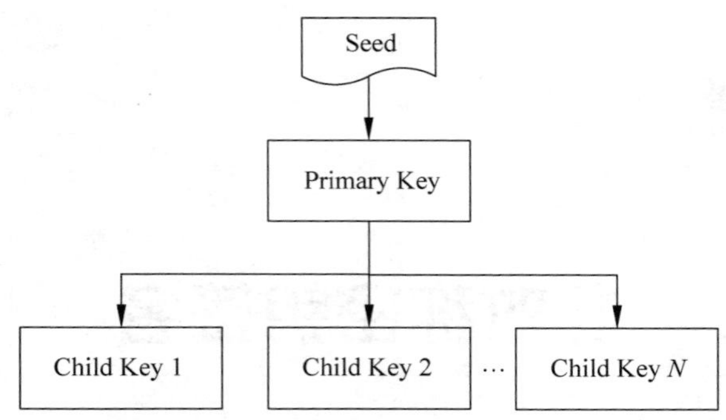

图 15-1 Key 的层级架构

父级对象，则对于 Primary Key 自身的属性有一些特殊要求。以 RSA Key 为例，如果将其用于派生 Child Key，则 RSA Key 自身必须满足以下条件：

(1) 必须是解密用途，不能是签名用途。

(2) 必须定义限制性属性(将在 15.1.2 节介绍)。

(3) 在定义 Key 模板时，必须同时提供对称 Key 算法(如 AES 算法)。

作为父级的 Primary Key 在功能上受到一些约束，不能像单独的 Primary Key 那样用于执行常规加密或签名任务。所谓"常规任务"指的是对于用户数据的操作，虽然作为父级的 Primary Key 支持加密与解密，但其执行的是针对 TPM 内部对象的特殊操作，而不能作用于用户数据。

此外，Child Key 与 Primary Key 有以下明显的不同之处：

(1) 层级不同：从图 15-1 可以明显地看出 Primary Key 位于 TPM 分层的上层；Child Key 位于某个 Primary Key 或其他 Child Key 之下。

(2) 存储位置不同：Primary Key 存储在 TPM 内存中；Child Key 存储在 TPM 外部，使用前需要将其导入 TPM 内存。

(3) 管理责任不同：Primary Key 由 TPM 负责管理；Child Key 由用户自行管理。

(4) 功能不同：Primary Key 主要用于包装 Child Key；Child Key 用于执行常规加密或签名任务。

15.1.1 Child Key 生命周期

使用 TSS API 创建 Child Key 对象的步骤与创建 Primary Key 对象的步骤有一些区别，创建 Child Key 对象需要调用 TSS API 提供的 Create 方法(注意，不是 CreatePrimary 方法)，并提供 Primary Key 对象的 HANDLE。当 Child Key 对象创建完成后，还不能直接使用，因为所创建的 Child Key 对象此时位于 TPM 外部，并不在 TPM 内存中。用户作为最终的管理责任人，可以选择将其存储至硬盘、计算机内存或其他网络位置而无须担心安全性，因为 Child Key 已经被 Primary Key 进行了加密，所以可以被安全地存储至任何位置。

当准备使用 Child Key 对象时，需要调用 TSS API 提供的 Load 方法将其导入 TPM 内存。在导入过程中，Primary Key 会自动解密 Child Key。

当 Child Key 对象使用完成后，建议调用 TSS API 提供的 FlushContext 方法进行清理，以释放有限的 TPM 内存空间。

Child Key 的生命周期如图 15-2 所示。

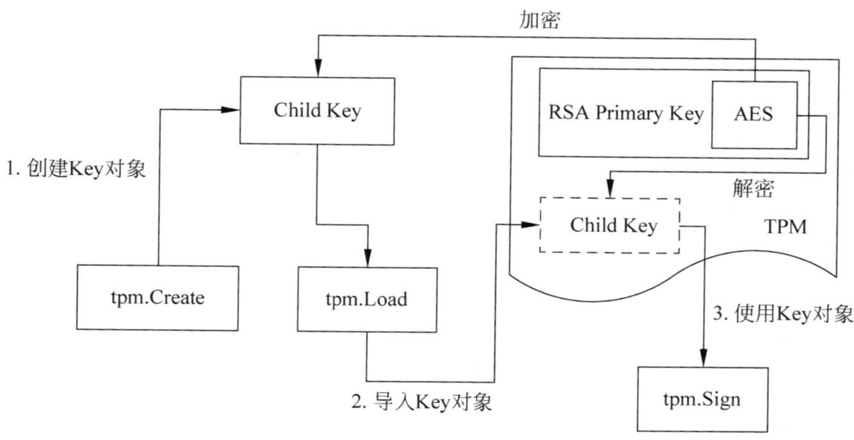

图 15-2 Child Key 的生命周期

创建及使用 Child Key 对象的过程简述如下：

(1) 定义 Primary Key 模板，并设置对称 Key 算法。

(2) 调用 CreatePrimary 方法创建 Primary Key 对象。

(3) 获取指向 Primary Key 对象的 HANDLE。

(4) 定义 Child Key 模板。

(5) 调用 Create 方法并提供 Primary Key 对象的 HANDLE，创建 Child Key 对象。

(6) 用户自行保存 Child Key 对象。

(7) 调用 Load 方法导入 Child Key 对象。

(8) 获取指向 Child Key 对象的 HANDLE。

(9) 使用 Child Key 对象的 HANDLE 对数据进行签名。

(10) 调用 FlushContext 方法清理 Child Key 对象。

Create 方法在 C++ 与 C# 语言中返回的数据类型有所不同，C++ 语言返回的是 CreateResponse 结构，其中 outPrivate 属性表示 Child Key 的私钥部分；C# 语言直接返回 TpmPrivate 对象，同样表示 Child Key 的私钥部分。Create 方法返回的私钥是被 Primary Key 加密后的格式，因此可以直接序列化存储，这也解释了为什么用于包装 Child Key 的 Primary Key 需要支持解密操作，并且需要提供对称 Key 算法。如果使用非对称 Key 直接加密 Child Key，那么每次导入 Child Key 所消耗的资源与时间，相比使用对称 Key 来说无疑是巨大的，使用对称 Key 加密 Child Key 则无须担心性能问题。

虽然需要使用对称 Key 对 Child Key 自身进行加密，但不是说父级 Primary Key 就必须是对称 Key。父级 Primary Key 通常是非对称 Key(如 RSA Key)，只是它具有同时携带对称 Key(如 AES Key)的特殊能力，这是通过在定义非对称 Key 模板时设置对称 Key 算法实现的。如果这点难以理解，可以回顾图 15-2，其中的 RSA Primary Key 对象包含了另一个 AES 子对象。

15.1.2 限制性解密 Key

限制性解密 Key 实际上是设置了 TPMA_OBJECT::decrypt 与 TPMA_OBJECT::

restricted属性（C＃称为ObjectAttr. Decrypt与ObjectAttr. Restricted）的Key对象。TPMA_OBJECT::decrypt表示Key对象的用途是解密；TPMA_OBJECT::restricted进一步限制了Key对象的作用域，即只能用于解密TPM内部数据结构，并拒绝向用户返回解密后的明文内容。只有限制性解密Key类型的Primary Key才能作为Child Key的父级对象。

15.1.3 可导出性定义

虽然TSS API提供的Duplicate方法用于导出Key，但不是每个Key对象都能被导出。Key对象的导出能力由TPMA_OBJECT::fixedTPM与TPMA_OBJECT::fixedParent属性（C＃称为ObjectAttr. FixedTPM与ObjectAttr. FixedParent）共同决定。不要被TPMA_OBJECT::fixedTPM的名称误导，从字面意思来看，它似乎表示的是将Key对象绑定至TPM容器，其实它表示的是将Key对象绑定至某个TPM分层；TPMA_OBJECT::fixedParent则很容易理解，表示将Key对象绑定至父级对象，其直接决定了能否成功调用Duplicate方法。

fixedTPM与fixedParent支持如下3种组合形式：

（1）fixedTPM与fixedParent均设置为true：在这种情况下，无法导出Key对象。

（2）fixedTPM设置为false，fixedParent设置为true：在这种情况下，虽然无法直接导出Key对象，但是可以通过导出父级对象的方式整体迁移Key对象组，从而间接地导出Key对象。

（3）fixedTPM设置为false，fixedParent设置为false：在这种情况下，允许自由导出Key对象。

15.2 使用非对称Key

RSA作为非对称算法的经典代表，不仅支持数据加密，也支持数字签名。对于数据加密过程，PKCS＃1标准定义了两种加密模式，即RSA-OAEP与RSAES，这两种加密模式都基于随机seed，每次加密过程都会生成不同的加密结果，在第10～14章的示例中使用的是OAEP加密模式，其安全性更高；对于数字签名过程，PKCS＃1标准也定义了两种签名模式，即概率签名模式（RSA Probabilistic Signature Scheme，RSA-PSS）与附录签名模式（RSA Signature Scheme with Appendix，RSA-SSA）。这两种签名模式的主要区别如下：

（1）RSA-PSS是随机的，每次签名过程都会生成不同的签名；RSA-SSA是确定的，每次签名过程都会生成相同的签名。

（2）RSA-PSS存在专利问题，直到2010年最后一项专利才过期，因此未被广泛采用；RSA-SSA自1990年至今已被广泛采用，有着更好的兼容性。

（3）虽然RSA-PSS理论上比RSA-SSA更安全，但是RSA-SSA也未被发现任何漏洞。

（4）从RSA-SSA签名中可以还原摘要，但是无法从RSA-PSS签名中还原摘要。

本书有关数字签名的示例均使用RSA-SSA算法。

15.2.1 创建Primary Key

虽然数字签名与Child Key之间没有必然的关联，但是为了介绍Child Key的使用方式，因此将 Child Key 与数字签名的相关知识进行整合，即通过创建并使用 Child Key 对象进行签名。在这之前，需要创建 Primary Key 对象，随后将其作为 Child Key 对象的父级对象。

本节示例创建 RSA Primary Key 对象，定义为限制性解密类型并禁止导出。

使用 C++创建 Primary Key 对象的过程见代码 15-1，其中的关键点如下：

（1）创建表示 AES 算法的 TPMT_SYM_DEF_OBJECT 对象，在其构造函数分别指定算法类型、Key 长度以及加密模式，存储至名称为 Aes128Cfb 的全局变量。

（2）objectAttributes 属性应当至少包含 TPMA_OBJECT::decrypt 与 TPMA_OBJECT::restricted，表示 Key 是限制性解密类型。此外，通过设置 TPMA_OBJECT::fixedParent 与 TPMA_OBJECT::fixedTPM 禁止导出 Key。

（3）对于 parameters 属性，创建表示 RSA 算法参数的 TPMS_RSA_PARMS 对象，需要注意的是其构造函数的前两个参数：第 1 个参数为 Aes128Cfb 对象，TPM 使用此参数加密 Child Key；第 2 个参数为 TPMS_NULL_ASYM_SCHEME 对象，这是限制性解密 Key 所要求的。

代码 15-1 使用 C++创建 Primary Key 对象

```
#include <iostream>
#include "base64.h"
#include "Tpm2.h"
using namespace TpmCpp;
#define null { }

TPM_ALG_ID hashAlg = TPM_ALG_ID::SHA1;
TPMT_SYM_DEF_OBJECT Aes128Cfb(TPM_ALG_ID::AES, 128, TPM_ALG_ID::CFB);

int main()
{
    // 连接 TPM,略

    // 定义存储分层密码
    const char* ownerpwd = "E(H+MbQe";
    ByteVec ownerAuth(ownerpwd, ownerpwd + strlen(ownerpwd));
    // 定义 Key 对象密码
    const char* cpwd = "password";
    ByteVec useAuth(cpwd, cpwd + strlen(cpwd));
    // 在访问存储分层之前,需要进行 Password 授权
    tpm._AdminOwner.SetAuth(ownerAuth);

    TPM_HANDLE handle;
    CreatePrimaryKey(tpm, useAuth, handle);
}

void CreatePrimaryKey(Tpm2 tpm, ByteVec& useAuth, TPM_HANDLE& handle)
{
    // 定义 Policy
    PolicyAuthValue policyAuthValue;
    PolicyTree p(policyAuthValue);
    // 计算 Policy 摘要
```

```
        TPM_HASH policyDigest = p.GetPolicyDigest(hashAlg);
        // 定义 Primary Key 模板
        TPMT_PUBLIC temp(hashAlg,
            TPMA_OBJECT::decrypt | TPMA_OBJECT::sensitiveDataOrigin |
            TPMA_OBJECT::fixedParent | TPMA_OBJECT::fixedTPM |
            TPMA_OBJECT::restricted,
            policyDigest,
            TPMS_RSA_PARMS(Aes128Cfb, TPMS_NULL_ASYM_SCHEME(), 2048, 65537),
            TPM2B_PUBLIC_KEY_RSA());
        // 使用密码保护 Primary Key 对象
        TPMS_SENSITIVE_CREATE sensCreate(useAuth, null);
        // 创建 Primary Key 对象
        CreatePrimaryResponse primary =
            tpm.CreatePrimary(TPM_RH::OWNER, sensCreate, temp, null, null);
        handle = primary.handle;
    }
```

代码 15-1 的 main 方法详细解释如下：

(1) 定义名称为 ownerAuth 的字节数组，存储分层密码。

(2) 定义名称为 useAuth 的字节数组，存储用户密码，用于保护 Primary Key 对象与 Child Key 对象。

(3) 对存储分层进行 Password 授权。

(4) 定义名称为 handle 的变量，用于接收 Primary Key 对象的 HANDLE。

(5) 调用 CreatePrimaryKey 方法。

代码 15-1 的 CreatePrimaryKey 方法详细解释如下：

(1) 定义 PolicyAuthValue 类型的表达式对象。

(2) 创建 PolicyTree 对象，将 PolicyAuthValue 表达式对象作为其参数。

(3) 调用 GetPolicyDigest 方法计算 Policy 摘要。

(4) 定义 Key 模板，第 1 个参数指定 TPM_ALG_ID::SHA1；第 2 个参数设置为 TPMA_OBJECT::decrypt | TPMA_OBJECT::sensitiveDataOrigin | TPMA_OBJECT::fixedParent | TPMA_OBJECT::fixedTPM | TPMA_OBJECT::restricted，表示 Key 是限制性解密类型并禁止导出；第 3 个参数为 Policy 摘要；第 4 个参数为 Key 对象的算法参数，创建表示 RSA 算法参数的 TPMS_RSA_PARMS 对象，在其构造函数分别传入 Aes128Cfb 对象、TPMS_NULL_ASYM_SCHEME 对象、RSA Key 长度以及公钥 exponent；第 5 个参数为 TPM2B_PUBLIC_KEY_RSA 对象。

(5) 创建 TPMS_SENSITIVE_CREATE 对象，用于保护 Primary Key 对象。

(6) 调用 tpm 实例的 CreatePrimary 方法创建 Primary Key 对象，命令响应结果存储至 primary 变量。

(7) 调用 primary.handle 获取指向新创建的 Primary Key 对象的 HANDLE，存储至 handle 变量。

使用 C# 创建 Primary Key 对象的过程见代码 15-2，其中的关键点如下：

(1) 创建表示 AES 算法的 SymDefObject 对象，在其构造函数分别指定算法类型、Key 长度以及加密模式，存储至名称为 Aes128Cfb 的静态变量。

(2) _objectAttributes 属性应当至少包含 ObjectAttr.Decrypt 与 ObjectAttr.Restricted,表示 Key 是限制性解密类型。此外,通过设置 ObjectAttr.FixedParent 与 ObjectAttr.FixedTPM 禁止导出 Key。

(3) 对于_parameters 属性,创建表示 RSA 算法参数的 RsaParms 对象,需要注意的是其构造函数的前两个参数:第 1 个参数为 Aes128Cfb 对象,TPM 使用此参数加密 Child Key;第 2 个参数为 null,这是限制性解密 Key 所要求的。

代码 15-2 使用 C# 创建 Primary Key 对象

```
using System;
using System.Linq;
using System.Text;
using System.Threading;
using Tpm2Lib;
namespace TPMDemoNET
{
    class Program
    {
        private static TpmAlgId hashAlg = TpmAlgId.Sha1;
        private static SymDefObject Aes128Cfb =
            new SymDefObject(TpmAlgId.Aes, 128, TpmAlgId.Cfb);

        static void Main(string[] args)
        {
            // 连接 TPM,略

            // 定义存储分层密码
            string ownerpwd = "E(H+MbQe";
            byte[] ownerAuth = Encoding.ASCII.GetBytes(ownerpwd);
            // 定义 Key 对象密码
            string cpwd = "password";
            byte[] useAuth = Encoding.ASCII.GetBytes(cpwd);
            // 在访问存储分层之前,需要进行 Password 授权
            tpm.OwnerAuth.AuthVal = ownerAuth;

            TpmHandle handle = null;
            CreatePrimaryKey(tpm, useAuth, ref handle);
        }

        private static byte[] CreatePrimaryKey(
            Tpm2 tpm, byte[] useAuth, ref TpmHandle handle)
        {
            // 定义 Policy
            PolicyTree p = new PolicyTree(hashAlg);
            p.Create(new PolicyAce[]
            {
                new TpmPolicyAuthValue()
            });
            // 计算 Policy 摘要
            TpmHash policyDigest = p.GetPolicyDigest();
            // 定义 Primary Key 模板
            var temp = new TpmPublic(hashAlg,
```

```
                ObjectAttr.Decrypt | ObjectAttr.SensitiveDataOrigin |
                ObjectAttr.FixedParent | ObjectAttr.FixedTPM |
                ObjectAttr.Restricted,
                policyDigest,
                new RsaParms(Aes128Cfb, null, 2048,65537),
                new Tpm2bPublicKeyRsa());
            // 使用密码保护 Primary Key 对象
            SensitiveCreate sensCreate = new SensitiveCreate(useAuth, null);
            // 创建 Primary Key 对象
            TpmPublic keyPublic;
            CreationData creationData;
            TkCreation creationTicket;
            byte[] creationHash;
            handle = tpm.CreatePrimary(TpmRh.Owner, sensCreate, temp, null, null,
                                    out keyPublic, out creationData,
                                    out creationHash, out creationTicket);
        }
    }
}
```

代码 15-2 的 Main 方法详细解释如下：

（1）定义名称为 ownerAuth 的字节数组，存储分层密码。

（2）定义名称为 useAuth 的字节数组，存储用户密码，用于保护 Primary Key 对象与 Child Key 对象。

（3）对存储分层进行 Password 授权。

（4）定义名称为 handle 的变量，用于接收 Primary Key 对象的 HANDLE。

（5）调用 CreatePrimaryKey 方法。

代码 15-2 的 CreatePrimaryKey 方法详细解释如下：

（1）创建 PolicyTree 对象。

（2）调用 PolicyTree 对象的 Create 方法，传入 PolicyAce 数组，其中仅包含 TpmPolicyAuthValue 类型的表达式对象。

（3）调用 GetPolicyDigest 方法计算 Policy 摘要。

（4）定义 Key 模板，第 1 个参数指定 TpmAlgId. Sha1；第 2 个参数设置为 ObjectAttr. Decrypt | ObjectAttr. SensitiveDataOrigin | ObjectAttr. FixedParent | ObjectAttr. FixedTPM | ObjectAttr. Restricted，表示 Key 是限制性解密类型并禁止导出；第 3 个参数为 Policy 摘要；第 4 个参数为 Key 对象的算法参数，创建表示 RSA 算法参数的 RsaParms 对象，在其构造函数分别传入 Aes128Cfb 对象、null、RSA Key 长度以及公钥 exponent；第 5 个参数为 Tpm2bPublicKeyRsa 对象。

（5）创建 SensitiveCreate 对象，用于保护 Primany Key 对象。

（6）调用 tpm 实例的 CreatePrimary 方法创建 Primary Key 对象，此方法返回指向新创建的 Primary Key 对象的 HANDLE，将其存储至 handle 变量。

15.2.2 创建 Child Key

创建签名类型的 RSA Child Key 对象，将 15.2.1 节示例创建的 Primary Key 对象作为其父级对象。由于 Primary Key 对象绑定了 Policy 摘要，因此在使用其 HANDLE 之前，需要进行 Policy 授权。

本节示例定义的 Policy 分为以下两部分：

(1) 为访问 Primary Key 对象而构建的 Policy 表达式。

(2) 为保护 Child Key 对象而构建的 Policy 表达式。

不仅可以为 Key 对象绑定基于密码的 Policy 摘要，还可以限定 Key 对象的存活周期，例如，自创建之时起 10s 后自动禁止访问。TPM 内部的安全时钟（与计算机 CMOS 时钟不同）可以用来计时，时钟只能向前走，不可逆转。对于 TPM 对象的生命周期限定，可以通过联合 PolicyCounterTimer 类型的表达式对象与 TPM 时钟来实现。

使用 C++创建 Child Key 对象的过程见代码 15-3。

代码 15-3 使用 C++创建 Child Key 对象

```
int main()
{
    // 略(见代码 15 - 1 中定义密码以及进行分层 Password 授权的部分)

    TPM_HANDLE handle;
    CreatePrimaryKey(tpm, useAuth, handle);

    TPM_HANDLE subHandle;
    UINT64 endTime;
    CreateChildKey(tpm, useAuth, handle, subHandle, endTime);
}

void CreateChildKey(Tpm2 tpm, ByteVec& useAuth,
    TPM_HANDLE& handle, TPM_HANDLE& subHandle, UINT64& endTime)
{
    // 定义用于访问 Primary Key 对象的 Policy
    PolicyAuthValue policyAuthValue;
    PolicyTree policyPrimary(policyAuthValue);
    // 进行 Password 授权
    handle.SetAuth(useAuth);
    // 创建 Session 对象
    AUTH_SESSION sess = tpm.StartAuthSession(TPM_SE::POLICY, hashAlg);
    policyPrimary.Execute(tpm, sess);
    // 定义用于保护 Child Key 对象的 Policy
    TPMS_TIME_INFO clock = tpm.ReadClock();
    UINT64 nowTime = clock.time;
    endTime = nowTime + 10 * 1000;
    PolicyCounterTimer policyTime(endTime, 0, TPM_EO::UNSIGNED_LT);
    PolicyTree p(policyAuthValue, policyTime);
    // 计算 Policy 摘要
    TPM_HASH policyDigest = p.GetPolicyDigest(hashAlg);
    // 定义 Child Key 模板
    TPMT_PUBLIC temp(hashAlg,
        TPMA_OBJECT::sign | TPMA_OBJECT::sensitiveDataOrigin |
        TPMA_OBJECT::fixedParent | TPMA_OBJECT::fixedTPM,
        policyDigest,
        TPMS_RSA_PARMS(null, TPMS_SCHEME_RSASSA(hashAlg), 2048, 65537),
        TPM2B_PUBLIC_KEY_RSA());
```

```
        // 使用密码保护 Child Key 对象
        TPMS_SENSITIVE_CREATE sensCreate(useAuth, null);
        // 创建 Child Key 对象
        CreateResponse signKey =
            tpm[sess].Create(handle, sensCreate, temp, null, null);
        policyPrimary.Execute(tpm, sess);
        // 导入 Child Key 对象
        subHandle = tpm[sess].Load(handle, signKey.outPrivate, signKey.outPublic);
        tpm.FlushContext(sess);
    }
```

代码 15-3 的 main 方法新增内容解释如下：

(1) 定义名称为 subHandle 的变量，用于接收 Child Key 对象的 HANDLE。

(2) 定义名称为 endTime 的变量，用于接收 Child Key 对象的终止时间戳。

(3) 调用 CreateChildKey 方法。

代码 15-3 的 CreateChildKey 方法详细解释如下：

(1) 定义 PolicyAuthValue 类型的表达式对象。

(2) 创建名称为 policyPrimary 的 PolicyTree 对象，将 PolicyAuthValue 表达式对象作为其参数。

(3) 调用 handle. SetAuth 方法，进行 Password 授权。

(4) 调用 tpm 实例的 StartAuthSession 方法创建 Session 对象。

(5) 调用 policyPrimary. Execute 方法计算 Policy 摘要。步骤(1)～(5)的目的是能够访问 Primary Key 对象。

(6) 调用 tpm 实例的 ReadClock 方法获取 TPM 时钟信息，存储至 clock 变量。

(7) 调用 clock. time 属性获取时钟的当前时间戳，增加 10s 后存储至 endTime 变量。

(8) 定义 PolicyCounterTimer 类型的表达式对象，限定命令的实际执行时间必须小于 endTime 变量。

(9) 创建名称为 p 的 PolicyTree 对象，组合 PolicyCounterTimer 与 PolicyAuthValue 表达式对象。

(10) 调用 p. GetPolicyDigest 方法计算 Policy 摘要。步骤(6)～(10)的目的是生成用于保护 Child Key 对象的 Policy 摘要。

(11) 定义 Child Key 模板，第 1 个参数指定 TPM_ALG_ID::SHA1；第 2 个参数设置为 TPMA_OBJECT::sign | TPMA_OBJECT::sensitiveDataOrigin | TPMA_OBJECT::fixedParent | TPMA_OBJECT::fixedTPM，表示 Key 是签名类型并禁止导出；第 3 个参数为时间限制型 Policy 摘要；第 4 个参数为 Key 对象的算法参数，创建表示 RSA-SSA 算法参数的 TPMS_RSA_PARMS 对象，在其构造函数分别传入 null、TPMS_SCHEME_RSASSA 对象、Key 长度以及公钥 exponent；第 5 个参数为 TPM2B_PUBLIC_KEY_RSA 对象。

(12) 创建 TPMS_SENSITIVE_CREATE 对象，用于保护 Child Key 对象。为了简化代码，设置与 Primary Key 对象相同的密码。

(13) 调用 tpm 实例的 Create 方法创建 Child Key 对象，第 1 个参数为指向 Primary

Key 对象的 HANDLE；第 2 个参数为 TPMS_SENSITIVE_CREATE 对象；第 3 个参数为 TPMT_PUBLIC 模板；其他参数均为 null。

（14）调用 policyPrimary. Execute 方法重新计算 Policy 摘要。

（15）调用 tpm 实例的 Load 方法导入 Child Key 对象，第 1 个参数为指向 Primary Key 对象的 HANDLE；第 2 个参数为 Child Key 对象的私钥；第 3 个参数为 Child Key 对象的 TPMT_PUBLIC 模板。此方法返回指向导入的 Child Key 对象的 HANDLE，将其存储至 subHandle 变量。

（16）调用 tpm 实例的 FlushContext 方法清理 Session 对象。

使用 C＃创建 Child Key 对象的过程见代码 15-4。

代码 15-4　使用 C＃创建 Child Key 对象

```
namespace TPMDemoNET
{
    class Program
    {
        private static TpmAlgId hashAlg = TpmAlgId.Sha1;
        private static SymDefObject Aes128Cfb =
            new SymDefObject(TpmAlgId.Aes, 128, TpmAlgId.Cfb);

        static void Main(string[] args)
        {
            // 略(见代码 15 - 2 中定义密码以及进行分层 Password 授权的部分)

            TpmHandle handle = null;
            CreatePrimaryKey(tpm, useAuth, ref handle);

            TpmHandle subHandle = null;
            ulong endTime = 0;
            CreateChildKey(tpm, useAuth, handle, ref subHandle, ref endTime);
        }

        private static void CreateChildKey(Tpm2 tpm, byte[] useAuth,
            TpmHandle handle, ref TpmHandle subHandle, ref ulong endTime)
        {
            // 定义用于访问 Primary Key 对象的 Policy
            PolicyTree policyPrimary = new PolicyTree(hashAlg);
            policyPrimary.Create(new PolicyAce[]
            {
                new TpmPolicyAuthValue()
            });
            // 进行 Password 授权
            handle.SetAuth(useAuth);
            // 创建 Session 对象
            AuthSession sess = tpm.StartAuthSessionEx(TpmSe.Policy, hashAlg);
            sess.RunPolicy(tpm, policyPrimary);
            // 定义用于保护 Child Key 对象的 Policy
            TimeInfo clock = tpm.ReadClock();
            ulong nowTime = clock.time;
            endTime = nowTime + 10 * 1000;
            byte[] byteEndTime = BitConverter.GetBytes(endTime).Reverse().ToArray();
```

```
                PolicyTree p = new PolicyTree(hashAlg);
                p.Create(new PolicyAce[]
                {
                    new TpmPolicyAuthValue(),
                    new TpmPolicyCounterTimer(byteEndTime, 0, Eo.UnsignedLt)
                });
                // 计算 Policy 摘要
                TpmHash policyDigest = p.GetPolicyDigest();
                // 定义 Child Key 模板
                var temp = new TpmPublic(hashAlg,
                    ObjectAttr.Sign | ObjectAttr.SensitiveDataOrigin |
                    ObjectAttr.FixedParent | ObjectAttr.FixedTPM,
                    policyDigest,
                    new RsaParms (new SymDefObject(), new SchemeRsassa(hashAlg),
                                  2048, 65537),
                    new Tpm2bPublicKeyRsa());
                // 使用密码保护 Child Key 对象
                SensitiveCreate sensCreate = new SensitiveCreate(useAuth, null);
                // 创建 Child Key 对象
                TpmPublic keyPublic;
                CreationData creationData;
                TkCreation creationTicket;
                byte[] creationHash;
                TpmPrivate signPriv =
                    tpm[sess].Create (handle, sensCreate, temp, null, null,
                                      out keyPublic, out creationData,
                                      out creationHash, out creationTicket);
                sess.RunPolicy(tpm, policyPrimary);
                // 导入 Child Key 对象
                subHandle = tpm[sess].Load(handle, signPriv, keyPublic);
                tpm.FlushContext(sess);
            }
        }
    }
```

代码 15-4 的 Main 方法新增内容解释如下：

(1) 定义名称为 subHandle 的变量，用于接收 Child Key 对象的 HANDLE。

(2) 定义名称为 endTime 的变量，用于接收 Child Key 对象的终止时间戳。

(3) 调用 CreateChildKey 方法。

代码 15-4 的 CreateChildKey 方法详细解释如下：

(1) 创建名称为 policyPrimary 的 PolicyTree 对象。

(2) 调用 policyPrimary.Create 方法，传入 PolicyAce 数组，其中仅包含 TpmPolicyAuthValue 类型的表达式对象。

(3) 调用 handle.SetAuth 方法，进行 Password 授权。

(4) 调用 tpm 实例的 StartAuthSessionEx 方法创建 Session 对象。

(5) 调用 Session 对象的 RunPolicy 方法计算 policyPrimary 对象的 Policy 摘要。步骤(1)～(5)的目的是能够访问 Primary Key 对象。

(6) 调用 tpm 实例的 ReadClock 方法获取 TPM 时钟信息，存储至 clock 变量。

(7) 调用 clock.time 属性获取时钟的当前时间戳,增加 10s 后存储至 endTime 变量。

(8) 创建名称为 p 的 PolicyTree 对象。

(9) 调用 p.Create 方法,传入 PolicyAce 数组,其中包含 TpmPolicyAuthValue 与 TpmPolicyCounterTimer 类型的表达式对象,TpmPolicyCounterTimer 表达式对象限定命令的实际执行时间必须小于 endTime 变量。

(10) 调用 p.GetPolicyDigest 方法计算 Policy 摘要。步骤(6)~(10)的目的是生成用于保护 Child Key 对象的 Policy 摘要。

(11) 定义 Child Key 模板,第 1 个参数指定 TpmAlgId.Sha1;第 2 个参数设置为 ObjectAttr.Sign | ObjectAttr.SensitiveDataOrigin | ObjectAttr.FixedParent | ObjectAttr.FixedTPM,表示 Key 是签名类型并禁止导出;第 3 个参数为时间限制型 Policy 摘要;第 4 个参数为 Key 对象的算法参数,创建表示 RSA-SSA 算法参数的 RsaParms 对象,在其构造函数分别传入 SymDefObject 对象、SchemeRsassa 对象、Key 长度以及公钥 exponent;第 5 个参数为 Tpm2bPublicKeyRsa 对象。

(12) 创建 SensitiveCreate 对象,用于保护 Child Key 对象,为了简化代码,设置与 Primary Key 对象相同的密码。

(13) 调用 tpm 实例的 Create 方法创建 Child Key 对象,第 1 个参数为指向 Primary Key 对象的 HANDLE;第 2 个参数为 SensitiveCreate 对象;第 3 个参数为 TpmPublic 模板;其他入参均为 null;其他出参均定义相关类型的变量并以 out 关键词修饰。此方法返回 TpmPrivate 对象,表示新创建的 Child Key 对象的私钥。

(14) 调用 Session 对象的 RunPolicy 方法重新计算 policyPrimary 对象的 Policy 摘要。

(15) 调用 tpm 实例的 Load 方法导入 Child Key 对象,第 1 个参数为指向 Primary Key 对象的 HANDLE;第 2 个参数为 Child Key 对象的私钥;第 3 个参数为 Child Key 对象的 TpmPublic 模板。此方法返回指向导入的 Child Key 对象的 HANDLE,将其存储至 subHandle 变量。

(16) 调用 tpm 实例的 FlushContext 方法清理 Session 对象。

15.2.3　签名字符串

使用 Child Key 对象的私钥对字符串进行签名。由于 Child Key 对象绑定了带有时间限制的 Policy 摘要,因此在使用 Child Key 对象之前,必须进行 Policy 授权。此外,为了测试 PolicyCounterTimer 表达式对象能否真正发挥作用,将分别进行两次签名过程,并观察签名是否成功,第 1 次签名在时间限制之内,第 2 次签名在时间限制之外。

使用 C++签名字符串的过程见代码 15-5。

代码 15-5　使用 C++签名字符串

```
int main()
{
    // 略(见代码 15 - 1 中定义密码以及进行分层 Password 授权的部分)

    TPM_HANDLE handle;
    CreatePrimaryKey(tpm, useAuth, handle);
```

```
    TPM_HANDLE subHandle;
    UINT64 endTime;
    CreateChildKey(tpm, useAuth, handle, subHandle, endTime);

    // 定义明文数据
    const char * cstr = "Doge barking at the moon";
    ByteVec data(cstr, cstr + strlen(cstr));
    // 签名字符串
    string sign = Sign(tpm, useAuth, data, subHandle, endTime);
}

string Sign(Tpm2 tpm, ByteVec& useAuth,
    ByteVec& data, TPM_HANDLE& subHandle, UINT64& endTime)
{
    // 定义用于访问 Child Key 对象的 Policy
    PolicyCounterTimer policyTime(endTime, 0, TPM_EO::UNSIGNED_LT);
    PolicyAuthValue policyAuthValue;
    PolicyTree p(policyAuthValue, policyTime);
    // 进行 Password 授权
    handle.SetAuth(useAuth);
    // 创建 Session 对象
    AUTH_SESSION sess = tpm.StartAuthSession(TPM_SE::POLICY, hashAlg);
    p.Execute(tpm, sess);
    // 计算字符串摘要
    HashResponse hash = tpm.Hash(data, hashAlg, TPM_RH_NULL);
    ByteVec digest = hash.outHash;
    // 使用私钥签名摘要
    auto sign = tpm[sess].Sign(subHandle, digest, TPMS_NULL_SIG_SCHEME(), null);
    ByteVec buffer = sign->toBytes();
    tpm.FlushContext(sess);
    // 等待 11s 后再次尝试签名
    Sleep(1000 * 11);
    sess = tpm.StartAuthSession(TPM_SE::POLICY, hashAlg);
    try {
        p.Execute(tpm, sess);
    }
    catch (exception) { }
    auto sign2 = tpm[sess]._AllowErrors()
        .Sign(subHandle, digest, TPMS_NULL_SIG_SCHEME(), null);
    if (tpm._LastCommandSucceeded())
        std::cout << "Succeeded" << endl;
    else
        std::cout << "Failed at the second signing" << endl;
    tpm.FlushContext(sess);
    // 编码签名
    string encoded = base64_encode(&buffer[4], buffer.size() - 4);
    return encoded;
}
```

代码 15-5 的 main 方法新增内容解释如下：

(1) 定义名称为 data 的字节数组，存储有关字符串的字节数据。

(2) 调用 Sign 方法。

代码 15-5 的 Sign 方法详细解释如下：

(1) 定义 PolicyCounterTimer 类型的表达式对象。

(2) 定义 PolicyAuthValue 类型的表达式对象。

(3) 创建 PolicyTree 对象,组合 PolicyAuthValue 与 PolicyCounterTimer 表达式对象。

(4) 调用 subHandle. SetAuth 方法,进行 Password 授权。

(5) 调用 tpm 实例的 StartAuthSession 方法创建 Session 对象。

(6) 调用 PolicyTree 对象的 Execute 方法计算 Policy 摘要。

(7) 调用 tpm 实例的 Hash 方法计算 data 数组的摘要,存储至 digest 数组。

(8) 调用 tpm 实例的 Sign 方法,第 1 个参数为指向 Child Key 对象的 HANDLE; 第 2 个参数为 digest 数组,即需要签名的摘要; 第 3 个参数为 TPMS_NULL_SIG_SCHEME 对象; 第 4 个参数为 null。签名结果存储至 sign 变量。

(9) 调用 sign 指针的 toBytes 方法获取签名数据,存储至 buffer 数组。

(10) 调用 tpm 实例的 FlushContext 方法清理 Session 对象。

(11) 为了模拟超出 Policy 时间限制的情况,将当前线程休眠 11s。

(12) 调用 tpm 实例的 StartAuthSession 方法重新创建 Session 对象。

(13) 调用 PolicyTree 对象的 Execute 方法重新计算 Policy 摘要,将语句放入 try…catch 语句块中。

(14) 尝试调用 tpm 实例的 Sign 方法,并在调用 Sign 方法之前调用_AllowErrors 方法,以允许出现异常后继续执行。

(15) 调用 tpm 实例的_LastCommandSucceeded 方法判断签名是否成功,输出相应的结果。

(16) 调用 tpm 实例的 FlushContext 方法清理 Session 对象。

(17) 调用 base64_encode 方法编码 buffer 数组并去除头部信息,即得到签名。

使用 C# 签名字符串的过程见代码 15-6。

代码 15-6 使用 C# 签名字符串

```
namespace TPMDemoNET
{
    class Program
    {
        private static TpmAlgId hashAlg = TpmAlgId.Sha1;
        private static SymDefObject Aes128Cfb =
            new SymDefObject(TpmAlgId.Aes, 128, TpmAlgId.Cfb);

        static void Main(string[] args)
        {
            // 略(见代码 15 - 2 中定义密码以及进行分层 Password 授权的部分)

            TpmHandle handle = null;
            CreatePrimaryKey(tpm, useAuth, ref handle);

            TpmHandle subHandle = null;
            ulong endTime = 0;
            CreateChildKey(tpm, useAuth, handle, ref subHandle, ref endTime);

            // 定义明文数据
            string cstr = "Doge barking at the moon";
            byte[] data = Encoding.ASCII.GetBytes(cstr);
```

```
            // 签名字符串
            string sign = Sign(tpm, useAuth, data, subHandle, endTime);
        }

        private static string Sign(Tpm2 tpm, byte[ ] useAuth,
            byte[ ] data, TpmHandle subHandle, ulong endTime)
        {
            // 定义用于访问 Child Key 对象的 Policy
            byte[ ] byteEndTime = BitConverter.GetBytes(endTime).Reverse().ToArray();
            PolicyTree p = new PolicyTree(hashAlg);
            p.Create(new PolicyAce[ ]
            {
                new TpmPolicyAuthValue(),
                new TpmPolicyCounterTimer(byteEndTime, 0, Eo.UnsignedLt)
            });
            // 进行 Password 授权
            subHandle.SetAuth(useAuth);
            // 创建 Session 对象
            AuthSession sess = tpm.StartAuthSessionEx(TpmSe.Policy, hashAlg);
            sess.RunPolicy(tpm, p);
            // 计算字符串摘要
            TkHashcheck ticket;
            byte[ ] digest = tpm.Hash(data, hashAlg, TpmRh.Null, out ticket);
            // 使用私钥签名摘要
            var sign = tpm[sess].Sign(subHandle, digest, null,
                                TpmHashCheck.Null()) as SignatureRsassa;
            byte[ ] buffer = sign.sig;
            tpm.FlushContext(sess);
            // 等待 11s 后再次尝试签名
            Thread.Sleep(1000 * 11);
            sess = tpm.StartAuthSessionEx(TpmSe.Policy, hashAlg);
            try {
                sess.RunPolicy(tpm, p);
            }
            catch (Exception ex) { }
            var sign2 = tpm[sess]._AllowErrors()
                .Sign(subHandle, digest, null,
                    TpmHashCheck.Null()) as SignatureRsassa;
            if (tpm._LastCommandSucceeded())
                Console.WriteLine("Succeeded");
            else
                Console.WriteLine("Failed at the second signing");
            tpm.FlushContext(sess);
            // 编码签名
            string encoded = Convert.ToBase64String(buffer);
            return encoded;
        }
    }
}
```

代码 15-6 的 Main 方法新增内容解释如下：

(1) 定义名称为 data 的字节数组,存储有关字符串的字节数据。

(2) 调用 Sign 方法。

代码 15-6 的 Sign 方法详细解释如下：

(1) 创建 PolicyTree 对象。

(2) 调用 PolicyTree 对象的 Create 方法,传入 PolicyAce 数组,其中包含 TpmPolicyAuthValue 与 TpmPolicyCounterTimer 类型的表达式对象。

(3) 调用 subHandle. SetAuth 方法,进行 Password 授权。

(4) 调用 tpm 实例的 StartAuthSessionEx 方法创建 Session 对象。

(5) 调用 Session 对象的 RunPolicy 方法计算 Policy 摘要。

(6) 调用 tpm 实例的 Hash 方法计算 data 数组的摘要,存储至 digest 数组。

(7) 调用 tpm 实例的 Sign 方法,第 1 个参数为指向 Child Key 对象的 HANDLE; 第 2 个参数为 digest 数组,即需要签名的摘要; 第 3 个参数为 null; 第 4 个参数为 TpmHashCheck. Null()。签名结果存储至 sign 变量。

(8) 调用 sign. sig 属性获取签名数据,存储至 buffer 数组。

(9) 调用 tpm 实例的 FlushContext 方法清理 Session 对象。

(10) 为了模拟超出 Policy 时间限制的情况,将当前线程休眠 11s。

(11) 调用 tpm 实例的 StartAuthSessionEx 方法重新创建 Session 对象。

(12) 调用 Session 对象的 RunPolicy 方法重新计算 Policy 摘要,将语句放入 try…catch 语句块中。

(13) 尝试调用 tpm 实例的 Sign 方法,并在调用 Sign 方法之前调用_AllowErrors 方法,以允许出现异常后继续执行。

(14) 调用 tpm 实例的_LastCommandSucceeded 方法判断签名是否成功,输出相应的结果。

(15) 调用 tpm 实例的 FlushContext 方法清理 Session 对象。

(16) 调用 Convert. ToBase64String 方法编码 buffer 数组,即得到签名。

15.2.4 验证签名

使用 Child Key 对象的公钥验证签名的合法性。

使用 C++验证签名的过程见代码 15-7。

代码 15-7 使用 C++验证签名

```
int main()
{
    // 略(见代码 15 - 1 中定义密码以及进行分层 Password 授权的部分)

    TPM_HANDLE handle;
    CreatePrimaryKey(tpm, useAuth, handle);

    TPM_HANDLE subHandle;
    UINT64 endTime;
    CreateChildKey(tpm, useAuth, handle, subHandle, endTime);

    // 定义明文数据
    const char * cstr = "Doge barking at the moon";
    ByteVec data(cstr, cstr + strlen(cstr));
    // 签名字符串
    string sign = Sign(tpm, useAuth, data, subHandle, endTime);
    // 验证签名
    bool verified = Verify(tpm, data, sign, subHandle);
```

```
        // 输出原始数据、签名数据、验签结果
        std::cout <<
            "Data: " << data << endl <<
            "Signature: " << sign << endl <<
            "Verified: " << (verified ? "true" : "false") << endl;
    }

    bool Verify(Tpm2 tpm, ByteVec& data, string& encoded, TPM_HANDLE& subHandle)
    {
        // 解码并构建签名
        ByteVec buffer = base64_decode(encoded);
        TPMS_SIGNATURE_RSASSA sign(hashAlg, buffer);
        // 计算字符串摘要
        HashResponse hash = tpm.Hash(data, hashAlg, TPM_RH_NULL);
        ByteVec digest = hash.outHash;
        // 使用公钥验证签名
        TPMT_TK_VERIFIED verified = tpm._AllowErrors().
            VerifySignature(subHandle, digest, sign);
        bool r = tpm._LastCommandSucceeded();
        tpm.FlushContext(subHandle);
        return r;
    }
```

代码 15-7 的 main 方法新增内容解释如下：

（1）调用 Verify 方法。

（2）分别输出 data 原始数据、sign 签名数据以及 verified 验签结果。

代码 15-7 的 Verify 方法详细解释如下：

（1）调用 base64_decode 方法解码签名，存储至 buffer 数组。

（2）根据 buffer 数组重构表示签名信息的 TPMS_SIGNATURE_RSASSA 对象。

（3）调用 tpm 实例的 Hash 方法计算 data 数组的摘要，存储至 digest 数组。

（4）调用 tpm 实例的 VerifySignature 方法，第 1 个参数为指向 Child Key 对象的 HANDLE；第 2 个参数为 digest 数组，即原始数据的摘要；第 3 个参数为签名信息。

（5）调用 tpm 实例的_LastCommandSucceeded 方法判断验签是否成功。

（6）调用 tpm 实例的 FlushContext 方法清理 Child Key 对象。

程序运行结果如图 15-3 所示。控制台窗口上方的 Failed at the second signing 表示第 2 次签名行为超过了 Policy 规定的时间限制，签名失败；控制台窗口中间的 Data、Signature、Verified 分别表示原始数据、签名数据以及验签结果。

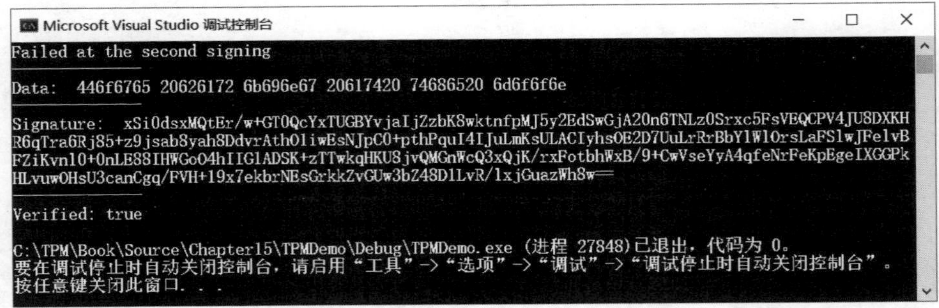

图 15-3　使用 C++签名与验证签名

使用 C# 验证签名的过程见代码 15-8。

代码 15-8 使用 C# 验证签名

```
namespace TPMDemoNET
{
    class Program
    {
        private static TpmAlgId hashAlg = TpmAlgId.Sha1;
        private static SymDefObject Aes128Cfb =
            new SymDefObject(TpmAlgId.Aes, 128, TpmAlgId.Cfb);

        static void Main(string[] args)
        {
            // 略(见代码 15-2 中定义密码以及进行分层 Password 授权的部分)

            TpmHandle handle = null;
            CreatePrimaryKey(tpm, useAuth, ref handle);

            TpmHandle subHandle = null;
            ulong endTime = 0;
            CreateChildKey(
                tpm, useAuth, handle, ref subHandle, ref endTime);

            // 定义明文数据
            string cstr = "Doge barking at the moon";
            byte[] data = Encoding.ASCII.GetBytes(cstr);
            // 签名字符串
            string sign = Sign(tpm, useAuth, data, subHandle, endTime);
            // 验证签名
            bool verified = Verify(tpm, data, sign, subHandle);
            // 输出原始数据、签名数据、验签结果
            string dataHex = BitConverter.ToString(data).Replace("-", "").ToLower();
            Console.WriteLine("Data: " + dataHex);
            Console.WriteLine("Signature: " + sign);
            Console.WriteLine("Verified: " + (verified ? "true" : "false"));
        }

        private static bool Verify(
            Tpm2 tpm, byte[] data, string encoded, TpmHandle subHandle)
        {
            // 解码并构建签名
            byte[] buffer = Convert.FromBase64String(encoded);
            SignatureRsassa sign = new SignatureRsassa(hashAlg, buffer);
            // 计算字符串摘要
            TkHashcheck ticket;
            byte[] digest = tpm.Hash(data, hashAlg, TpmRh.Null, out ticket);
            // 使用公钥验证签名
            TkVerified verified = tpm._AllowErrors().
                VerifySignature(subHandle, digest, sign);
            bool r = tpm._LastCommandSucceeded();
            return r;
        }
    }
}
```

代码 15-8 的 Main 方法新增内容解释如下：

(1) 调用 Verify 方法。

(2) 分别输出 data 原始数据、sign 签名数据以及 verified 验签结果。

代码 15-8 的 Verify 方法详细解释如下:

(1) 调用 Convert. FromBase64String 方法解码签名,存储至 buffer 数组。

(2) 根据 buffer 数组重构表示签名信息的 SignatureRsassa 对象。

(3) 调用 tpm 实例的 Hash 方法计算 data 数组的摘要,存储至 digest 数组。

(4) 调用 tpm 实例的 VerifySignature 方法,第 1 个参数为指向 Child Key 对象的 HANDLE;第 2 个参数为 digest 数组,即原始数据的摘要;第 3 个参数为签名信息。

(5) 调用 tpm 实例的_LastCommandSucceeded 方法判断验签是否成功。

(6) 调用 tpm 实例的 FlushContext 方法清理 Child Key 对象。

程序运行结果如图 15-4 所示。控制台窗口上方的 Failed at the second signing 表示第 2 次签名行为超过了 Policy 规定的时间限制,签名失败;控制台窗口中间的 Data、Signature、Verified 分别表示原始数据、签名数据以及验签结果。

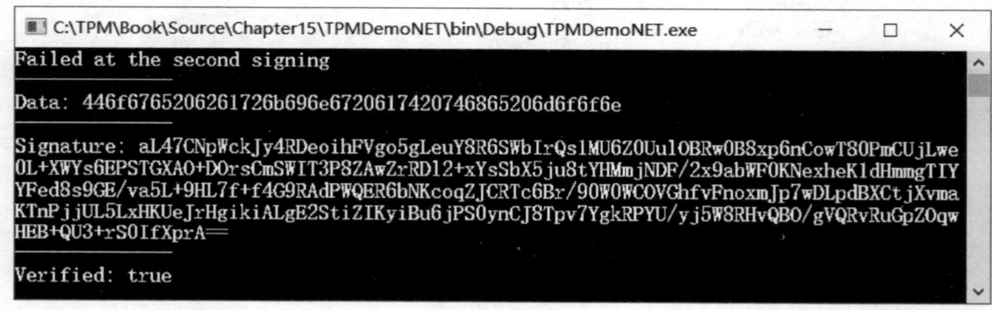

图 15-4 使用 C#签名与验证签名

15.3 本章小结

本章首先介绍了 Primary Key 与 Child Key 的相关概念,它们可以组成父子层级关系,从而满足不同角色的使用需求。作为 Child Key 父级的 Primary Key 对象必须同时满足 3 个要素:①必须是解密用途;②必须定义限制性属性;③必须提供对称 Key 算法。此外, Child Key 与 Primary Key 在存储位置、管理责任以及使用方式等方面均有所不同。随后简要介绍了 TPM 时钟的概念,它只有单一的前进方向,在与 Policy 结合的情况下,能够限制 TPM 对象的生命周期。最后通过示例演示了如何使用 RSA 算法进行签名与验证签名。

第16章

非对称密钥与证书

由于非对称 Key 的公钥在网络传输过程中存在被 MITM 攻击的风险，因此需要使用数字证书来证明公钥的合法性、完整性以及真实性。数字证书是公钥基础设施（Public Key Infrastructure，PKI）体系中不可缺失的重要组成部分，如果缺少了证书，非对称 Key 技术也就无法安全地应用于复杂的网络通信中。

PKI 自 1970 年问世，在信息安全领域有着悠久的历史，已成为计算机网络世界中最重要的基础架构之一。PKI 是包含角色、软件、硬件、策略以及规章制度的集合，实现了数字证书的申请、签发、存储、验证、吊销以及公钥的安全管理等基础功能。设计 PKI 的目的是促进数据在网络中的安全传输，例如银行转账、电子商务、移动支付、电子邮件以及区块链等信息技术都深度依赖 PKI。PKI 作为互联网的安全根基，提供了身份认证、数据机密性、数据完整性、不可抵赖性、数据公正性等基础安全能力。

通常情况下，数字签名技术不会被单独使用，而是需要与数字证书技术相结合。本章将通过完整的示例演示数字签名与数字证书如何在消息传输过程中发挥重要作用。

16.1 架构设计

本章依然基于 TCP/IP 网络来模拟消息发送方与消息接收方的通信过程，并进一步整合数字签名与数字证书的技术应用。为了能够使用证书，必须引入 CA 的概念，因此定义包含 CA 在内的以下角色：

(1) CA：签发证书、管理证书。

(2) Key 生成方：生成非对称 Key、生成证书签名请求（CSR）。Key 生成方作为中立的第三方，不参与消息传输过程。

(3) 发送方：签名与发送消息。发送方使用 TSS API 导入私钥，并使用私钥进行签名运算。

(4) 接收方：接收消息与验证签名。接收方需要导入证书，当收到消息时，首先验证证书自身的合法性，然后从证书中提取公钥，并使用公钥验证消息的签名。

CA、Key 生成方、发送方、接收方的架构设计如图 16-1 所示。

Key 初始化过程简述如下：

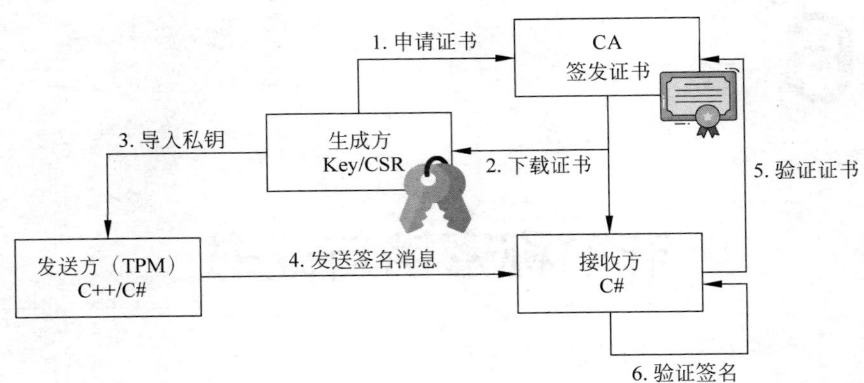

图 16-1　模拟架构设计

（1）Key 生成方生成非对称 Key 与 CSR。

（2）Key 生成方向 CA 申请证书。

（3）CA 签名并颁发证书。

（4）Key 生成方下载并导入证书。

（5）Key 生成方导出私钥。

（6）发送方导入私钥。

（7）接收方导入证书。

网络通信过程简述如下：

（1）发送方使用私钥对消息进行签名。

（2）发送方将消息连同签名一起发送至网络。

（3）接收方接收消息。

（4）接收方验证证书，从证书中提取公钥。

（5）接收方使用公钥验证签名。

CA、Key 生成方、发送方、接收方的 IP 配置如表 16-1 所示。

表 16-1　角色 IP 配置

角　色	IP 地址	运行服务
CA	192.168.0.17	AD、CA、Web Server
Key 生成方	192.168.0.18	无
发送方（客户端）	192.168.0.100	TSS API 应用（C++、C#）
接收方（服务端）	192.168.0.101	C#应用

16.2　准备 CA

CA 是负责签名证书、颁发证书以及管理证书的权威机构。CA 作为网络通信中受信任的第三方，承担着 PKI 体系中验证证书的重要责任，防止攻击者伪造或篡改证书，有效抵御 MITM 攻击。

本节示例使用 Windows Server 操作系统自带的服务组件扮演 CA 角色。由于 CA 服务通常与 AD 服务紧密集成，因此将 AD 与 CA 服务共同安装在 IP 地址为 192.168.0.17

的计算机上，具体步骤如下：

(1) 在安装有 Windows Server 操作系统的计算机上，启动服务器配置向导，如图 16-2 所示；在此界面中单击“添加角色”按钮，启动添加角色向导。

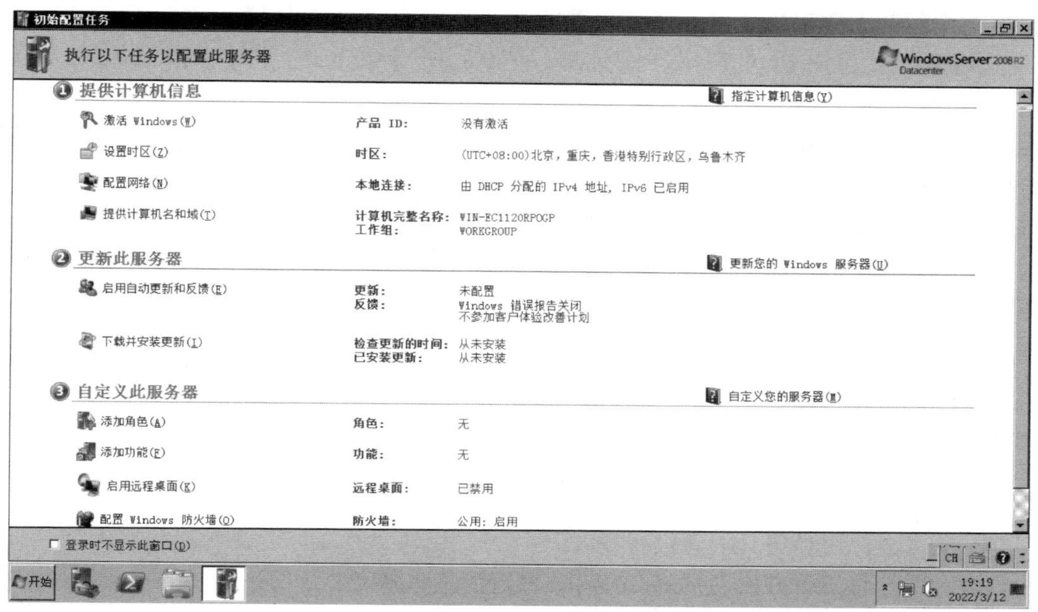

图 16-2 服务器配置向导

(2) 在“选择服务器角色”对话框中勾选“Active Directory 域服务”复选框，单击“下一步”按钮，开始安装 AD 服务角色。

(3) 安装成功后，单击“开始”菜单，在弹出的菜单中选择“运行”命令，输入 dcpromo，单击“确定”按钮，启动 Active Directory 域服务安装向导，单击“下一步”按钮。

(4) 在“选择某一部署配置”对话框中单击“在新林中新建域”按钮，单击“下一步”按钮。

(5) 在“命名林根域”对话框的 FQDN 文本框中输入域的 FQDN，单击“下一步”按钮(有关 AD 的后续配置因超出本书范围不再过多介绍)。

(6) 当 AD 服务安装成功后，单击“完成”按钮，重新启动计算机。

(7) 再次启动服务器配置向导，单击“添加角色”按钮，启动添加角色向导；在“选择服务器角色”对话框中勾选“Active Directory 证书服务”与“Web 服务器”复选框，单击“下一步”按钮。

(8) 在“选择角色服务”对话框中勾选“证书颁发机构”“证书颁发机构 Web 注册”“联机响应程序”复选框，单击“下一步”按钮。

(9) 在“指定安装类型”对话框中单击“企业”按钮，单击“下一步”按钮。

(10) 在“指定 CA 类型”对话框中单击“根 CA”按钮，单击“下一步”按钮。

(11) 在“配置 CA 名称”对话框的“公用名称”文本框中输入 CA 名称，单击“下一步”按钮，开始安装证书服务角色。

(12) 当证书服务角色安装成功后，单击“关闭”按钮，重新启动计算机。

16.3 完整应用示例

本节示例基于数字签名与数字证书技术实现消息在发送方与接收方之间的传输完整性，整体流程包括生成 RSA Key、申请证书、下载证书、导入 Key、签名消息、验证证书以及验证签名等。

为了专注于消息签名的相关逻辑，示例程序将移除消息加密过程。在实际的应用场景中，加密与签名通常密不可分。另外，由于.NET Framework 自带了证书验证模块，因此接收方示例程序将基于 C#语言编写。

从系统整体的开发流程角度来说，将按照以下步骤进行：

(1) Key 生成方生成 RSA Key 与 CSR。

(2) Key 生成方向 CA 申请证书。

(3) CA 签名并颁发证书。

(4) Key 生成方下载并导入证书。

(5) Key 生成方导出私钥。

(6) 发送方导入私钥。

(7) 发送方使用私钥对消息进行签名。

(8) 发送方与接收方建立 Socket 连接，发送消息与签名。

(9) 接收方导入证书。

(10) 接收方侦听 Socket 连接，接收消息。

(11) 接收方验证证书，从证书中提取公钥。

(12) 接收方使用公钥验证签名。

16.3.1 生成 Key

certreq 命令可以根据 inf 格式的配置文件生成 CSR 请求，也支持在生成 CSR 的同时生成非对称 Key。在 inf 配置文件中可以定义与 Key 与证书的相关属性，如 Subject Name、SAN、Key 长度以及 PKCS 版本等。

使用 certreq 命令生成 CSR 请求的具体步骤如下：

(1) 在 Key 生成方(IP 地址为 192.168.0.18)计算机上使用记事本编写配置信息，保存为 request.inf 文件。配置文件的内容参考代码 16-1。

代码 16-1 inf 配置文件示例

```
[Version]
Signature = "$Windows NT$"
[NewRequest]
Subject = "CN = ms1.vissn.net"
Exportable = TRUE
KeyLength = 2048
KeySpec = 1
KeyUsage = 0xA0
MachineKeySet = True
ProviderName = "Microsoft RSA SChannel Cryptographic Provider"
```

```
RequestType = PKCS10
[EnhancedKeyUsageExtension]
OID = 1.3.6.1.5.5.7.3.1 ; Server Authentication
[Extensions]
2.5.29.17 = "{text}"
_continue_ = "dns = www.vissn.net&"
_continue_ = "dn = CN = ms1,DC = vissn,DC = net&"
_continue_ = "url = https://www.vissn.net&"
_continue_ = "ipaddress = 192.168.0.18&"
_continue_ = "email = yueyang@live.hk&"
_continue_ = "upn = admin@vissn.net&"
_continue_ = "guid = f7c3ac41 - b8ce - 4fb4 - aa58 - 3d1dc0e36b39&"
;
```

(2) 单击“开始”菜单，在弹出的菜单中选择“运行”命令，输入 cmd，单击“确定”按钮，启动命令提示符；在命令提示符窗口执行命令 certreq -new c:\request.inf c:\request.csr，生成 CSR 文件。

(3) 用记事本打开 request.csr 文件，查看其内容，如图 16-3 所示。

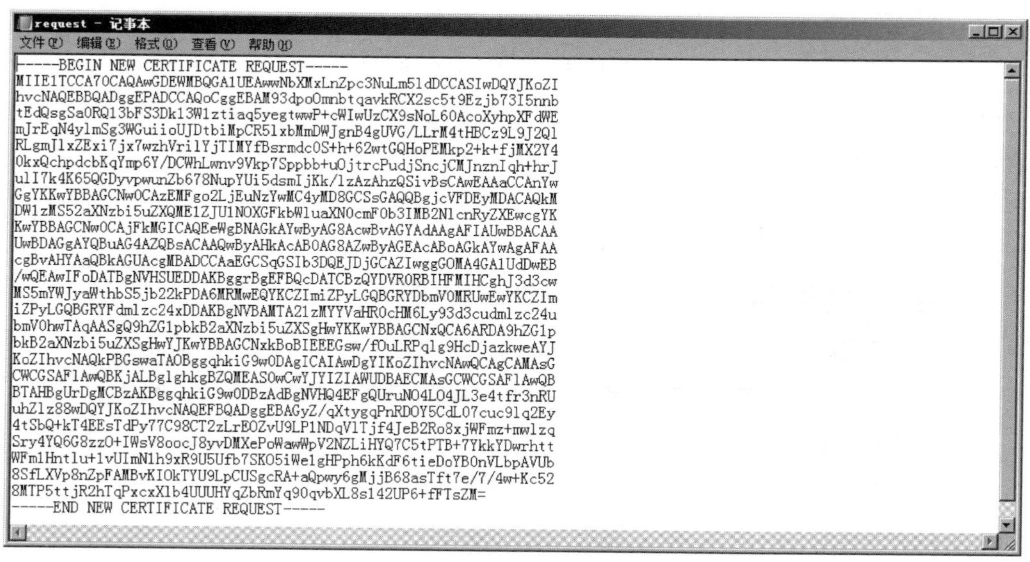

图 16-3　查看 CSR 文件

16.3.2　申请证书

使用 CSR 文件申请证书的具体步骤如下：

(1) 在 Key 生成方(IP 地址为 192.168.0.18)计算机上打开 IE 浏览器，访问 CA 服务器的网址 http://192.168.0.17/certsrv，进入证书服务页面，如图 16-4 所示；在此页面中单击“申请证书”链接。

(2) 在申请证书页面中单击“高级证书申请”链接。

(3) 在高级证书申请页面中单击“使用 base64 编码的 CMC 或 PKCS＃10 文件提交一个证书申请，或使用 base64 编码的 PKCS＃7 文件续订证书申请”链接。

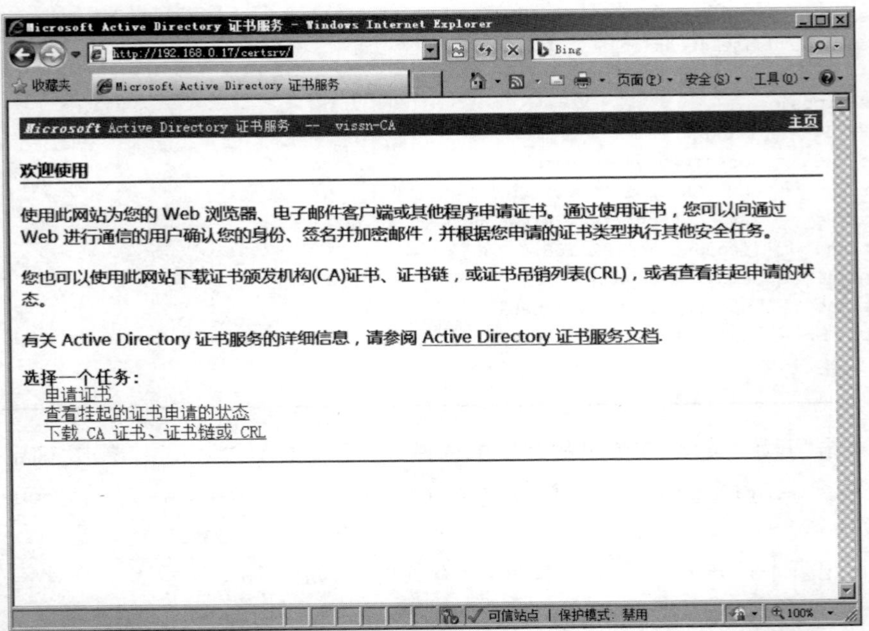

图 16-4 证书服务页面

（4）在提交证书申请页面，将 16.3.1 节生成的 request.csr 文件的内容粘贴至“保存的申请”文本框中，在“证书模板”下拉列表框中选择“Web 服务器”模板，单击“提交”按钮。

（5）当 CSR 请求提交后，将看到如图 16-5 所示的提示信息，告知申请人证书正在等待 CA 管理员的批准以及申请编号。

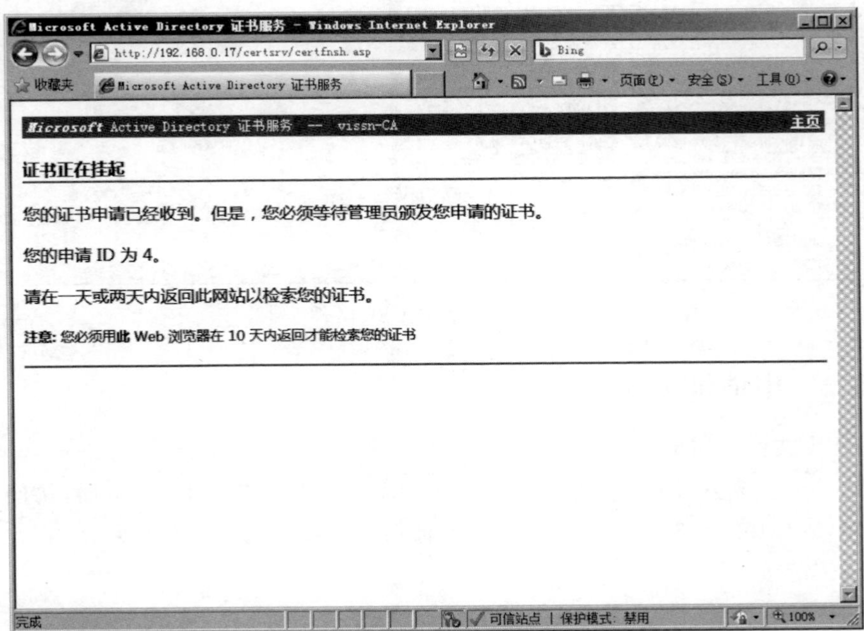

图 16-5 证书挂起页面

16.3.3　颁发证书

当 CSR 请求提交后，根据 CA 服务的策略配置情况，证书可能不会被立即颁发，而是处于挂起状态，此时 CA 管理员需要手动批准证书申请。

在 CA 服务器（IP 地址为 192.168.0.17）上执行以下操作：

（1）单击“开始”菜单，在弹出的菜单中选择“管理工具”→“证书颁发机构”命令，启动证书颁发机构管理控制台，如图 16-6 所示；在控制台窗口左侧单击“挂起的申请”文件夹，可以看到请求编号为 4 的证书申请正在等待批准，右击此证书申请，在弹出的快捷菜单中选择“批准”命令。

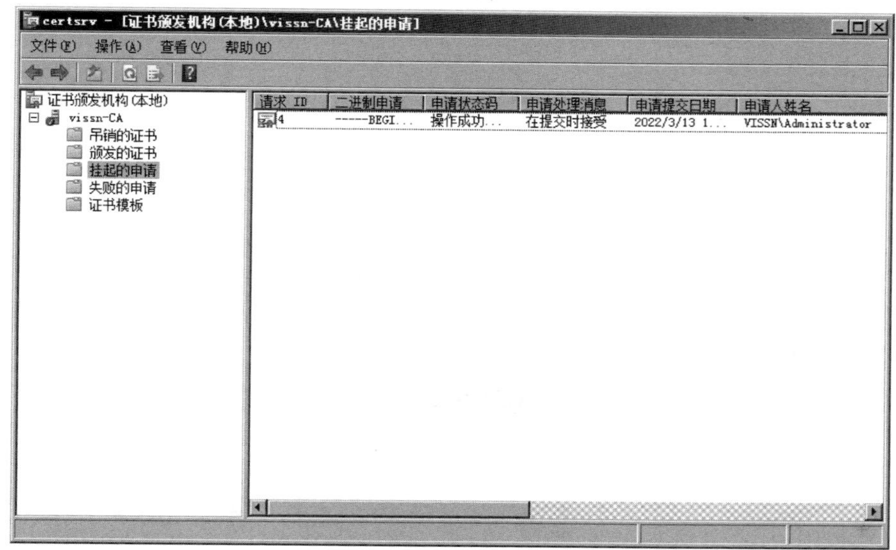

图 16-6　查看挂起的申请

（2）单击“颁发的证书”文件夹，看到请求编号为 4 的证书申请已经获得批准。

16.3.4　下载证书

当证书申请获得批准后，可以下载证书。

在 Key 生成方（IP 地址为 192.168.0.18）计算机上执行以下操作：

（1）打开 IE 浏览器，访问 CA 服务器的网址 http://192.168.0.17/certsrv，进入证书服务页面；在此页面中单击“查看挂起的证书申请的状态”链接。

（2）在证书颁发页面中单击“Base64 编码”，表示将证书存储为 PEM 格式，然后单击“下载证书”链接。

（3）将证书文件保存至本地路径 C:\certnew.cer。

（4）为了获取私钥，首先需要导入证书。单击“开始”菜单，在弹出的菜单中选择“运行”命令，输入 certlm.msc，单击“确定”按钮，启动证书管理控制台。

（5）在证书管理控制台窗口右击“个人”文件夹，在弹出的快捷菜单中选择“所有任务”→“导入”命令，启动证书导入向导。

（6）在证书导入向导对话框输入证书文件的存储路径 C:\certnew.cer，单击“下一步”

按钮。

(7) 当证书导入成功后,单击"完成"按钮关闭证书导入向导。

(8) 可以看到证书已被成功导入本地计算机的个人证书存储区,如图16-7所示。

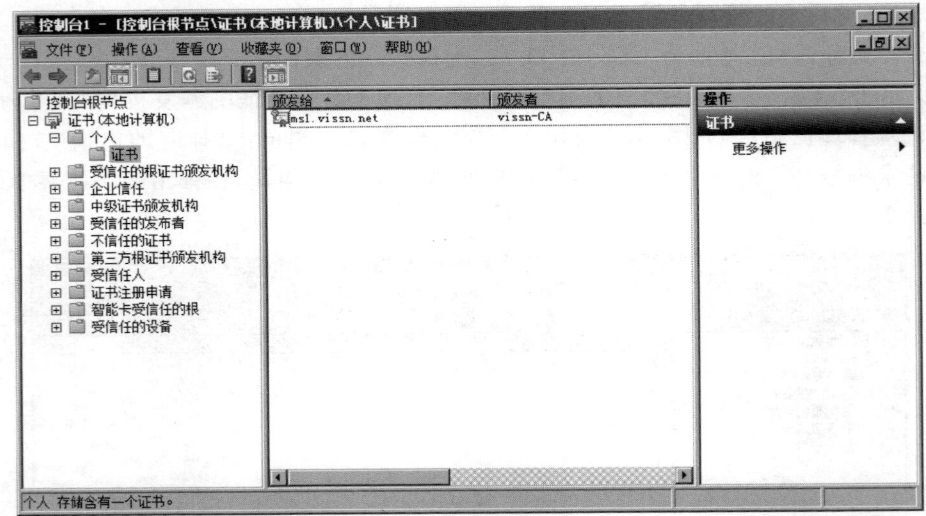

图16-7 查看导入的证书

(9) 双击此证书,查看证书详细信息,如图16-8所示。

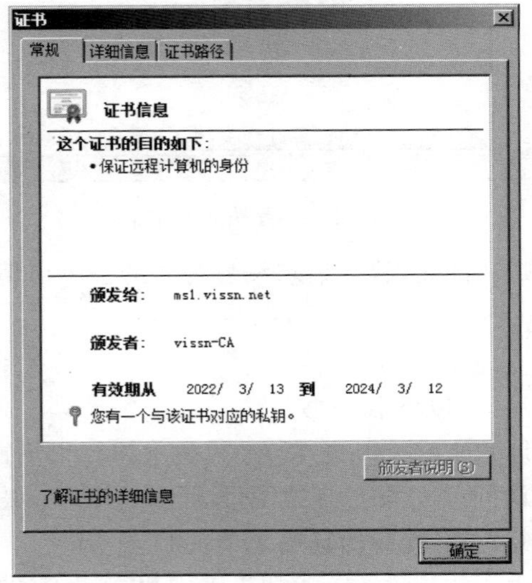

图16-8 查看证书详细信息

16.3.5 导出私钥

导出证书关联私钥部分的具体步骤如下:

(1) 在证书管理控制台窗口右击导入的证书,在弹出的快捷菜单中选择"所有任务"→"导出"命令,启动证书导出向导。

(2) 在导出私钥对话框中选中"是,导出私钥"单选按钮,单击"下一步"按钮。

(3) 在导出文件格式对话框中单击“个人信息交换-PKCS＃12(.PFX)”，单击“下一步”按钮。

(4) 在“密码”文本框中输入用于保护私钥的密码，单击“下一步”按钮。

(5) 在“文件名”文本框中输入证书文件的导出路径 C:\private.pfx，单击“下一步”按钮。

(6) 当证书导出成功后，单击“完成”按钮关闭证书导出向导。

(7) 导出的 private.pfx 文件中包含了证书与私钥两部分，为了获取单独的私钥，需要移除文件中的证书部分。启动 OpenSSL 命令提示符(如果没有安装 OpenSSL，从官方网站 https://openssl.org 下载安装)；在命令提示符窗口执行命令 pkcs12 -in "c:\private.pfx" -nocerts -out "c:\private.pem"，移除证书并将私钥转换为 PEM 格式。

(8) 执行命令 rsa -in "c:\private.pem" -out "c:\private.pem"，移除私钥密码。

(9) 执行命令 pkcs8 -topk8 -inform PEM -outform PEM -nocrypt -in "c:\private.pem" -out "c:\private_pkcs8.pem"，将私钥从 PKCS＃1 标准转换为 PKCS＃8 标准。

至此，成功获取两个私钥文件，即 private.pem(PKCS＃1)与 private_pkcs8.pem(PKCS＃8)。

16.3.6 导入私钥

如果正在使用 C++语言，则将 private_pkcs8.pem 私钥文件复制到发送方应用程序的主目录中；如果正在使用 C＃语言，则将 private.pem 私钥文件复制到发送方应用程序的主目录中。

读入私钥文件并解码，然后分别计算 modulus 与 p 因子，最后调用 LoadExternal 方法将其导入 TPM 的 NULL 分层，并绑定 Policy 摘要以保护私钥的安全。

使用 C++导入私钥的过程见代码 16-2。

代码 16-2 使用 C++导入私钥

```
#include <iostream>
#include <fstream>
#include <botan/rsa.h>
#include <botan/bigint.h>
#include <botan/pkcs8.h>
#include <botan/pem.h>
#include <botan/base64.h>
#include <regex>
#include "base64.h"
#include "Tpm2.h"
using namespace TpmCpp;
#define null { }

TPM_ALG_ID hashAlg = TPM_ALG_ID::SHA1;

int main()
{
    // 连接 TPM,略

    // 定义 Key 对象密码
```

```
    const char * cpwd = "password";
    ByteVec useAuth(cpwd, cpwd + strlen(cpwd));

    TPM_HANDLE handle;
    Import(tpm, useAuth, handle);
}

void Import(Tpm2 tpm, ByteVec& useAuth, TPM_HANDLE& handle)
{
    // 读入 PEM 私钥文件数据
    std::ifstream inFile("private_pkcs8.pem");
    string pem(
        (std::istreambuf_iterator<char>(inFile)),
        (std::istreambuf_iterator<char>()));
    pem = std::regex_replace(pem, std::regex("-----BEGIN PRIVATE KEY-----"), "");
    pem = std::regex_replace(pem, std::regex("-----END PRIVATE KEY-----"), "");
    // 计算 modulus 与 p 因子
    Botan::SecureVector<uint8_t> keyBytes = Botan::base64_decode(pem);
    std::vector<uint8_t> keyBytesU8(keyBytes.begin(), keyBytes.end());
    Botan::DataSource_Memory dataSource(keyBytesU8);
    std::unique_ptr<Botan::Private_Key> priKey =
        Botan::PKCS8::load_key(dataSource);
    Botan::RSA_PublicKey rsaPubKey(
        priKey->algorithm_identifier(), priKey->public_key_bits());
    Botan::RSA_PrivateKey rsaPriKey(
        priKey->algorithm_identifier(), priKey->private_key_bits());
    Botan::BigInt modulus = rsaPubKey.get_n();
    int size = modulus.bytes();
    ByteVec bufferPub(size);
    modulus.binary_encode(bufferPub.data(), bufferPub.size());
    Botan::BigInt bp = rsaPriKey.get_p();
    size = bp.bytes();
    ByteVec buffer(size);
    bp.binary_encode(buffer.data(), buffer.size());
    // 定义 Policy
    PolicyAuthValue policyAuthValue;
    PolicyTree p(policyAuthValue);
    // 计算 Policy 摘要
    TPM_HASH policyDigest = p.GetPolicyDigest(hashAlg);
    // 定义 Key 模板
    TPMT_PUBLIC temp(hashAlg,
        TPMA_OBJECT::sign | TPMA_OBJECT::sensitiveDataOrigin,
        policyDigest,
        TPMS_RSA_PARMS(null, TPMS_SCHEME_RSASSA(hashAlg), 2048, 65537),
        TPM2B_PUBLIC_KEY_RSA(bufferPub));
    // 导入 Key 对象
    TPMT_SENSITIVE sens(useAuth, null, TPM2B_PRIVATE_KEY_RSA(buffer));
    handle = tpm.LoadExternal(sens, temp, TPM_RH_NULL);
}
```

代码 16-2 的 main 方法详细解释如下：

(1) 定义名称为 useAuth 的字节数组，存储用户密码。

(2) 定义名称为 handle 的变量，用于接收 Key 对象的 HANDLE。

(3) 调用 Import 方法。

代码 16-2 的 Import 方法详细解释如下：

(1) 使用 ifstream 对象读入 PKCS#8 标准的 private_pkcs8. pem 私钥文件的数据，存储至 pem 变量。

(2) 去除 pem 字符串中的头部与尾部信息。

(3) 调用 Botan::base64_decode 方法解码 pem 字符串，存储至 keyBytes 数组。

(4) 将 keyBytes 数组转换为 vector < uint8_t >类型，存储至 keyBytesU8 数组。

(5) 调用 Botan::PKCS8::load_key 方法，传入 keyBytesU8 数组，获取指向 Private_Key 对象的指针，存储至 priKey 变量。

(6) 通过调用 priKey 指针的 algorithm_identifier 方法，获取算法标识符；通过调用 priKey 指针的 public_key_bits 方法，获取公钥数组。根据算法标识符与公钥数组，创建表示公钥的 RSA_PublicKey 对象，存储至 rsaPubKey 变量。

(7) 通过调用 priKey 指针的 private_key_bits 方法，获取私钥数组。根据算法标识符与私钥数组，创建表示私钥的 RSA_PrivateKey 对象，存储至 rsaPriKey 变量。

(8) 调用 rsaPubKey 对象的 get_n 方法获取 BigInt 类型的 modulus 因子。

(9) 将 modulus 因子转换为 ByteVec 类型，存储至 bufferPub 数组。

(10) 调用 rsaPriKey 对象的 get_p 方法获取 BigInt 类型的 p 因子。

(11) 将 p 因子转换为 ByteVec 类型，存储至 buffer 数组。

(12) 定义 PolicyAuthValue 类型的表达式对象。

(13) 创建 PolicyTree 对象，将 PolicyAuthValue 表达式对象作为其参数。

(14) 调用 GetPolicyDigest 方法计算 Policy 摘要。

(15) 定义 Key 模板，第 1 个参数指定 TPM_ALG_ID::SHA1；第 2 个参数设置为 TPMA_OBJECT::sign | TPMA_OBJECT::sensitiveDataOrigin，表示 Key 是签名类型；第 3 个参数为 Policy 摘要；第 4 个参数为 Key 对象的算法参数，创建表示 RSA-SSA 算法参数的 TPMS_RSA_PARMS 对象，在其构造函数分别传入 null、TPMS_SCHEME_RSASSA 对象、Key 长度以及公钥 exponent；第 5 个参数为公钥数据，创建 TPM2B_PUBLIC_KEY_RSA 对象并载入 bufferPub 数组。

(16) 创建 TPMS_SENSITIVE 对象，第 1 个参数为用户密码数组；第 2 个参数为 null，不使用 seed 进行额外混淆；第 3 个参数为需要导入的私钥数据，创建 TPM2B_PRIVATE_KEY_RSA 对象并载入 buffer 数组。

(17) 调用 tpm 实例的 LoadExternal 方法导入 Key 对象，此方法返回指向导入的 Key 对象的 HANDLE，将其存储至 handle 变量。

使用 C# 导入私钥的过程见代码 16-3。

代码 16-3 使用 C# 导入私钥

```
using System;
using System.IO;
using System.Text;
using System.Security.Cryptography;
using Tpm2Lib;
using CSharp_easy_RSA_PEM;
namespace TPMDemoNET
```

```
{
    class Program
    {
        private static TpmAlgId hashAlg = TpmAlgId.Sha1;

        static void Main(string[] args)
        {
            // 连接 TPM,略

            // 定义 Key 对象密码
            string cpwd = "password";
            byte[] useAuth = Encoding.ASCII.GetBytes(cpwd);

            TpmHandle handle = null;
            Import(tpm, useAuth, ref handle);
        }

        private static void Import(
            Tpm2 tpm, byte[] useAuth, ref TpmHandle handle)
        {
            // 读入 PEM 私钥文件数据
            string inFile = string.Format("{0}\\..\\..\\{1}",
                                Directory.GetCurrentDirectory(),
                                "private.pem");
            string pem = File.ReadAllText(inFile);
            // 计算 modulus 与 p 因子
            RSACryptoServiceProvider rsa = Crypto.DecodeRsaPrivateKey(pem);
            RSAParameters keyInfo = rsa.ExportParameters(true);
            byte[] modulus = keyInfo.Modulus;
            byte[] bp = keyInfo.P;
            // 定义 Policy
            PolicyTree p = new PolicyTree(hashAlg);
            p.Create(new PolicyAce[]
            {
                new TpmPolicyAuthValue()
            });
            // 计算 Policy 摘要
            TpmHash policyDigest = p.GetPolicyDigest();
            // 定义 Key 模板
            var temp = new TpmPublic(hashAlg,
                ObjectAttr.Sign | ObjectAttr.SensitiveDataOrigin,
                policyDigest,
                new RsaParms(new SymDefObject(), new SchemeRsassa(hashAlg),
                        2048, 65537),
                new Tpm2bPublicKeyRsa(modulus));
            // 导入 Key 对象
            Sensitive sens =
                new Sensitive(useAuth, null, new Tpm2bPrivateKeyRsa(bp));
            handle = tpm.LoadExternal(sens, temp, TpmRh.Null);
        }
    }
}
```

代码 16-3 的 Main 方法详细解释如下：

(1) 定义名称为 useAuth 的字节数组，存储用户密码。

(2) 定义名称为 handle 的变量，用于接收 Key 对象的 HANDLE。

(3) 调用 Import 方法。

代码 16-3 的 Import 方法详细解释如下：

(1) 调用 File. ReadAllText 方法读入 PKCS＃1 标准的 private. pem 私钥文件的数据，存储至 pem 变量。

(2) 调用 Crypto. DecodeRsaPrivateKey 方法解码 pem 字符串，获取 RSACryptoServiceProvider 对象，存储至 rsa 变量。

(3) 调用 rsa. ExportParameters 方法并将 includePrivateParameters 参数设置为 true，获取包含私钥数据的 RSAParameters 对象，存储至 keyInfo 变量。

(4) 调用 keyInfo. Modulus 属性获取 modulus 数组。

(5) 调用 keyInfo. P 属性获取 p 因子，存储至 bp 数组。

(6) 创建 PolicyTree 对象。

(7) 调用 PolicyTree 对象的 Create 方法，传入 PolicyAce 数组，其中仅包含 TpmPolicyAuthValue 类型的表达式对象。

(8) 调用 GetPolicyDigest 方法计算 Policy 摘要。

(9) 定义 Key 模板，第 1 个参数指定 TpmAlgId. Sha1；第 2 个参数设置为 ObjectAttr. Sign | ObjectAttr. SensitiveDataOrigin，表示 Key 是签名类型；第 3 个参数为 Policy 摘要；第 4 个参数为 Key 对象的算法参数，创建表示 RSA-SSA 算法参数的 RsaParms 对象，在其构造函数分别传入 SymDefObject 对象、SchemeRsassa 对象、Key 长度以及公钥 exponent；第 5 个参数为公钥数据，创建 Tpm2bPublicKeyRsa 对象并载入 modulus 数组。

(10) 创建 Sensitive 对象，第 1 个参数为用户密码数组；第 2 个参数为 null，不使用 seed 进行额外混淆；第 3 个参数为需要导入的私钥数据，创建 Tpm2bPrivateKeyRsa 对象并载入 bp 数组。

(11) 调用 tpm 实例的 LoadExternal 方法导入 Key 对象，此方法返回指向导入的 Key 对象的 HANDLE，将其存储至 handle 变量。

16.3.7 签名消息

定义并实现名称为 Sign 的方法，对消息进行签名并以 base64 格式编码。

使用 C++签名消息的过程见代码 16-4。

代码 16-4 使用 C++签名消息

```
string Sign(Tpm2 tpm, ByteVec& useAuth, ByteVec& data, TPM_HANDLE& handle)
{
    // 定义 Policy
    PolicyAuthValue policyAuthValue;
    PolicyTree p(policyAuthValue);
    // 进行 Password 授权
    handle.SetAuth(useAuth);
    // 创建 Session 对象
    AUTH_SESSION sess = tpm.StartAuthSession(TPM_SE::POLICY, hashAlg);
    p.Execute(tpm, sess);
    // 计算消息摘要
    HashResponse hash = tpm.Hash(data, hashAlg, TPM_RH_NULL);
    ByteVec digest = hash.outHash;
```

```
    // 使用私钥签名摘要
    auto sign = tpm[sess].Sign(handle, digest, TPMS_NULL_SIG_SCHEME(), null);
    ByteVec buffer = sign->toBytes();
    tpm.FlushContext(sess);
    // 编码签名
    string encoded = base64_encode(&buffer[4], buffer.size() - 4);
    return encoded;
}
```

代码 16-4 的详细解释如下：

（1）进行基于密码的 Policy 授权。

（2）调用 tpm 实例的 Hash 方法计算 data 数组的摘要，存储至 digest 数组。

（3）调用 tpm 实例的 Sign 方法，第 1 个参数为指向 Key 对象的 HANDLE；第 2 个参数为 digest 数组，即需要签名的摘要；第 3 个参数为 TPMS_NULL_SIG_SCHEME 对象；第 4 个参数为 null。签名结果存储至 sign 变量。

（4）调用 sign 指针的 toBytes 方法获取签名数据，存储至 buffer 数组。

（5）调用 tpm 实例的 FlushContext 方法清理 Session 对象。

（6）调用 base64_encode 函数编码 buffer 数组，即得到签名。

使用 C# 签名消息的过程见代码 16-5。

代码 16-5　使用 C# 签名消息

```
private static string Sign(
    Tpm2 tpm, byte[] useAuth, byte[] data, TpmHandle handle)
{
    // 定义 Policy
    PolicyTree p = new PolicyTree(hashAlg);
    p.Create(new PolicyAce[]
    {
        new TpmPolicyAuthValue()
    });
    // 进行 Password 授权
    handle.SetAuth(useAuth);
    // 创建 Session 对象
    AuthSession sess = tpm.StartAuthSessionEx(TpmSe.Policy, hashAlg);
    sess.RunPolicy(tpm, p);
    // 计算消息摘要
    TkHashcheck ticket;
    byte[] digest = tpm.Hash(data, TpmAlgId.Sha1, TpmRh.Null, out ticket);
    // 使用私钥签名摘要
    var sign = tpm[sess].Sign(
        handle, digest, null, TpmHashCheck.Null()) as SignatureRsassa;
    byte[] buffer = sign.sig;
    tpm.FlushContext(sess);
    // 编码签名
    string encoded = Convert.ToBase64String(buffer);
    return encoded;
}
```

代码 16-5 的详细解释如下：

（1）进行基于密码的 Policy 授权。

（2）调用 tpm 实例的 Hash 方法计算 data 数组的摘要，存储至 digest 数组。

（3）调用 tpm 实例的 Sign 方法，第 1 个参数为指向 Key 对象的 HANDLE；第 2 个参数为 digest 数组，即需要签名的摘要；第 3 个参数为 null；第 4 个参数为 TpmHashCheck.Null()。签名结果存储至 sign 变量。

（4）调用 sign.sig 属性获取签名数据，存储至 buffer 数组。

（5）调用 tpm 实例的 FlushContext 方法清理 Session 对象。

（6）调用 Convert.ToBase64String 方法编码 buffer 数组，即得到签名。

16.3.8　发送消息

定义并实现名称为 Send2Network 的方法，它负责与接收方（IP 地址为 192.168.0.101）建立 TCP 连接，然后发送编码后的消息与签名。

使用 C++发送消息与签名的过程见代码 16-6。

代码 16-6　使用 C++发送消息与签名

```
#pragma comment(lib,"WS2_32.lib")
const char* address = "192.168.0.101";
const int port = 8001;

TPM_ALG_ID hashAlg = TPM_ALG_ID::SHA1;

int main()
{
    // 连接 TPM,略

    // 定义 Key 对象密码
    const char* cpwd = "password";
    ByteVec useAuth(cpwd, cpwd + strlen(cpwd));
    // 定义明文消息
    const char* cstr = "Doge barking at the moon";
    ByteVec data(cstr, cstr + strlen(cstr));
    // 调用 16.3.6 节实现的 Import 方法,导入私钥
    TPM_HANDLE handle;
    Import(tpm, useAuth, handle);
    // 调用 16.3.7 节实现的 Sign 方法,签名消息
    string sign = Sign(tpm, useAuth, data, handle);
    // 输出原始消息与签名结果
    std::cout <<
        "Data: " << data << endl <<
        "Signature: " << sign << endl;
    // 发送编码消息与签名
    string encoded = base64_encode(data.data(), data.size());
    string msg = encoded + "|" + sign;
    if (Send2Network(msg) == 1)
        std::cout << "Msg sent successfully." << endl;
}

int Send2Network(string& msg)
```

```
{
    WSADATA wsd;
    SOCKET client;
    SOCKADDR_IN addrSrv;
    if (WSAStartup(MAKEWORD(2, 2), &wsd) != 0) return 0;
    client = socket(AF_INET, SOCK_STREAM, 0);
    if (INVALID_SOCKET == client) return 0;
    addrSrv.sin_addr.S_un.S_addr = inet_addr(address);
    addrSrv.sin_family = AF_INET;
    addrSrv.sin_port = htons(port);
    if (SOCKET_ERROR == connect(client, (SOCKADDR *)&addrSrv, sizeof(addrSrv)))
        return 0;
    // 发送消息
    const char * cmsg = msg.c_str();
    send(client, cmsg, strlen(cmsg), 0);
    closesocket(client);
    WSACleanup();
    return 1;
}
```

代码 16-6 的详细解释如下：

(1) 定义名称为 Send2Network 的方法。

(2) 在 Send2Network 方法中创建客户端 Socket 对象，指定服务端的 IP 地址与端口。

(3) 调用 connect 方法建立 Socket 连接。

(4) 调用 send 方法发送编码消息与签名，消息与签名之间以|符号进行分隔。

(5) 在 main 方法中定义明文消息，并增加对 Sign 与 Send2Network 方法的调用。

(6) 在 main 方法中输出原始消息与签名结果。

使用 C# 发送消息与签名的过程见代码 16-7。

代码 16-7 使用 C# 发送消息与签名

```
// 新增以下引用
using System.Net;
using System.Net.Sockets;
namespace TPMDemoNET
{
    class Program
    {
        private const string address = "192.168.0.101";
        private const int port = 8001;

        private static TpmAlgId hashAlg = TpmAlgId.Sha1;

        static void Main(string[] args)
        {
            // 连接 TPM,略

            // 定义 Key 对象密码
            string cpwd = "password";
            byte[] useAuth = Encoding.ASCII.GetBytes(cpwd);
            // 定义明文消息
```

```
            string cstr = "Doge barking at the moon";
            byte[] data = Encoding.ASCII.GetBytes(cstr);
            // 调用 16.3.6 节实现的 Import 方法,导入私钥
            TpmHandle handle = null;
            Import(tpm, useAuth, ref handle);
            // 调用 16.3.7 节实现的 Sign 方法,签名消息
            string sign = Sign(tpm, useAuth, data, handle);
            // 输出原始消息与签名结果
            string dataHex = BitConverter.ToString(data).Replace("-", "").ToLower();
            Console.WriteLine("Data: " + dataHex);
            Console.WriteLine("Signature: " + sign);
            // 发送编码消息与签名
            string encoded = Convert.ToBase64String(data);
            string msg = string.Format("{0}|{1}", encoded, sign);
            if (Send2Network(msg))
                Console.WriteLine("Msg sent successfully.");
        }

        private static bool Send2Network(string msg)
        {
            Socket client = new Socket(AddressFamily.InterNetwork,
                                       SocketType.Stream, ProtocolType.Tcp);
            IPAddress ipAddr = IPAddress.Parse(address);
            IPEndPoint endpoint = new IPEndPoint(ipAddr, port);
            client.Connect(endpoint);
            // 发送消息
            byte[] data = Encoding.ASCII.GetBytes(msg);
            client.Send(data);
            client.Close();
            return true;
        }
    }
}
```

代码 16-7 的详细解释如下：

(1) 引入 System.Net 与 System.Net.Sockets 名称空间。

(2) 定义名称为 Send2Network 的方法。

(3) 在 Send2Network 方法中创建客户端 Socket 对象,指定服务端的 IP 地址与端口。

(4) 调用 client.Connect 方法建立 Socket 连接。

(5) 调用 client.Send 方法发送编码消息与签名,消息与签名之间以|符号进行分隔。

(6) 在 Main 方法中定义明文消息,并增加对 Sign 与 Send2Network 方法的调用。

(7) 在 Main 方法中输出原始消息与签名结果。

16.3.9　导入证书

在接收方(IP 地址为 192.168.0.101)计算机上,用 C# 语言编写接收方应用程序的代码。需要注意的是,由于接收方代码与 TSS API 无关,因此仅用 C# 语言进行编写。

将 16.3.4 节下载的 certnew.cer 证书文件复制到接收方应用程序的主目录中,重命名为 cert.cer 文件。定义并实现名称为 LoadCert 的方法,导入证书。

导入证书的过程见代码 16-8。

代码 16-8　导入证书

```
using System;
using System.IO;
using System.Linq;
using System.Text;
using System.Security.Cryptography;
using System.Security.Cryptography.X509Certificates;
namespace Server
{
    class Program
    {
        private static X509Certificate2 cert;

        static void Main(string[] args)
        {
            LoadCert();
        }

        private static void LoadCert()
        {
            // 读入 X.509 - PEM 格式的证书文件数据
            string filePath = string.Format ("{0}\\..\\..\\{1}",
                                             Directory.GetCurrentDirectory(),
                                             "cert.cer");
            cert = new X509Certificate2(filePath, "",
                                        X509KeyStorageFlags.DefaultKeySet);
        }
    }
}
```

代码 16-8 的详细解释如下：

（1）引入 System. Security. Cryptography 与 System. Security. Cryptography. X509Certificates 名称空间，用于处理 X. 509 格式的证书。

（2）声明名称为 cert 的静态变量。

（3）定义名称为 LoadCert 的方法。

（4）在 LoadCert 方法中创建 X509Certificate2 对象，读入 X. 509-PEM 格式的证书文件数据，存储至 cert 静态变量。

16.3.10　接收消息

定义并实现名称为 CreateServer 的方法，接收消息。

接收消息的过程见代码 16-9。

代码 16-9　接收消息

```
using System;
using System.IO;
using System.Linq;
```

```
using System.Text;
using System.Security.Cryptography;
using System.Security.Cryptography.X509Certificates;
using System.Net;
using System.Net.Sockets;
using System.Threading;
using System.Threading.Tasks;
namespace Server
{
    class Program
    {
        private const string address = "192.168.0.101";
        private const int port = 8001;
        private const int buffer_size = 512;
        private static CancellationTokenSource source;
        private static X509Certificate2 cert;

        static void Main(string[] args)
        {
            source = new CancellationTokenSource();
            LoadCert();
            CreateServer(source);
            Console.ReadLine();
            source.Cancel();
        }

        public static void CreateServer(CancellationTokenSource source)
        {
            Task.Run(() =>
            {
                Socket socket = new Socket(AddressFamily.InterNetwork,
                                           SocketType.Stream,
                                           ProtocolType.Tcp);
                IPAddress ipAddr = IPAddress.Parse(address);
                IPEndPoint endpoint = new IPEndPoint(ipAddr, port);
                try {
                    socket.Bind(endpoint);
                    socket.Listen(1);
                    Console.WriteLine("Waiting for the client.\r\n");
                }
                catch {
                    return;
                }
                while (true)
                {
                    if (source.IsCancellationRequested)
                        break;
                    Socket client = socket.Accept();
                    byte[] buffer = new byte[buffer_size];
                    try {
                        int len = client.Receive(buffer);
                        if (len == 0)
                        {
                            client.Close();
```

```
                        continue;
                    }
                    string msg = Encoding.ASCII.GetString(
                        buffer.Where(x => x != 0).ToArray());
                    Console.WriteLine(
                        string.Format("Received msg: {0}\r\n", msg));
                    // 验证签名(待 16.3.11 节实现)
                    string s = Verify(msg);
                    Console.WriteLine(s);
                }
                catch (Exception ex) {
                    client.Shutdown(SocketShutdown.Both);
                }
                finally {
                    client.Close();
                }
            }
            socket.Close();
        }, source.Token);
    }
  }
}
```

代码 16-9 的详细解释如下：

(1) 引入 Socket 与多线程名称空间。

(2) 定义名称为 CreateServer 的方法。

(3) 在 CreateServer 方法中开启新的线程。

(4) 在新的线程中实现 TCP 侦听器，侦听来自客户端的连接请求。

(5) 收到客户端连接请求后，接收消息并调用 Verify 方法(Verify 方法将在 16.3.11 节实现)。

16.3.11 验证签名

验证签名过程分为以下两个步骤：

(1) 验证证书的有效性。

(2) 验证签名的有效性。

.NET Framework 中的 X509Certificate2 类提供了 Verify 方法，它能够执行一系列有关证书合法性校验的逻辑，例如判断证书是否过期、证书是否被吊销、证书属性是否完整以及证书自身的签名是否正确等。

如果 X509Certificate2 类的 Verify 方法返回的结果为 false，则可以使用 certutil 工具进行排查，命令为 certutil -verify -urlfetch cert.cer。使用 certutil 工具验证证书有效性的输出示例如图 16-9 所示。

当证书验证成功后，就可以从证书中提取公钥并转换为.NET Framework 中的 RSA 对象，然后调用 RSA 对象的 VerifyData 方法验证由发送方发来的消息签名。需要注意的是，VerifyData 方法使用 CPU 进行验签运算，没有使用 TPM 或 TSS API。

定义并实现名称为 Verify 的方法，分别验证证书的有效性与消息签名的有效性。

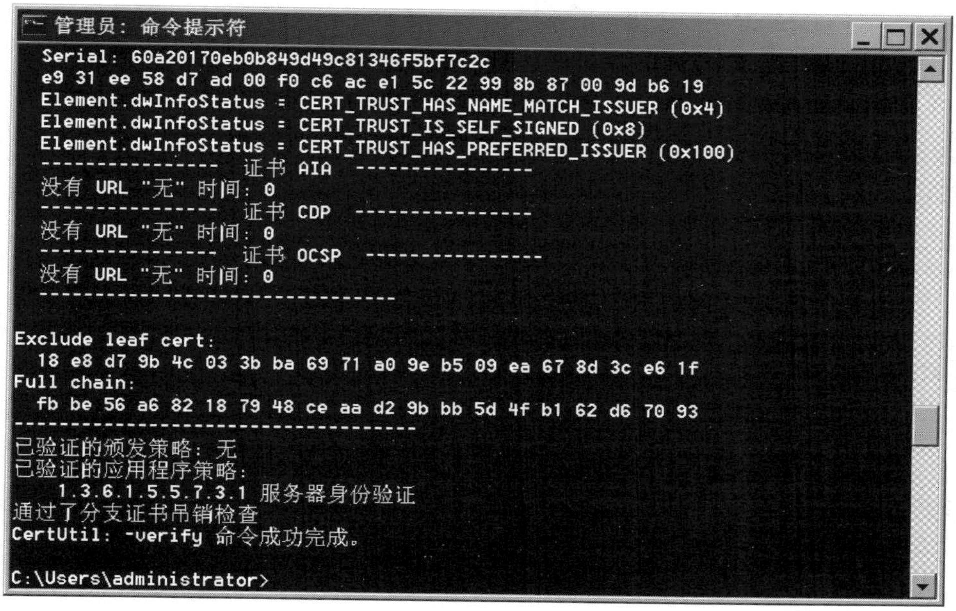

```
管理员: 命令提示符
  Serial: 60a20170eb0b849d49c81346f5bf7c2c
  e9 31 ee 58 d7 ad 00 f0 c6 ac e1 5c 22 99 8b 87 00 9d b6 19
  Element.dwInfoStatus = CERT_TRUST_HAS_NAME_MATCH_ISSUER (0x4)
  Element.dwInfoStatus = CERT_TRUST_IS_SELF_SIGNED (0x8)
  Element.dwInfoStatus = CERT_TRUST_HAS_PREFERRED_ISSUER (0x100)
  ----------------  证书 AIA  ----------------
  没有 URL "无" 时间: 0
  ----------------  证书 CDP  ----------------
  没有 URL "无" 时间: 0
  ----------------  证书 OCSP  ----------------
  没有 URL "无" 时间: 0
  --------------------------------

Exclude leaf cert:
  18 e8 d7 9b 4c 03 3b ba 69 71 a0 9e b5 09 ea 67 8d 3c e6 1f
Full chain:
  fb be 56 a6 82 18 79 48 ce aa d2 9b bb 5d 4f b1 62 d6 70 93
------------------------------------
已验证的颁发策略: 无
已验证的应用程序策略:
    1.3.6.1.5.5.7.3.1 服务器身份验证
通过了分支证书吊销检查
CertUtil: -verify 命令成功完成。

C:\Users\administrator>
```

图 16-9 使用 certutil 工具验证证书有效性的输出示例

验证证书与签名的过程见代码 16-10。

代码 16-10 验证证书与签名

```
private static string Verify(string encoded)
{
    string[] arr = encoded.Split('|');
    // 解码消息与签名
    byte[] data = Convert.FromBase64String(arr[0]);
    byte[] sign = Convert.FromBase64String(arr[1]);
    // 验证证书
    string s;
    if (cert.Verify())
    {
        RSA rsa = cert.GetRSAPublicKey();
        // 验证签名
        if (rsa.VerifyData(data, sign,
                         HashAlgorithmName.SHA1, RSASignaturePadding.Pkcs1))
            s = Encoding.ASCII.GetString(data);
        else
            s = "签名无效";
    }
    else
        s = "证书无效";
    return s;
}
```

代码 16-10 的详细解释如下:

(1) 将消息以分隔符"|"拆分为原始数据部分与签名部分,并调用 base64_decode 方法

进行解码。

(2) 定义名称为 s 的字符串,存储 Verify 方法的返回值。

(3) 调用 cert. Verify 方法验证证书的有效性。

(4) 如果证书验证成功,继续调用 cert. GetRSAPublicKey 方法从证书中提取公钥,存储至 rsa 变量。

(5) 调用 rsa. VerifyData 方法验证签名的有效性。

(6) 如果验签成功,则将原始数据存储至 s 变量;如果验签失败,则将异常信息存储至 s 变量。

16.3.12 测试程序

现在测试发送方与接收方应用程序的签名以及验签过程。

编译并运行接收方程序(服务端),程序运行后将处于等待连接状态。

运行发送方程序(客户端),程序运行后,通过如图 16-10 所示的控制台窗口看到输出了明文消息(Data)与对应的签名(Signature),然后消息与签名被发送至网络中(Msg sent successfully)。

图 16-10 运行发送方程序

查看接收方程序的控制台窗口,如图 16-11 所示,可以看到收到一条编码消息(Received msg),并成功验证了证书与签名的有效性(Cert & Signature passed),表示消息来源真实、消息内容完整。

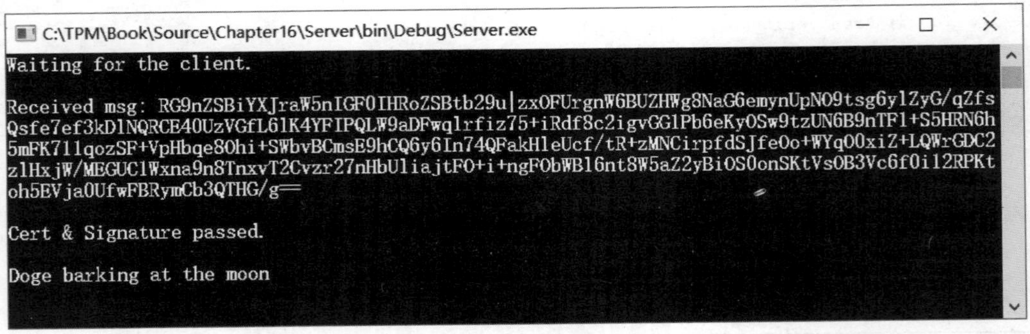

图 16-11 查看接收方程序

16.4 本章小结

本章首先介绍了数字证书的基础概念，以及证书与数字签名的联合应用场景。证书作为 PKI 中非常重要的基础结构，为参与消息传输的各方提供了身份认证能力，能够有效阻止 MITM 攻击。数字签名不仅用于验证消息的完整性，也用于验证证书自身的真实性与完整性，这是通过使用 CA 根证书对子证书进行签名实现的。

随后在一台 Windows Server 服务器上部署了 CA 服务，用于颁发与管理证书；另一台 Windows Server 服务器扮演 Key 生成方，用于生成非对称 Key 与申请证书。

最后通过示例演示了在不同应用系统之间联合 CA、数字签名、数字证书技术实现消息传输完整性与真实性的具体过程，主要包括生成 Key、申请证书、颁发证书、发送方导入私钥并对消息进行签名、接收方导入证书并对消息进行验签。

第 17 章

非对称密钥迁移

第 11 章的示例将 Key 生成方生成的私钥最终导入了 TPM 的 NULL 分层，而不是存储分层。NULL 分层适用于临时使用的场景，自身没有授权机制，任何用户都能访问，并且其中存储的数据将随着计算机重启或断电而全部消失，因此，如果能够将私钥从 NULL 分层迁移至存储分层，对于应用系统来说可能是更安全的选项之一。

本章主要研究如何在 TPM 分层之间迁移导入的 Key 对象。

17.1 再谈 Duplicate 方法

在第 9 章与第 13 章的示例中虽然通过调用 Duplicate 方法以明文形式成功导出了 Key，却没有发挥出 Duplicate 方法的完整功能。Duplicate 方法不仅可以将 Key 从 TPM 中导出，也支持在不同的 TPM 分层或 TPM 芯片之间迁移 Key。

Duplicate 方法为 Key 的日常管理任务提供了便捷性与安全性。便捷性指的是支持在不同的计算机或服务器之间迁移或备份 Key。例如，当服务器进入硬件生命周期的回收阶段时，如果不能及时地将存储在 TPM 芯片中的 Key 迁移至新的服务器，则依赖此 Key 的应用系统中的数据将存在无法被解密的巨大风险。在实际的应用场景中，基于集群或负载均衡的应用系统架构非常普遍，因此需要将 TPM 中的 Key 同步至集群的各个节点，从而实现服务一致性。安全性指的是在迁移或备份过程中对数据本身进行加密，防止篡改或窃听。

C++版本的 Duplicate 方法定义见代码 17-1。

代码 17-1　C++版本的 Duplicate 方法定义

```
DuplicateResponse Duplicate
(
    const TPM_HANDLE& objectHandle,
    const TPM_HANDLE& newParentHandle,
    const ByteVec& encryptionKeyIn,
    const TPMT_SYM_DEF_OBJECT& symmetricAlg
);
```

C＃版本的 Duplicate 方法定义见代码 17-2。

代码 17-2 C#版本的 Duplicate 方法定义

```
byte[] Duplicate
(
    TpmHandle objectHandle,
    TpmHandle newParentHandle,
    byte[] encryptionKeyIn,
    SymDefObject symmetricAlg,
    out TpmPrivate duplicate,
    out byte[] outSymSeed
);
```

Duplicate 方法支持以明文形式或加密形式导出 Key，至于使用哪种形式，取决于是否为 Duplicate 方法提供后 3 个入参，即 newParentHandle、encryptionKeyIn 以及 symmetricAlg 参数。

newParentHandle 参数可以设置为某个 Primary Key 对象的公钥 HANDLE，用于加密导出的 Key。其实，此公钥并不直接加密导出的 Key，TPM 首先生成 seed，然后使用 seed 派生的对称 Key 加密导出的 Key，最后使用 Primary Key 的公钥加密 seed。可以将此过程理解为：设置 newParentHandle 参数表示将导出的 Key 与某个 Primary Key 强行绑定，要求导出的 Key 未来只能被导入特定的 Primary Key 对象之下，而无法将其导入其他位置。由 seed 派生的对称 Key 将受到 TPM 的自动管理，不会返回给用户。

encryptionKeyIn 参数可以设置为某个对称 Key，同样用于加密导出的 Key。此参数为可选参数，当不提供此参数时，TPM 将使用 RNG 自动生成对称 Key。需要注意的是，此参数所指的对称 Key 与 newParentHandle 参数通过 seed 派生的对称 Key 之间没有任何关系，使用 encryptionKeyIn 参数对导出的 Key 进行加密的方式属于内层加密；通过 seed 间接派生对称 Key，然后对导出的 Key 进行加密的方式属于外层加密。内层加密与外层加密共同协作，为导出的 Key 提供双重防护能力。

symmetricAlg 参数指定具体的对称 Key 算法（如 AES），对应 encryptionKeyIn 参数所使用的算法。如果不提供 encryptionKeyIn 参数，但是设置了 symmetricAlg 参数，则 TPM 会基于指定的算法为 encryptionKeyIn 参数生成对称 Key。

Duplicate 方法的返回结果包含以下 3 个属性：

（1）duplicate：导出的数据，采用明文形式或加密形式。

（2）encryptionKeyOut：如果不提供 encryptionKeyIn 参数，则 TPM 使用 RNG 自动生成对称 Key 并作为此属性的返回值，用于解密内层数据。

（3）outSymSeed：TPM 生成的 seed，用于解密外层数据（seed 自身需要用 Primary Key 的私钥解密）。

Duplicate 方法支持以下导出格式：

（1）导出明文：主要用于异构系统之间的迁移。newParentHandle 参数设置为 NULL 分层的 HANDLE；encryptionKeyIn 参数设置为 null；symmetricAlg 参数设置为 null(C#设置为 SymDefObject 空对象)。

（2）导出密文：主要用于 TPM 分层或 TPM 芯片之间的迁移。newParentHandle 参数设置为 Primary Key 对象的公钥 HANDLE；encryptionKeyIn 参数设置为对称 Key(用户提供)或 null(TPM 自动生成)；symmetricAlg 参数指定对称 Key 算法。

17.2 Import 方法

TSS API 提供的 Import 方法比较有趣，其名称有一定的欺骗性，容易让人误以为其作用是将 Key 导入 TPM 内存。其实，Import 方法与导入行为没有直接关系，它主要用于生成一份可导入的加密数据。既然 Duplicate 方法已经支持对导出的 Key 进行双重加密，为什么 Import 方法还要多此一举而再次加密呢？现实情况确实如此，如果想要将 Duplicate 方法导出的加密数据重新导入 TPM 中，就必须借助 Import 方法进行数据格式的转换。首先，Import 方法对 Duplicate 方法导出的数据进行双重解密，第 1 步使用 seed(outSymSeed)还原外层对称 Key 并解密外层数据，第 2 步使用内层对称 Key(encryptionKeyIn 或 encryptionKeyOut)解密内层数据。随后，Import 方法使用 Primary Key 对解密后的明文 Key 重新进行加密，生成新的、可导入的加密数据。最终导入 Key 的动作是由 Load 方法完成的，而不是 Import 方法。因此，可以将 Import 方法视为 Duplicate 方法与 Load 方法之间的桥梁，即 Duplicate→Import→Load。

Import 方法与 Create 方法非常类似，它们都用于生成加密的 Key 数据，不同的是 Create 方法的参数来源于 Key 模板，而 Import 方法的参数来源于 Duplicate 方法的输出。

C++版本的 Import 方法定义见代码 17-3。

代码 17-3 C++版本的 Import 方法定义

```
TPM2B_PRIVATE Import
(
    const TPM_HANDLE& parentHandle,
    const ByteVec& encryptionKey,
    const TPMT_PUBLIC& objectPublic,
    const TPM2B_PRIVATE& duplicate,
    const ByteVec& inSymSeed,
    const TPMT_SYM_DEF_OBJECT& symmetricAlg
);
```

C#版本的 Import 方法定义见代码 17-4。

代码 17-4 C#版本的 Import 方法定义

```
TpmPrivate Import
(
    TpmHandle parentHandle,
    byte[] encryptionKey,
    TpmPublic objectPublic,
    TpmPrivate duplicate,
    byte[] inSymSeed,
    SymDefObject symmetricAlg
);
```

Import 方法的参数解释如下：

(1) parentHandle：Primary Key 对象的 HANDLE，用于解密 seed 以及对 Duplicate 方法导出的 Key 重新进行加密，同时也作为 Key 对象的父级对象。需要注意的是，此 HANDLE 不能仅提供公钥 HANDLE，而是需要提供同时包含私钥与公钥的完整 HANDLE。

(2) encryptionKey：自定义的对称 Key 或 Duplicate 方法返回的对称 Key，用于解密 Duplicate 方法生成的内层数据。

(3) objectPublic：Key 模板，用于完整性校验。

(4) duplicate：Duplicate 方法导出的加密数据。

(5) inSymSeed：Duplicate 方法返回的 seed，用于解密 Duplicate 方法生成的外层数据。

(6) symmetricAlg：对称 Key 算法。

17.3 在分层之间迁移

本节通过示例来研究在导入 Key 对象后，如何将其从 NULL 分层迁移至存储分层。由于示例涉及多个 Key 对象的引用，为了避免名称上的混淆，统一将导入 NULL 分层并希望迁移至存储分层的 Key 对象称为“正在迁移的 Key 对象”。

17.3.1 创建 Primary Key

在存储分层中创建 Primary Key 对象，其作用如下：

(1) 作为正在迁移的 Key 对象的父级对象。

(2) 加密与解密 Duplicate 方法导出的 Key。

(3) 加密与解密 Import 方法包装的 Key。

使用 C++创建 Primary Key 对象的过程见代码 17-5。

代码 17-5 使用 C++创建 Primary Key 对象

```
#include <iostream>
#include <fstream>
#include <botan/rsa.h>
#include <botan/bigint.h>
#include <botan/pkcs8.h>
#include <botan/pem.h>
#include <botan/base64.h>
#include <regex>
#include "base64.h"
#include "Tpm2.h"
using namespace TpmCpp;
#define null { }

TPM_ALG_ID hashAlg = TPM_ALG_ID::SHA1;
TPMT_SYM_DEF_OBJECT Aes128Cfb(TPM_ALG_ID::AES, 128, TPM_ALG_ID::CFB);

int main()
{
```

```
    // 连接 TPM,略

    // 定义存储分层密码
    const char * ownerpwd = "E(H + MbQe";
    ByteVec ownerAuth(ownerpwd, ownerpwd + strlen(ownerpwd));
    // 定义 Key 对象密码
    const char * cpwd = "password";
    ByteVec useAuth(cpwd, cpwd + strlen(cpwd));
    // 在访问存储分层之前,需要进行 Password 授权
    tpm._AdminOwner.SetAuth(ownerAuth);

    TPM_HANDLE storageHandle;
    CreateStorageKey(tpm, useAuth, storageHandle);
}

void CreateStorageKey(Tpm2 tpm, ByteVec& useAuth, TPM_HANDLE& handle)
{
    // 定义 Policy
    PolicyAuthValue policyAuthValue;
    PolicyTree p(policyAuthValue);
    // 计算 Policy 摘要
    TPM_HASH policyDigest = p.GetPolicyDigest(hashAlg);
    // 定义 Primary Key 模板
    TPMT_PUBLIC temp(hashAlg,
        TPMA_OBJECT::decrypt | TPMA_OBJECT::sensitiveDataOrigin |
        TPMA_OBJECT::fixedParent | TPMA_OBJECT::fixedTPM |
        TPMA_OBJECT::restricted,
        policyDigest,
        TPMS_RSA_PARMS(Aes128Cfb, TPMS_NULL_ASYM_SCHEME(), 2048, 65537),
        TPM2B_PUBLIC_KEY_RSA());
    // 使用密码保护 Primary Key 对象
    TPMS_SENSITIVE_CREATE sensCreate(useAuth, null);
    // 创建 Primary Key 对象
    CreatePrimaryResponse primary =
        tpm.CreatePrimary(TPM_RH::OWNER, sensCreate, temp, null, null);
    handle = primary.handle;
}
```

代码 17-5 的 main 方法详细解释如下：

(1) 定义名称为 ownerAuth 的字节数组，存储分层密码。

(2) 定义名称为 useAuth 的字节数组，存储用户密码。

(3) 对存储分层进行 Password 授权。

(4) 定义名称为 storageHandle 的变量，用于接收 Primary Key 对象的 HANDLE。

(5) 调用 CreateStorageKey 方法。

代码 17-5 的 CreateStorageKey 方法详细解释如下：

(1) 定义 PolicyAuthValue 类型的表达式对象。

(2) 创建 PolicyTree 对象，将 PolicyAuthValue 表达式对象作为其参数。

(3) 调用 GetPolicyDigest 方法计算 Policy 摘要。

(4) 定义限制性解密类型的 TPMT_PUBLIC 模板。

（5）创建 TPMS_SENSITIVE_CREATE 对象，用于保护 Primary Key 对象。

（6）调用 tpm 实例的 CreatePrimary 方法创建 Primary Key 对象，命令响应结果存储至 primary 变量。

（7）调用 primary.handle 获取指向新创建的 Primary Key 对象的 HANDLE，存储至 main 方法中定义的 storageHandle 变量（CreateStorageKey 方法中的 handle 变量是 storageHandle 变量的别名）。

使用 C# 创建 Primary Key 对象的过程见代码 17-6。

代码 17-6 使用 C# 创建 Primary Key 对象

```
using System;
using System.IO;
using System.Text;
using System.Security.Cryptography;
using Tpm2Lib;
using CSharp_easy_RSA_PEM;
namespace TPMDemoNET
{
    class Program
    {
        private static TpmAlgId hashAlg = TpmAlgId.Sha1;
        private static SymDefObject Aes128Cfb =
            new SymDefObject(TpmAlgId.Aes, 128, TpmAlgId.Cfb);

        static void Main(string[] args)
        {
            // 连接 TPM,略

            // 定义存储分层密码
            string ownerpwd = "E(H+MbQe";
            byte[] ownerAuth = Encoding.ASCII.GetBytes(ownerpwd);
            // 定义 Key 对象密码
            string cpwd = "password";
            byte[] useAuth = Encoding.ASCII.GetBytes(cpwd);
            // 在访问存储分层之前,需要进行 Password 授权
            tpm.OwnerAuth.AuthVal = ownerAuth;

            TpmHandle storageHandle = null;
            CreateStorageKey(tpm, useAuth, ref storageHandle);
        }

        private static void CreateStorageKey(
            Tpm2 tpm, byte[] useAuth, ref TpmHandle handle)
        {
            // 定义 Policy
            PolicyTree p = new PolicyTree(hashAlg);
            p.Create(new PolicyAce[]
            {
                new TpmPolicyAuthValue()
            });
            // 计算 Policy 摘要
            TpmHash policyDigest = p.GetPolicyDigest();
```

```
            // 定义 Primary Key 模板
            var temp = new TpmPublic(hashAlg,
                ObjectAttr.Decrypt | ObjectAttr.SensitiveDataOrigin |
                ObjectAttr.FixedParent | ObjectAttr.FixedTPM |
                ObjectAttr.Restricted,
                policyDigest,
                new RsaParms(Aes128Cfb, null, 2048, 65537),
                new Tpm2bPublicKeyRsa());
            // 使用密码保护 Primary Key 对象
            SensitiveCreate sensCreate = new SensitiveCreate(useAuth, null);
            // 创建 Primary Key 对象
            TpmPublic keyPublic;
            CreationData creationData;
            TkCreation creationTicket;
            byte[] creationHash;
            handle = tpm.CreatePrimary(TpmRh.Owner, sensCreate, temp, null, null,
                                       out keyPublic, out creationData,
                                       out creationHash, out creationTicket);
        }
    }
}
```

代码 17-6 的 Main 方法详细解释如下：

(1) 定义名称为 ownerAuth 的字节数组，存储分层密码。

(2) 定义名称为 useAuth 的字节数组，存储用户密码。

(3) 对存储分层进行 Password 授权。

(4) 定义名称为 storageHandle 的变量，用于接收 Primary Key 对象的 HANDLE。

(5) 调用 CreateStorageKey 方法。

代码 17-6 的 CreateStorageKey 方法详细解释如下：

(1) 创建 PolicyTree 对象。

(2) 调用 PolicyTree 对象的 Create 方法，传入 PolicyAce 数组，其中仅包含 TpmPolicyAuthValue 类型的表达式对象。

(3) 调用 GetPolicyDigest 方法计算 Policy 摘要。

(4) 定义限制性解密类型的 TpmPublic 模板。

(5) 创建 SensitiveCreate 对象，用于保护 Primary Key 对象。

(6) 调用 tpm 实例的 CreatePrimary 方法创建 Primary Key 对象，此方法返回指向新创建的 Primary Key 对象的 HANDLE，将其存储至 Main 方法中定义的 storageHandle 变量。

17.3.2 导入私钥并迁移

扩展第 16 章示例中定义的 Import 方法，将其重命名为 ImportAndTransfer。在此方法中首先导入私钥，然后分别调用 TSS API 的 Duplicate、Import 以及 Load 方法。

使用 C++ 导入私钥并迁移的过程见代码 17-7。

代码 17-7 使用 C++导入私钥并迁移

```
void ImportAndTransfer(
    Tpm2 tpm, ByteVec& useAuth, TPM_HANDLE& storageHandle, TPM_HANDLE& handle)
{
    // 读入 PEM 私钥文件数据
    std::ifstream inFile("private_pkcs8.pem");
    string pem(
        (std::istreambuf_iterator<char>(inFile)),
        (std::istreambuf_iterator<char>()));
    pem = std::regex_replace(pem, std::regex("-----BEGIN PRIVATE KEY-----"), "");
    pem = std::regex_replace(pem, std::regex("-----END PRIVATE KEY-----"), "");
    // 计算 modulus 与 p 因子
    Botan::SecureVector<uint8_t> keyBytes = Botan::base64_decode(pem);
    std::vector<uint8_t> keyBytesU8(keyBytes.begin(), keyBytes.end());
    Botan::DataSource_Memory dataSource(keyBytesU8);
    std::unique_ptr<Botan::Private_Key> priKey =
        Botan::PKCS8::load_key(dataSource);
    Botan::RSA_PublicKey rsaPubKey(
        priKey->algorithm_identifier(), priKey->public_key_bits());
    Botan::RSA_PrivateKey rsaPriKey(
        priKey->algorithm_identifier(), priKey->private_key_bits());
    Botan::BigInt modulus = rsaPubKey.get_n();
    int size = modulus.bytes();
    ByteVec bufferPub(size);
    modulus.binary_encode(bufferPub.data(), bufferPub.size());
    Botan::BigInt bp = rsaPriKey.get_p();
    size = bp.bytes();
    ByteVec buffer(size);
    bp.binary_encode(buffer.data(), buffer.size());
    // 定义用于保护导入的 Key 对象的 Policy
    PolicyAuthValue policyAuthValue("user-branch");
    PolicyCommandCode policyCmd(TPM_CC::Duplicate, "admin-branch");
    PolicyTree branch1(policyAuthValue);
    PolicyTree branch2(policyCmd);
    PolicyTree p(PolicyOr(branch1.GetTree(), branch2.GetTree()));
    // 计算 Policy 摘要
    TPM_HASH policyDigest = p.GetPolicyDigest(hashAlg);
    // 定义 Key 模板
    TPMT_PUBLIC temp(hashAlg,
        TPMA_OBJECT::sign | TPMA_OBJECT::sensitiveDataOrigin,
        policyDigest,
        TPMS_RSA_PARMS(null, TPMS_SCHEME_RSASSA(hashAlg), 2048, 65537),
        TPM2B_PUBLIC_KEY_RSA(bufferPub));
    // 在 NULL 分层中导入 Key 对象
    TPMT_SENSITIVE sens(useAuth, null, TPM2B_PRIVATE_KEY_RSA(buffer));
    TPM_HANDLE nullHandle = tpm.LoadExternal(sens, temp, TPM_RH_NULL);
    // 创建用于导出行为的 Session 对象
    AUTH_SESSION sess = tpm.StartAuthSession(TPM_SE::POLICY, hashAlg);
    p.Execute(tpm, sess, "admin-branch");
    // 以加密形式导出私钥
    DuplicateResponse resp =
        tpm[sess].Duplicate(nullHandle, storageHandle, null, Aes128Cfb);
    // 定义用于访问 Primary Key 对象的 Policy
```

```
    PolicyAuthValue policyAuthValue2;
    PolicyTree p2(policyAuthValue2);
    // 进行 Password 授权
    storageHandle.SetAuth(useAuth);
    // 创建用于加密行为的 Session 对象
    AUTH_SESSION sess2 = tpm.StartAuthSession(TPM_SE::POLICY, hashAlg);
    p2.Execute(tpm, sess2);
    // 解密并重新加密导出的 Key
    TPM2B_PRIVATE impPriv =
        tpm[sess2].Import(storageHandle, resp.encryptionKeyOut, temp,
                        resp.duplicate, resp.outSymSeed, Aes128Cfb);
    p2.Execute(tpm, sess2);
    // 在存储分层中导入 Key 对象
    handle = tpm[sess2].Load(storageHandle, impPriv, temp);
    tpm.FlushContext(sess);
    tpm.FlushContext(sess2);
    tpm.FlushContext(nullHandle);
}
```

代码 17-7 的详细解释如下：

(1) 读入私钥文件的数据，分别计算表示 modulus 因子的 bufferPub 数组与表示 p 因子的 buffer 数组(详细解释见第 16 章，此处不再赘述)。

(2) 定义 PolicyAuthValue 类型的表达式对象，tag 设置为 user-branch，表示此分支用于使用行为(签名)。

(3) 定义 PolicyCommandCode 类型的表达式对象，限定用户只能调用名称为 Duplicate 的方法，tag 设置为 admin-branch，表示此分支用于管理行为(导出)。

(4) 创建名称为 p 的 PolicyTree 对象，组合 PolicyAuthValue 与 PolicyCommandCode 表达式对象，它们之间为 OR 关系。此 PolicyTree 可以理解为：如果使用 user-branch 分支，则需要进行 Password 授权，并且绑定此 Policy 摘要的对象可以用于常规行为(如签名)；如果使用 admin-branch 分支，虽然不需要进行 Password 授权，但只能用于导出行为。

(5) 调用 p.GetPolicyDigest 方法计算 Policy 摘要。

(6) 定义 Key 模板，第 5 个参数传入装载了 bufferPub 数组的 TPM2B_PUBLIC_KEY_RSA 对象。

(7) 创建 TPMS_SENSITIVE 对象，第 3 个参数传入装载了 buffer 数组的 TPM2B_PRIVATE_KEY_RSA 对象。

(8) 调用 tpm 实例的 LoadExternal 方法导入 Key 对象，此方法返回指向导入的 Key 对象的 HANDLE，将其存储至 nullHandle 变量。

(9) 调用 tpm 实例的 StartAuthSession 方法创建 Session 对象，存储至 sess 变量。

(10) 调用 p.Execute 方法计算 Policy 摘要，指定 admin-branch 分支，填充 sess 对象用于导出过程。

(11) 调用 tpm 实例的 Duplicate 方法，第 1 个参数为指向导入 NULL 分层中的 Key 对象的 HANDLE；第 2 个参数为指向存储分层中 Primary Key 对象的 HANDLE；第 3 个参数与第 4 个参数分别指定 null 与对称 Key 算法，表示由 TPM 生成对称 Key。注意，通过语法 tpm[sess]关联了 tpm 实例与 sess 对象。命令响应结果存储至 resp 变量。

（12）定义 PolicyAuthValue 类型的表达式对象。

（13）创建名称为 p2 的 PolicyTree 对象，将步骤（12）定义的表达式对象作为其参数。

（14）调用 storageHandle. SetAuth 方法，对 Primary Key 对象进行 Password 授权。

（15）调用 tpm 实例的 StartAuthSession 方法创建 Session 对象，存储至 sess2 变量。

（16）调用 p2. Execute 方法计算 Policy 摘要，填充 sess2 对象用于访问 Primary Key 对象。

（17）调用 tpm 实例的 Import 方法生成可导入的加密数据，第 1 个参数为指向存储分层中 Primary Key 对象的 HANDLE；第 2 个参数为 Duplicate 方法返回的对称 Key；第 3 个参数为正在迁移的 Key 对象的 TPMT_PUBLIC 模板；第 4 个参数为 Duplicate 方法返回的加密数据；第 5 个参数为 Duplicate 方法返回的 seed；第 6 个参数指定对称 Key 算法。注意，通过语法 tpm[sess2]关联了 tpm 实例与 sess2 对象。Import 方法的返回结果实际上是正在迁移的 Key 对象的私钥数据，其被 Primary Key 对象使用内置的对称 Key 重新进行了加密（参见第 15 章），将返回结果存储至 impPriv 变量。

（18）调用 p2. Execute 方法重新计算 Policy 摘要。

（19）调用 tpm 实例的 Load 方法导入 Key 对象，第 1 个参数为指向 Primary Key 对象的 HANDLE；第 2 个参数为 Import 方法返回的加密数据；第 3 个参数为正在迁移的 Key 对象的 TPMT_PUBLIC 模板。此方法返回指向导入的 Key 对象的 HANDLE，将其存储至 handle 变量，即完成了从 NULL 分层向存储分层的迁移过程。

（20）调用 tpm 实例的 FlushContext 方法清理 Session 对象。

（21）调用 tpm 实例的 FlushContext 方法清理 NULL 分层中的 Key 对象。

使用 C# 导入私钥并迁移的过程见代码 17-8。

代码 17-8　使用 C# 导入私钥并迁移

```
private static void ImportAndTransfer(
    Tpm2 tpm, byte[] useAuth, TpmHandle storageHandle, ref TpmHandle handle)
{
    // 读入 PEM 私钥文件数据
    string inFile = string.Format("{0}\\..\\..\\{1}",
                                  Directory.GetCurrentDirectory(),
                                  "private.pem");
    string pem = File.ReadAllText(inFile);
    // 计算 modulus 与 p 因子
    RSACryptoServiceProvider rsa = Crypto.DecodeRsaPrivateKey(pem);
    RSAParameters keyInfo = rsa.ExportParameters(true);
    byte[] modulus = keyInfo.Modulus;
    byte[] bp = keyInfo.P;
    // 定义用于保护导入的 Key 对象的 Policy
    PolicyTree p = new PolicyTree(hashAlg);
    var branch1 = new PolicyAce[]
    {
        new TpmPolicyAuthValue(),
        "user-branch"
    };
    var branch2 = new PolicyAce[]
    {
```

```
        new TpmPolicyCommand(TpmCc.Duplicate),
        "admin - branch"
    };
    p.CreateNormalizedPolicy(new[ ] { branch1, branch2 });
    // 计算 Policy 摘要
    TpmHash policyDigest = p.GetPolicyDigest();
    // 定义 Key 模板
    var temp = new TpmPublic(hashAlg,
        ObjectAttr.Sign | ObjectAttr.SensitiveDataOrigin,
        policyDigest,
        new RsaParms(new SymDefObject(), new SchemeRsassa(hashAlg), 2048, 65537),
        new Tpm2bPublicKeyRsa(modulus));
    // 在 NULL 分层中导入 Key 对象
    Sensitive sens = new Sensitive(useAuth, null, new Tpm2bPrivateKeyRsa(bp));
    TpmHandle nullHandle = tpm.LoadExternal(sens, temp, TpmRh.Null);
    // 创建用于导出行为的 Session 对象
    AuthSession sess = tpm.StartAuthSessionEx(TpmSe.Policy, hashAlg);
    sess.RunPolicy(tpm, p, "admin - branch");
    // 以加密形式导出私钥
    TpmPrivate duplicate;
    byte[ ] seed;
    byte[ ] keyOut = tpm[sess].Duplicate(
        nullHandle, storageHandle, null, Aes128Cfb, out duplicate, out seed);
    // 定义用于访问 Primary Key 对象的 Policy
    PolicyTree p2 = new PolicyTree(hashAlg);
    p2.Create(new PolicyAce[ ]
    {
        new TpmPolicyAuthValue()
    });
    // 进行 Password 授权
    storageHandle.SetAuth(useAuth);
    // 创建用于加密行为的 Session 对象
    AuthSession sess2 = tpm.StartAuthSessionEx(TpmSe.Policy, hashAlg);
    sess2.RunPolicy(tpm, p2);
    // 解密并重新加密导出的 Key
    TpmPrivate impPriv =
        tpm[sess2].Import(storageHandle, keyOut, temp, duplicate, seed, Aes128Cfb);
    sess2.RunPolicy(tpm, p2);
    // 在存储分层中导入 Key 对象
    handle = tpm[sess2].Load(storageHandle, impPriv, temp);
    tpm.FlushContext(sess);
    tpm.FlushContext(sess2);
    tpm.FlushContext(nullHandle);
}
```

代码 17-8 的详细解释如下：

(1) 读入私钥文件的数据，分别计算表示 modulus 因子的 modulus 数组与表示 p 因子的 bp 数组(详细解释见第 16 章，此处不再赘述)。

(2) 创建名称为 p 的 PolicyTree 对象。

(3) 创建名称为 branch1 的 PolicyAce 数组，其中包含 PolicyAuthValue 类型的表达式对象，tag 设置为 user-branch，表示此分支用于使用行为(签名)。

（4）创建名称为 branch2 的 PolicyAce 数组，其中包含 TpmPolicyCommand 类型的表达式对象，限定用户只能调用名称为 Duplicate 的方法，tag 设置为 admin-branch，表示此分支用于管理行为（导出）。

（5）调用 p. CreateNormalizedPolicy 方法，传入 PolicyAce 数组，其中包含 branch1 与 branch2 分支，它们之间为 OR 关系。此 PolicyTree 可以理解为：如果使用 user-branch 分支，则需要进行 Password 授权，并且绑定此 Policy 摘要的对象可以用于常规行为（如签名）；如果使用 admin-branch 分支，虽然不需要进行 Password 授权，但只能用于导出行为。

（6）调用 p. GetPolicyDigest 方法计算 Policy 摘要。

（7）定义 Key 模板，第 5 个参数传入装载了 modulus 数组的 Tpm2bPublicKeyRsa 对象。

（8）创建 Sensitive 对象，第 3 个参数传入装载了 bp 数组的 Tpm2bPrivateKeyRsa 对象。

（9）调用 tpm 实例的 LoadExternal 方法导入 Key 对象，此方法返回指向导入的 Key 对象的 HANDLE，将其存储至 nullHandle 变量。

（10）调用 tpm 实例的 StartAuthSessionEx 方法创建 Session 对象，存储至 sess 变量。

（11）调用 sess. RunPolicy 方法计算 p 对象的 Policy 摘要，指定 admin-branch 分支，用于导出过程。

（12）调用 tpm 实例的 Duplicate 方法，第 1 个参数为指向导入 NULL 分层中的 Key 对象的 HANDLE；第 2 个参数为指向存储分层中 Primary Key 对象的 HANDLE；第 3 个参数与第 4 个参数分别指定 null 与对称 Key 算法，表示由 TPM 生成对称 Key。注意，通过语法 tpm[sess]关联了 tpm 实例与 sess 对象。

（13）创建名称为 p2 的 PolicyTree 对象。

（14）调用 p2. Create 方法，传入 PolicyAce 数组，其中仅包含 TpmPolicyAuthValue 类型的表达式对象。

（15）调用 storageHandle. SetAuth 方法，对 Primary Key 对象进行 Password 授权。

（16）调用 tpm 实例的 StartAuthSessionEx 方法创建 Session 对象，存储至 sess2 变量。

（17）调用 sess2. RunPolicy 方法计算 p2 对象的 Policy 摘要，用于访问 Primary Key 对象。

（18）调用 tpm 实例的 Import 方法生成可导入的加密数据，第 1 个参数为指向存储分层中 Primary Key 对象的 HANDLE；第 2 个参数为 Duplicate 方法返回的对称 Key；第 3 个参数为正在迁移的 Key 对象的 TpmPublic 模板；第 4 个参数为 Duplicate 方法返回的加密数据；第 5 个参数为 Duplicate 方法返回的 seed；第 6 个参数指定对称 Key 算法。注意，通过语法 tpm[sess2]关联了 tpm 实例与 sess2 对象。Import 方法的返回结果实际上是正在迁移的 Key 对象的私钥数据，其被 Primary Key 对象使用内置的对称 Key 重新进行了加密（参见第 15 章），将返回结果存储至 impPriv 变量。

（19）调用 sess2. RunPolicy 方法重新计算 p2 对象的 Policy 摘要。

（20）调用 tpm 实例的 Load 方法导入 Key 对象，第 1 个参数为指向 Primary Key 对象的 HANDLE；第 2 个参数为 Import 方法返回的加密数据；第 3 个参数为正在迁移的 Key 对象的 TpmPublic 模板。此方法返回指向导入的 Key 对象的 HANDLE，将其存储至

handle 变量,即完成了从 NULL 分层向存储分层的迁移过程。

(21) 调用 tpm 实例的 FlushContext 方法清理 Session 对象。

(22) 调用 tpm 实例的 FlushContext 方法清理 NULL 分层中的 Key 对象。

17.3.3 签名字符串

使用迁移后的私钥对字符串进行签名,测试其能否正常工作。需要注意的是,在计算 Policy 摘要时指定 user-branch 分支。

使用 C++签名字符串的过程见代码 17-9。

代码 17-9 使用 C++签名字符串

```
int main()
{
    // 略(见代码 17 - 1 中定义密码以及进行分层 Password 授权的部分)

    TPM_HANDLE storageHandle;
    CreateStorageKey(tpm, useAuth, storageHandle);

    TPM_HANDLE handle;
    ImportAndTransfer(tpm, useAuth, storageHandle, handle);

    // 定义明文数据
    const char * cstr = "Doge barking at the moon";
    ByteVec data(cstr, cstr + strlen(cstr));
    // 签名字符串
    string sign = Sign(tpm, useAuth, data, handle);
    // 输出原始数据与签名数据
    std::cout <<
        "Data: " << data << endl <<
        "Signature: " << sign << endl;
}

string Sign(Tpm2 tpm, ByteVec& useAuth, ByteVec& data, TPM_HANDLE& handle)
{
    // 定义 Policy
    PolicyAuthValue policyAuthValue("user - branch");
    PolicyCommandCode policyCmd(TPM_CC::Duplicate, "admin - branch");
    PolicyTree branch1(policyAuthValue);
    PolicyTree branch2(policyCmd);
    PolicyTree p(PolicyOr(branch1.GetTree(), branch2.GetTree()));
    // 进行 Password 授权
    handle.SetAuth(useAuth);
    // 创建 Session 对象
    AUTH_SESSION sess = tpm.StartAuthSession(TPM_SE::POLICY, hashAlg);
    p.Execute(tpm, sess, "user - branch");
    // 计算字符串摘要
    HashResponse hash = tpm.Hash(data, hashAlg, TPM_RH_NULL);
    ByteVec digest = hash.outHash;
    // 使用迁移后的私钥签名摘要
    auto sign = tpm[sess].Sign(handle, digest, TPMS_NULL_SIG_SCHEME(), null);
    ByteVec buffer = sign -> toBytes();
```

```
        tpm.FlushContext(sess);
        // 编码签名
        string encoded = base64_encode(&buffer[4], buffer.size() - 4);
        return encoded;
    }
```

程序运行结果如图 17-1 所示。

图 17-1 使用 C++签名字符串

使用 C# 签名字符串的过程见代码 17-10。

代码 17-10 C# 签名字符串

```
namespace TPMDemoNET
{
    class Program
    {
        private static TpmAlgId hashAlg = TpmAlgId.Sha1;
        private static SymDefObject Aes128Cfb =
            new SymDefObject(TpmAlgId.Aes, 128, TpmAlgId.Cfb);

        static void Main(string[] args)
        {
            // 略(见代码 17-2 中定义密码以及进行分层 Password 授权的部分)

            TpmHandle storageHandle = null;
            CreateStorageKey(tpm, useAuth, ref storageHandle);

            TpmHandle handle = null;
            ImportAndTransfer(tpm, useAuth, storageHandle, ref handle);

            // 定义明文数据
            string cstr = "Doge barking at the moon";
            byte[] data = Encoding.ASCII.GetBytes(cstr);
            // 签名字符串
            string sign = Sign(tpm, useAuth, data, handle);
            // 输出原始数据与签名数据
            string dataHex = BitConverter.ToString(data).Replace("-", "").ToLower();
            Console.WriteLine("Data: " + dataHex);
            Console.WriteLine("Signature: " + sign);
        }
```

```
        private static string Sign(
            Tpm2 tpm, byte[] useAuth, byte[] data, TpmHandle handle)
        {
            // 定义 Policy
            PolicyTree p = new PolicyTree(hashAlg);
            var branch1 = new PolicyAce[]
            {
                new TpmPolicyAuthValue(),
                "user-branch"
            };
            var branch2 = new PolicyAce[]
            {
                new TpmPolicyCommand(TpmCc.Duplicate),
                "admin-branch"
            };
            p.CreateNormalizedPolicy(new[] { branch1, branch2 });
            // 进行 Password 授权
            handle.SetAuth(useAuth);
            // 创建 Session 对象
            AuthSession sess = tpm.StartAuthSessionEx(TpmSe.Policy, hashAlg);
            sess.RunPolicy(tpm, p, "user-branch");
            // 计算字符串摘要
            TkHashcheck ticket;
            byte[] digest = tpm.Hash(data, TpmAlgId.Sha1, TpmRh.Null, out ticket);
            // 使用迁移后的私钥签名摘要
            var sign = tpm[sess].Sign(handle, digest, null,
                                      TpmHashCheck.Null()) as SignatureRsassa;
            byte[] buffer = sign.sig;
            tpm.FlushContext(sess);
            // 编码签名
            string encoded = Convert.ToBase64String(buffer);
            return encoded;
        }
    }
}
```

程序运行结果如图 17-2 所示。

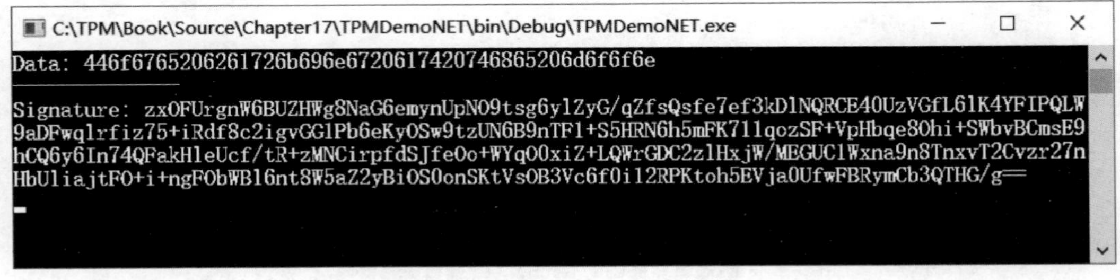

图 17-2 使用 C#签名字符串

17.4 在 TPM 芯片之间迁移

由于在不同的 TPM 芯片(不同服务器)之间迁移 Key 的过程与在分层之间的迁移过程非常类似,因此本节仅列出参考流程。

假设有两台服务器，一台为生产服务器，另一台为备份服务器，两台服务器都安装有TPM芯片。如果希望将生产服务器的Key迁移至备份服务器，则有如下步骤：

(1) 在备份服务器创建 Primary Key 对象，导出公钥。

(2) 在生产服务器调用 LoadExternal 方法导入公钥。

(3) 在生产服务器调用 Duplicate 方法导出 Key，并与步骤(2)导入的公钥进行绑定。

(4) 将 Duplicate 方法的返回结果(加密数据、对称 Key 以及 seed)发送至备份服务器。

(5) 在备份服务器调用 Import 方法解密并重新加密私钥。

(6) 在备份服务器调用 Load 方法导入 Key 对象。

17.5 本章小结

本章进一步介绍了 Duplicate 方法的相关参数，并扩展了 Duplicate 方法的应用场景，例如在 TPM 分层之间迁移 Key 或在不同的物理服务器之间备份 Key，都可以通过 Duplicate 方法来完成。除此之外，还介绍了 Import 方法的相关参数，但不要被 Import 方法的名称所误导，它不能用于导入过程，而是用于生成可导入的加密数据，最终由 Load 方法执行真正的导入动作。

至此，已经完成了有关非对称 Key 的各种使用方式的详细介绍。

第18章 NV Index基础

NV 内存(Nonvolatile Memory)类似于计算机内存,并且能够提供持久化的数据存储能力,数据不随计算机重启或断电而消失。

NV 内存主要用于存储 TPM 自身运行所需的元数据,如 seed、密码、计数器以及数据结构定义等。除此之外,TPM 将 NV 内存的持久化存储能力开放给普通用户使用,允许用户在其中存储少量的非结构化数据。存储用户数据的区域称为 NV Index。例如,用户可以使用 NV Index 存储应用程序配置、密码或证书摘要。从安全角度来说,NV Index 同样支持 Password 授权或 Policy 授权,不仅如此,NV Index 还支持读写分离的授权模型。

本章将通过一些示例演示 NV Index 的基础应用场景。

18.1 NV Index 基础

NV Index 与 Key 对象在使用方式上有许多相似之处,例如,在创建之前需要定义模板、支持 Password 授权或 Policy 授权、使用时需要通过 HANDLE 进行引用等。

有关 NV Index 的一些基本特征如下:

(1) 支持 Password 授权或 Policy 授权。

(2) 支持读、写分离的授权模型,即分别为读取与写入行为设置不同的授权方式。

(3) HANDLE 定义没有范围限制。

(4) 单个 NV Index 的存储容量根据芯片制造商有所不同,例如 TPM 模拟器限制为 2048 字节。

(5) 数据不随计算机重启或断电而消失。

(6) 需要设置 Name 属性以防止 MITM 攻击,Name 属性是由 NV Index 的公共部分、Policy、HANDLE 以及数据 Size 等属性联合组成的摘要。

(7) 不能在 NULL 分层中使用。

使用 C++创建及使用 NV Index 的过程简述如下:

(1) 定义 HANDLE。

(2) 定义 TPMS_NV_PUBLIC 模板。

(3) 调用 NV_DefineSpace 方法创建 NV Index。

(4) 调用 NV_Write 方法写入数据。
(5) 调用 NV_Read 方法读取数据。
使用 C# 创建及使用 NV Index 的过程简述如下：
(1) 定义 HANDLE。
(2) 定义 NvPublic 模板。
(3) 调用 NvDefineSpace 方法创建 NV Index。
(4) 调用 NvWrite 方法写入数据。
(5) 调用 NvRead 方法读取数据。

18.2 存储简单数据

首先通过最简单的示例演示写入简单数据以及读取简单数据的过程。

18.2.1 写入简单数据

定义并实现名称为 StoreSimpleData 的方法，在其中定义 NV Index 并写入数据。在定义 NV Index 时设置用户密码；读写数据时均需要提供正确的密码。

使用 C++写入简单数据的过程见代码 18-1。

代码 18-1 使用 C++写入简单数据

```
#include <iostream>
#include <fstream>
#include "Tpm2.h"
using namespace TpmCpp;
#define null { }

TPM_ALG_ID hashAlg = TPM_ALG_ID::SHA1;

int main()
{
    // 连接 TPM,略

    // 定义存储分层密码
    const char * ownerpwd = "E(H+MbQe";
    ByteVec ownerAuth(ownerpwd, ownerpwd + strlen(ownerpwd));
    // 定义 NV Index 密码
    const char * cpwd = "password";
    ByteVec useAuth(cpwd, cpwd + strlen(cpwd));
    // 定义明文数据
    const char * cstr = "Doge barking at the moon";
    ByteVec data(cstr, cstr + strlen(cstr));
    // 在访问存储分层之前,需要进行 Password 授权
    tpm._AdminOwner.SetAuth(ownerAuth);
    // 写入简单数据
    StoreSimpleData(tpm, useAuth, data);
    // 读取简单数据(待 18.2.2 节实现)
    ReadSimpleData(tpm, useAuth);
}
```

```
void StoreSimpleData(Tpm2 tpm, ByteVec& useAuth, ByteVec& data)
{
    TPM_HANDLE nvHandle = TPM_HANDLE::NV(5001);

    // 如果 NV Index 已存在则将其删除
    tpm._AllowErrors().NV_UndefineSpace(TPM_RH::OWNER, nvHandle);
    // 定义 NV Index 模板
    TPMS_NV_PUBLIC temp(nvHandle,
        hashAlg,
        TPMA_NV::AUTHREAD | TPMA_NV::AUTHWRITE,
        null,
        32);
    // 创建 NV Index
    tpm.NV_DefineSpace(TPM_RH::OWNER, useAuth, temp);
    // 进行 Password 授权
    nvHandle.SetAuth(useAuth);
    // 写入一些数据
    tpm.NV_Write(nvHandle, nvHandle, data, 0);
}
```

代码 18-1 的 main 方法详细解释如下：

(1) 定义名称为 ownerAuth 的字节数组，存储分层密码。

(2) 定义名称为 useAuth 的字节数组，存储用户密码。

(3) 定义名称为 data 的字节数组，存储有关字符串的字节数据。

(4) 对存储分层进行 Password 授权。

(5) 调用 StoreSimpleData 方法。

(6) 调用 ReadSimpleData 方法(将在 18.2.2 节实现)。

代码 18-1 的 StoreSimpleData 方法详细解释如下：

(1) 定义 NV Index 的 HANDLE，如 5001。

(2) 定义 TPMS_NV_PUBLIC 模板，第 1 个参数为步骤(1)定义的 HANDLE；第 2 个参数指定 TPM_ALG_ID::SHA1；第 3 个参数设置为 TPMA_NV::AUTHREAD | TPMA_NV::AUTHWRITE，表示读写操作均需要 Password 授权；第 4 个参数指定 null；第 5 个参数指定数据长度。

(3) 调用 tpm 实例的 NV_DefineSpace 方法分配内存空间，第 1 个参数为 TPM_RH::OWNER，表示使用存储分层；第 2 个参数为用户密码数组；第 3 个参数为 TPMS_NV_PUBLIC 模板。

(4) 调用 nvHandle.SetAuth 方法，进行 Password 授权。

(5) 调用 tpm 实例的 NV_Write 方法写入数据，第 1 个参数与第 2 个参数均为指向 NV Index 的 HANDLE；第 3 个参数指定数据长度；第 4 个参数指定 0。

使用 C# 写入简单数据的过程见代码 18-2。

代码 18-2　使用 C# 写入简单数据

```
using System;
using System.Text;
```

```
using System.IO;
using System.Collections.Generic;
using Tpm2Lib;
namespace TPMDemoNET
{
    class Program
    {
        private static TpmAlgId hashAlg = TpmAlgId.Sha1;

        static void Main(string[] args)
        {
            // 连接 TPM,略

            // 定义存储分层密码
            string ownerpwd = "E(H + MbQe";
            byte[] ownerAuth = Encoding.ASCII.GetBytes(ownerpwd);
            // 定义 NV Index 密码
            string cpwd = "password";
            byte[] useAuth = Encoding.ASCII.GetBytes(cpwd);
            // 定义明文数据
            string cstr = "Doge barking at the moon";
            byte[] data = Encoding.ASCII.GetBytes(cstr);
            // 在访问存储分层之前,需要进行 Password 授权
            tpm.OwnerAuth.AuthVal = ownerAuth;
            // 写入简单数据
            StoreSimpleData(tpm, useAuth, data);
            // 读取简单数据(待 18.2.2 节实现)
            ReadSimpleData(tpm, useAuth);
        }

        private static void StoreSimpleData(Tpm2 tpm, byte[] useAuth, byte[] data)
        {
            TpmHandle nvHandle = TpmHandle.NV(5001);

            // 如果 NV Index 已存在则将其删除
            tpm._AllowErrors().NvUndefineSpace(TpmRh.Owner, nvHandle);
            // 定义 NV Index 模板
            var temp = new NvPublic(nvHandle,
                hashAlg,
                NvAttr.Authread | NvAttr.Authwrite,
                null,
                32);
            // 创建 NV Index
            tpm.NvDefineSpace(TpmRh.Owner, useAuth, temp);
            // 进行 Password 授权
            nvHandle.SetAuth(useAuth);
            // 写入一些数据
            tpm.NvWrite(nvHandle, nvHandle, data, 0);
        }
    }
}
```

代码 18-2 的 Main 方法详细解释如下：

(1) 定义名称为 ownerAuth 的字节数组,存储分层密码。

(2) 定义名称为 useAuth 的字节数组,存储用户密码。

(3) 定义名称为 data 的字节数组,存储有关字符串的字节数据。

(4) 对存储分层进行 Password 授权。

(5) 调用 StoreSimpleData 方法。

(6) 调用 ReadSimpleData 方法(将在 18.2.2 节实现)。

代码 18-2 的 StoreSimpleData 方法详细解释如下:

(1) 定义 NV Index 的 HANDLE,如 5001。

(2) 定义 NvPublic 模板,第 1 个参数为步骤(1)定义的 HANDLE; 第 2 个参数指定 TpmAlgId. Sha1; 第 3 个参数设置为 NvAttr. Authread | NvAttr. Authwrite,表示读写操作均需要 Password 授权; 第 4 个参数指定 null; 第 5 个参数指定数据长度。

(3) 调用 tpm 实例的 NvDefineSpace 方法分配内存空间,第 1 个参数为 TpmRh. Owner,表示使用存储分层; 第 2 个参数为用户密码数组; 第 3 个参数为 NvPublic 模板。

(4) 调用 nvHandle. SetAuth 方法,进行 Password 授权。

(5) 调用 tpm 实例的 NvWrite 方法写入数据,第 1 个参数与第 2 个参数均为指向 NV Index 的 HANDLE; 第 3 个参数指定数据长度; 第 4 个参数指定 0。

18.2.2 读取简单数据

定义并实现名称为 ReadSimpleData 的方法,从 NV Index 中读取数据。

使用 C++读取简单数据的过程见代码 18-3。

代码 18-3 使用 C++读取简单数据

```
void ReadSimpleData(Tpm2 tpm, ByteVec& useAuth)
{
    TPM_HANDLE nvHandle = TPM_HANDLE::NV(5001);

    // 进行 Password 授权
    nvHandle.SetAuth(useAuth);
    // 读取数据
    ByteVec dataRead = tpm.NV_Read(nvHandle, nvHandle, 32, 0);
    // 输出数据
    std::cout << "Data read from nv - slot: " << dataRead << endl;
}
```

代码 18-3 的详细解释如下:

(1) 定义 NV Index 的 HANDLE。

(2) 调用 nvHandle. SetAuth 方法,进行 Password 授权。

(3) 调用 tpm 实例的 NV_Read 方法读取数据,第 1 个参数与第 2 个参数均为指向 NV Index 的 HANDLE; 第 3 个参数指定数据长度; 第 4 个参数指定 0。读取结果存储至 dataRead 数组。

(4) 输出 dataRead 数组。

程序运行结果如图 18-1 所示。

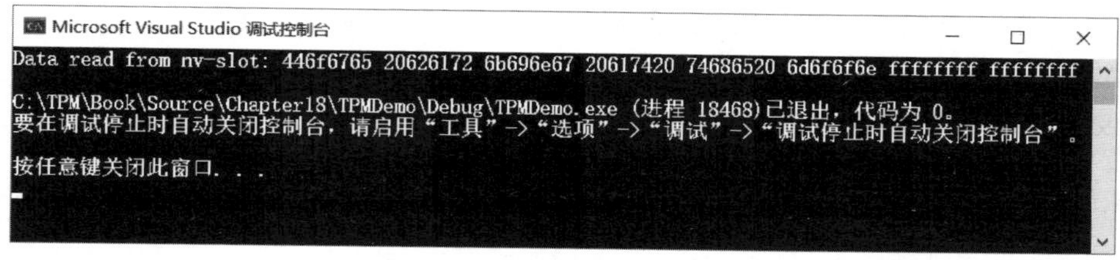
Data read from nv-slot: 446f6765 20626172 6b696e67 20617420 74686520 6d6f6f6e ffffffff ffffffff

C:\TPM\Book\Source\Chapter18\TPMDemo\Debug\TPMDemo.exe (进程 18468)已退出，代码为 0。
要在调试停止时自动关闭控制台，请启用“工具”->“选项”->“调试”->“调试停止时自动关闭控制台”。

按任意键关闭此窗口. . .

图 18-1　使用 C++读取简单数据

使用 C＃读取简单数据的过程见代码 18-4。

代码 18-4　使用 C＃读取简单数据

```
private static void ReadSimpleData(Tpm2 tpm, byte[ ] useAuth)
{
    TpmHandle nvHandle = TpmHandle.NV(5001);

    // 进行 Password 授权
    nvHandle.SetAuth(useAuth);
    // 读取数据
    byte[ ] dataRead = tpm.NvRead(nvHandle, nvHandle, 32, 0);
    // 输出数据
    string dataHex = BitConverter.ToString(dataRead).Replace(" - ", "").ToLower();
    Console.WriteLine("Data read from nv - slot: " + dataHex);
}
```

代码 18-4 的详细解释如下：

(1) 定义 NV Index 的 HANDLE。

(2) 调用 nvHandle. SetAuth 方法，进行 Password 授权。

(3) 调用 tpm 实例的 NvRead 方法读取数据，第 1 个参数与第 2 个参数均为指向 NV Index 的 HANDLE；第 3 个参数指定数据长度；第 4 个参数指定 0。读取结果存储至 dataRead 数组。

(4) 调用 BitConverter. ToString 方法将 dataRead 数组转换为十六进制字符串，存储至 dataHex 变量。

(5) 输出 dataHex 变量。

程序运行结果如图 18-2 所示。

Data read from nv-slot: 446f6765206261726b696e672061742074686520 6d6f6f6effffffffffffffff

图 18-2　使用 C＃读取简单数据

18.3　使用 Policy 存储数据

本节示例与 18.2 节示例类似，只是将 Password 授权替换为 Policy 授权，最终实现的效果与 18.2 节示例完全一致。Policy 可以实现灵活、强大的授权模型以及 Password 授权不具备的特殊能力。

定义 NV Index 并绑定 Policy 摘要，然后在其中存储一段数据，最后读取数据。

18.3.1 写入数据并绑定 Policy 摘要

定义并实现名称为 StoreSimpleDataWithPolicy 的方法，在其中定义 NV Index 并写入数据。在定义 NV Index 模板时绑定基于密码的 Policy 摘要。

使用 C++写入数据并绑定 Policy 摘要的过程见代码 18-5。

代码 18-5 使用 C++写入数据并绑定 Policy 摘要

```
int main()
{
    // 连接 TPM,略

    // 定义存储分层密码
    const char * ownerpwd = "E(H + MbQe";
    ByteVec ownerAuth(ownerpwd, ownerpwd + strlen(ownerpwd));
    // 定义 NV Index 密码
    const char * cpwd = "password";
    ByteVec useAuth(cpwd, cpwd + strlen(cpwd));
    // 定义明文数据
    const char * cstr = "Doge barking at the moon";
    ByteVec data(cstr, cstr + strlen(cstr));
    // 在访问存储分层之前,需要进行 Password 授权
    tpm._AdminOwner.SetAuth(ownerAuth);
    // 写入数据并绑定 Policy 摘要
    StoreSimpleDataWithPolicy(tpm, useAuth, data);
    // 使用 Policy 读取数据(待 18.3.2 节实现)
    ReadSimpleDataWithPolicy(tpm, useAuth);
}

void StoreSimpleDataWithPolicy(Tpm2 tpm, ByteVec& useAuth, ByteVec& data)
{
    TPM_HANDLE nvHandle = TPM_HANDLE::NV(5002);

    // 如果 NV Index 已存在则将其删除
    tpm._AllowErrors().NV_UndefineSpace(TPM_RH::OWNER, nvHandle);
    // 定义 Policy
    PolicyAuthValue policyAuthValue;
    PolicyTree p(policyAuthValue);
    // 计算 Policy 摘要
    TPM_HASH policyDigest = p.GetPolicyDigest(hashAlg);
    // 定义 NV Index 模板
    TPMS_NV_PUBLIC temp(nvHandle,
        hashAlg,
        TPMA_NV::POLICYREAD | TPMA_NV::POLICYWRITE,
        policyDigest,
        32);
    // 创建 NV Index
    tpm.NV_DefineSpace(TPM_RH::OWNER, useAuth, temp);
```

```
    // 进行 Password 授权
    nvHandle.SetAuth(useAuth);
    // 设置 NV Index 的名称
    NV_ReadPublicResponse nvPub = tpm.NV_ReadPublic(nvHandle);
    nvHandle.SetName(nvPub.nvName);
    // 创建 Session 对象
    AUTH_SESSION sess = tpm.StartAuthSession(TPM_SE::POLICY, hashAlg);
    p.Execute(tpm, sess);
    // 写入一些数据
    tpm[sess].NV_Write(nvHandle, nvHandle, data, 0);
    tpm.FlushContext(sess);
}
```

代码 18-5 的 main 方法详细解释如下：

(1) 定义密码与明文数据，步骤与代码 18-1 一致，此处不再赘述。

(2) 调用 StoreSimpleDataWithPolicy 方法。

(3) 调用 ReadSimpleDataWithPolicy 方法(将在 18.3.2 节实现)。

代码 18-5 的 StoreSimpleDataWithPolicy 方法详细解释如下：

(1) 定义 NV Index 的 HANDLE。

(2) 定义 PolicyAuthValue 类型的表达式对象。

(3) 创建 PolicyTree 对象，将 PolicyAuthValue 表达式对象作为其参数。

(4) 调用 GetPolicyDigest 方法计算 Policy 摘要。

(5) 定义 TPMS_NV_PUBLIC 模板，第 1 个参数为指向 NV Index 的 HANDLE；第 2 个参数指定 TPM_ALG_ID::SHA1；第 3 个参数设置为 TPMA_NV::POLICYREAD | TPMA_NV::POLICYWRITE，表示读写操作均需要 Policy 授权；第 4 个参数为 Policy 摘要；第 5 个参数指定数据长度。

(6) 调用 tpm 实例的 NV_DefineSpace 方法分配内存空间，第 1 个参数为 TPM_RH::OWNER，表示使用存储分层；第 2 个参数为用户密码数组；第 3 个参数为 TPMS_NV_PUBLIC 模板。

(7) 调用 nvHandle.SetAuth 方法，进行 Password 授权。

(8) 调用 tpm 实例的 NV_ReadPublic 方法读取 NV Index 的公共区域，命令响应结果存储至 nvPub 变量。

(9) 调用 nvPub.nvName 属性获取 NV Index 自动生成的名称，然后调用 nvHandle.SetName 方法设置此名称。

(10) 调用 tpm 实例的 StartAuthSession 方法创建 Session 对象。

(11) 调用 PolicyTree 对象的 Execute 方法重新计算 Policy 摘要。

(12) 调用 tpm 实例的 NV_Write 方法写入数据，第 1 个参数与第 2 个参数均为指向 NV Index 的 HANDLE；第 3 个参数指定数据长度；第 4 个参数指定 0。注意，通过语法 tpm[sess]关联了 tpm 实例与 Session 对象。

(13) 调用 tpm 实例的 FlushContext 方法清理 Session 对象。

使用 C# 写入数据并绑定 Policy 摘要的过程见代码 18-6。

代码 18-6 使用 C# 写入数据并绑定 Policy 摘要

```
namespace TPMDemoNET
{
    class Program
    {
        private static TpmAlgId hashAlg = TpmAlgId.Sha1;

        static void Main(string[] args)
        {
            // 连接 TPM,略

            // 定义存储分层密码
            string ownerpwd = "E(H+MbQe";
            byte[] ownerAuth = Encoding.ASCII.GetBytes(ownerpwd);
            // 定义 NV Index 密码
            string cpwd = "password";
            byte[] useAuth = Encoding.ASCII.GetBytes(cpwd);
            // 定义明文数据
            string cstr = "Doge barking at the moon";
            byte[] data = Encoding.ASCII.GetBytes(cstr);
            // 在访问存储分层之前,需要进行 Password 授权
            tpm.OwnerAuth.AuthVal = ownerAuth;
            // 写入数据并绑定 Policy 摘要
            StoreSimpleDataWithPolicy(tpm, useAuth, data);
            // 使用 Policy 读取数据(待 18.3.2 节实现)
            ReadSimpleDataWithPolicy(tpm, useAuth);
        }

        private static void StoreSimpleDataWithPolicy(
            Tpm2 tpm, byte[] useAuth, byte[] data)
        {
            TpmHandle nvHandle = TpmHandle.NV(5002);

            // 如果 NV Index 已存在则将其删除
            tpm._AllowErrors().NvUndefineSpace(TpmRh.Owner, nvHandle);
            // 定义 Policy
            PolicyTree p = new PolicyTree(hashAlg);
            p.Create(new PolicyAce[]
            {
                new TpmPolicyAuthValue()
            });
            // 计算 Policy 摘要
            TpmHash policyDigest = p.GetPolicyDigest();
            // 定义 NV Index 模板
            var temp = new NvPublic(nvHandle,
                hashAlg,
                NvAttr.Policyread | NvAttr.Policywrite,
                policyDigest,
                32);
            // 创建 NV Index
            tpm.NvDefineSpace(TpmRh.Owner, useAuth, temp);
            // 进行 Password 授权
            nvHandle.SetAuth(useAuth);
```

```
            // 设置 NV Index 的名称
            byte[ ] name;
            tpm.NvReadPublic(nvHandle, out name);
            nvHandle.SetName(name);
            // 创建 Session 对象
            AuthSession sess = tpm.StartAuthSessionEx(TpmSe.Policy, hashAlg);
            sess.RunPolicy(tpm, p);
            // 写入一些数据
            tpm[sess].NvWrite(nvHandle, nvHandle, data, 0);
            tpm.FlushContext(sess);
        }
    }
}
```

代码 18-6 的 Main 方法详细解释如下：

(1) 定义密码与明文数据，步骤与代码 18-2 一致，此处不再赘述。

(2) 调用 StoreSimpleDataWithPolicy 方法。

(3) 调用 ReadSimpleDataWithPolicy 方法(将在 18.3.2 节实现)。

代码 18-6 的 StoreSimpleDataWithPolicy 方法详细解释如下：

(1) 定义 NV Index 的 HANDLE。

(2) 创建 PolicyTree 对象。

(3) 调用 PolicyTree 对象的 Create 方法，传入 PolicyAce 数组，其中仅包含 TpmPolicyAuthValue 类型的表达式对象。

(4) 调用 GetPolicyDigest 方法计算 Policy 摘要。

(5) 定义 NvPublic 模板，第 1 个参数为指向 NV Index 的 HANDLE；第 2 个参数指定 TpmAlgId.Sha1；第 3 个参数设置为 NvAttr.Policyread | NvAttr.Policywrite，表示读写操作均需要 Policy 授权；第 4 个参数为 Policy 摘要；第 5 个参数指定数据长度。

(6) 调用 tpm 实例的 NvDefineSpace 方法分配内存空间，第 1 个参数为 TpmRh.Owner，表示使用存储分层；第 2 个参数为用户密码数组；第 3 个参数为 NvPublic 模板。

(7) 调用 nvHandle.SetAuth 方法，进行 Password 授权。

(8) 调用 tpm 实例的 NvReadPublic 方法读取 NV Index 自动生成的名称，然后调用 nvHandle.SetName 方法设置此名称。

(9) 调用 tpm 实例的 StartAuthSessionEx 方法创建 Session 对象。

(10) 调用 Session 对象的 RunPolicy 方法重新计算 Policy 摘要。

(11) 调用 tpm 实例的 NvWrite 方法写入数据，第 1 个参数与第 2 个参数均为指向 NV Index 的 HANDLE；第 3 个参数指定数据长度；第 4 个参数指定 0。注意，通过语法 tpm[sess]关联了 tpm 实例与 Session 对象。

(12) 调用 tpm 实例的 FlushContext 方法清理 Session 对象。

18.3.2 读取受 Policy 保护的数据

定义并实现名称为 ReadSimpleDataWithPolicy 的方法，从 NV Index 中读取受 Policy 保护的数据。

使用 C++读取受 Policy 保护的数据的过程见代码 18-7。

代码 18-7　使用 C++读取受 Policy 保护的数据

```
void ReadSimpleDataWithPolicy(Tpm2 tpm, ByteVec& useAuth)
{
    TPM_HANDLE nvHandle = TPM_HANDLE::NV(5002);

    // 定义 Policy
    PolicyAuthValue policyAuthValue;
    PolicyTree p(policyAuthValue);
    // 进行 Password 授权
    nvHandle.SetAuth(useAuth);
    // 设置 NV Index 的名称
    NV_ReadPublicResponse nvPub = tpm.NV_ReadPublic(nvHandle);
    nvHandle.SetName(nvPub.nvName);
    // 创建 Session 对象
    AUTH_SESSION sess = tpm.StartAuthSession(TPM_SE::POLICY, hashAlg);
    p.Execute(tpm, sess);
    // 读取数据
    ByteVec dataRead = tpm[sess].NV_Read(nvHandle, nvHandle, 32, 0);
    // 输出数据
    std::cout << "Data read from nv - slot: " << dataRead << endl;
    tpm.FlushContext(sess);
}
```

代码 18-7 的详细解释如下：

(1) 定义 NV Index 的 HANDLE。

(2) 定义 PolicyAuthValue 类型的表达式对象。

(3) 创建 PolicyTree 对象，将 PolicyAuthValue 表达式对象作为其参数。

(4) 调用 nvHandle. SetAuth 方法，进行 Password 授权。

(5) 调用 tpm 实例的 NV_ReadPublic 方法读取 NV Index 的公共区域，命令响应结果存储至 nvPub 变量。

(6) 调用 nvPub. nvName 属性获取 NV Index 自动生成的名称，然后调用 nvHandle. SetName 方法设置此名称。

(7) 调用 tpm 实例的 StartAuthSession 方法创建 Session 对象。

(8) 调用 PolicyTree 对象的 Execute 方法计算 Policy 摘要。

(9) 调用 tpm 实例的 NV_Read 方法读取数据，第 1 个参数与第 2 个参数均为指向 NV Index 的 HANDLE；第 3 个参数指定数据长度；第 4 个参数指定 0。注意，通过语法 tpm [sess]关联了 tpm 实例与 Session 对象。读取结果存储至 dataRead 数组。

(10) 输出 dataRead 数组。

(11) 调用 tpm 实例的 FlushContext 方法清理 Session 对象。

程序运行结果如图 18-3 所示。

使用 C#读取受 Policy 保护的数据的过程见代码 18-8。

```
Microsoft Visual Studio 调试控制台
Data read from nv-slot: 446f6765 20626172 6b696e67 20617420 74686520 6d6f6f6e ffffffff ffffffff

C:\TPM\Book\Source\Chapter18\TPMDemo\Debug\TPMDemo.exe (进程 18468)已退出，代码为 0。
要在调试停止时自动关闭控制台，请启用“工具”->“选项”->“调试”->“调试停止时自动关闭控制台”。

按任意键关闭此窗口. . .
```

图 18-3 使用 C++读取受 Policy 保护的数据

代码 18-8 使用 C#读取受 Policy 保护的数据

```
private static void ReadSimpleDataWithPolicy(Tpm2 tpm, byte[] useAuth)
{
    TpmHandle nvHandle = TpmHandle.NV(5002);

    // 定义 Policy
    PolicyTree p = new PolicyTree(hashAlg);
    p.Create(new PolicyAce[]
    {
        new TpmPolicyAuthValue()
    });
    // 进行 Password 授权
    nvHandle.SetAuth(useAuth);
    // 设置 NV Index 的名称
    byte[] name;
    tpm.NvReadPublic(nvHandle, out name);
    nvHandle.SetName(name);
    // 创建 Session 对象
    AuthSession sess = tpm.StartAuthSessionEx(TpmSe.Policy, hashAlg);
    sess.RunPolicy(tpm, p);
    // 读取数据
    byte[] dataRead = tpm[sess].NvRead(nvHandle, nvHandle, 32, 0);
    // 输出数据
    string dataHex = BitConverter.ToString(dataRead).Replace("-", "").ToLower();
    Console.WriteLine("Data read from nv-slot: " + dataHex);
    tpm.FlushContext(sess);
}
```

代码 18-8 的详细解释如下：

（1）定义 NV Index 的 HANDLE。

（2）创建 PolicyTree 对象。

（3）调用 PolicyTree 对象的 Create 方法，传入 PolicyAce 数组，其中仅包含 TpmPolicyAuthValue 类型的表达式对象。

（4）调用 nvHandle.SetAuth 方法，进行 Password 授权。

（5）调用 tpm 实例的 NvReadPublic 方法读取 NV Index 自动生成的名称，然后调用 nvHandle.SetName 方法设置此名称。

（6）调用 tpm 实例的 StartAuthSessionEx 方法创建 Session 对象。

（7）调用 Session 对象的 RunPolicy 方法计算 Policy 摘要。

（8）调用 tpm 实例的 NvRead 方法读取数据，第 1 个参数与第 2 个参数均为指向 NV Index 的 HANDLE；第 3 个参数指定数据长度；第 4 个参数指定 0。注意，通过语法 tpm[sess]关联了 tpm 实例与 Session 对象。读取结果存储至 dataRead 数组。

（9）调用 BitConverter. ToString 方法将 dataRead 数组转换为十六进制字符串，存储至 dataHex 变量。

（10）输出 dataHex 变量。

（11）调用 tpm 实例的 FlushContext 方法清理 Session 对象。

程序运行结果如图 18-4 所示。

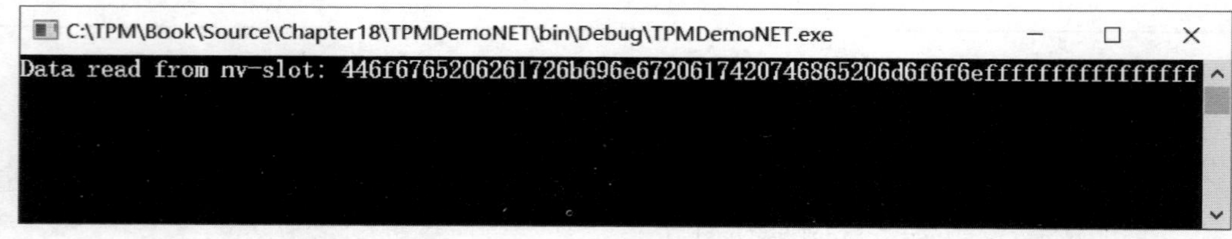

图 18-4 使用 C#读取受 Policy 保护的数据

18.4 存储证书摘要

本节示例将证书摘要写入 NV Index，并设置读写分离的授权模型。写入操作需要进行 Password 授权，从而确保具有特定权限的用户才能覆盖证书摘要；读取操作无须 Password 授权，任何用户都能够验证证书的完整性。

18.4.1 写入证书摘要

定义并实现名称为 StoreCertDigest 的方法，在其中定义 NV Index 并写入证书摘要。在定义 NV Index 模板时，为读取操作与写入操作分别赋予不同的授权方式，即读取操作绑定基于命令名称的 Policy 摘要，允许任何用户访问；写入操作绑定密码，防止未经授权的变更。

使用 C++写入证书摘要的过程见代码 18-9。

代码 18-9 使用 C++写入证书摘要

```
int main()
{
    // 连接 TPM,略

    // 定义存储分层密码
    const char * ownerpwd = "E(H + MbQe";
    ByteVec ownerAuth(ownerpwd, ownerpwd + strlen(ownerpwd));
    // 定义 NV Index 密码
    const char * cpwd = "password";
    ByteVec useAuth(cpwd, cpwd + strlen(cpwd));
    // 在访问存储分层之前,需要进行 Password 授权
    tpm._AdminOwner.SetAuth(ownerAuth);
    // 写入证书摘要
```

```
        int len = StoreCertDigest(tpm, useAuth);
        // 读取证书摘要(待 18.4.2 节实现)
        ReadCertDigest(tpm, len);
    }

    int StoreCertDigest(Tpm2 tpm, ByteVec& useAuth)
    {
        TPM_HANDLE nvHandle = TPM_HANDLE::NV(5003);

        // 如果 NV Index 已存在则将其删除
        tpm._AllowErrors().NV_UndefineSpace(TPM_RH::OWNER, nvHandle);
        // 读入 X.509 证书文件数据
        std::ifstream inFile("cert.cer", std::ios_base::binary);
        std::vector<BYTE> data(
            (std::istreambuf_iterator<char>(inFile)),
            (std::istreambuf_iterator<char>()));
        // 计算证书摘要
        ByteVec buffer;
        TPM_HANDLE hashHandle = tpm.HashSequenceStart(null, hashAlg);
        int count = 0;
        for (BYTE& c : data)
        {
            buffer.push_back(c);
            if (++count >= 1024)
            {
                tpm.SequenceUpdate(hashHandle, buffer);
                buffer.clear();
                count = 0;
            }
        }
        SequenceCompleteResponse resp =
            tpm.SequenceComplete(hashHandle, buffer, TPM_RH_NULL);
        ByteVec digest = resp.result;
        int len = digest.size();
        // 定义 Policy
        PolicyCommandCode policyCmd(TPM_CC::NV_Read);
        PolicyTree p(policyCmd);
        // 计算 Policy 摘要
        TPM_HASH policyDigest = p.GetPolicyDigest(hashAlg);
        // 定义 NV Index 模板
        TPMS_NV_PUBLIC temp(nvHandle,
            hashAlg,
            TPMA_NV::POLICYREAD | TPMA_NV::AUTHWRITE,
            policyDigest,
            len);
        // 创建 NV Index
        tpm.NV_DefineSpace(TPM_RH::OWNER, useAuth, temp);
        // 进行 Password 授权
        nvHandle.SetAuth(useAuth);
        // 写入证书摘要
        tpm.NV_Write(nvHandle, nvHandle, digest, 0);
        return len;
    }
```

代码 18-9 的 main 方法详细解释如下：

（1）定义密码，步骤与代码 18-1 一致，此处不再赘述。

（2）调用 StoreCertDigest 方法。

（3）调用 ReadCertDigest 方法（将在 18.4.2 节实现）。

代码 18-9 的 StoreCertDigest 方法详细解释如下：

（1）定义 NV Index 的 HANDLE。

（2）读入 X.509 格式的证书文件数据，存储至 data 数组。

（3）计算 data 数组的摘要，存储至 digest 数组。

（4）定义 PolicyCommandCode 类型的表达式对象，限定用户在使用 Policy 的情况下，只能调用名称为 NV_Read 的方法。

（5）创建 PolicyTree 对象，将 PolicyCommandCode 表达式对象作为其参数。

（6）调用 GetPolicyDigest 方法计算 Policy 摘要。

（7）定义 TPMS_NV_PUBLIC 模板，第 1 个参数为指向 NV Index 的 HANDLE；第 2 个参数指定 TPM_ALG_ID::SHA1；第 3 个参数设置为 TPMA_NV::POLICYREAD | TPMA_NV::AUTHWRITE，表示读写授权分离，即读取操作基于 Policy 授权，写入操作基于 Password 授权；第 4 个参数为 Policy 摘要；第 5 个参数指定证书摘要长度。

（8）调用 tpm 实例的 NV_DefineSpace 方法分配内存空间，第 1 个参数为 TPM_RH::OWNER，表示使用存储分层；第 2 个参数为用户密码数组，仅用于保护写入操作；第 3 个参数为 TPMS_NV_PUBLIC 模板。

（9）调用 nvHandle.SetAuth 方法，为写入操作进行 Password 授权。

（10）调用 tpm 实例的 NV_Write 方法写入证书摘要，第 1 个参数与第 2 个参数均为指向 NV Index 的 HANDLE；第 3 个参数指定证书摘要长度；第 4 个参数指定 0。

使用 C# 写入证书摘要的过程见代码 18-10。

代码 18-10　使用 C# 写入证书摘要

```
namespace TPMDemoNET
{
    class Program
    {
        private static TpmAlgId hashAlg = TpmAlgId.Sha1;

        static void Main(string[] args)
        {
            // 连接 TPM,略

            // 定义存储分层密码
            string ownerpwd = "E(H+MbQe";
            byte[] ownerAuth = Encoding.ASCII.GetBytes(ownerpwd);
            // 定义 NV Index 密码
            string cpwd = "password";
            byte[] useAuth = Encoding.ASCII.GetBytes(cpwd);
            // 在访问存储分层之前,需要进行 Password 授权
            tpm.OwnerAuth.AuthVal = ownerAuth;
            // 写入证书摘要
            int len = StoreCertDigest(tpm, useAuth);
            // 读取证书摘要(待 18.4.2 节实现)
            ReadCertDigest(tpm, useAuth);
```

```
        }

        private static int StoreCertDigest(Tpm2 tpm, byte[] useAuth)
        {
            TpmHandle nvHandle = TpmHandle.NV(5003);

            // 如果 NV Index 已存在则将其删除
            tpm._AllowErrors().NvUndefineSpace(TpmRh.Owner, nvHandle);
            // 读入 X.509 证书文件数据
            string inFile = string.Format("{0}\\..\\..\\{1}",
                                        Directory.GetCurrentDirectory(),
                                        "cert.cer");
            byte[] data = File.ReadAllBytes(inFile);
            // 计算证书摘要
            List<byte> buffer = new List<byte>();
            TpmHandle hashHandle = tpm.HashSequenceStart(null, hashAlg);
            int count = 0;
            foreach (byte b in data)
            {
                buffer.Add(b);
                if (++count >= 1024)
                {
                    tpm.SequenceUpdate(hashHandle, buffer.ToArray());
                    buffer.Clear();
                    count = 0;
                }
            }
            TkHashcheck ticket;
            byte[] digest = tpm.SequenceComplete(
                hashHandle, buffer.ToArray(), TpmRh.Null, out ticket);
            int len = digest.Length;
            // 定义 Policy
            PolicyTree p = new PolicyTree(hashAlg);
            p.Create(new PolicyAce[]
            {
                new TpmPolicyCommand(TpmCc.NvRead),
            });
            // 计算 Policy 摘要
            TpmHash policyDigest = p.GetPolicyDigest();
            // 定义 NV Index 模板
            var temp = new NvPublic(nvHandle,
                hashAlg,
                NvAttr.Policyread | NvAttr.Authwrite,
                policyDigest,
                (ushort)len);
            // 创建 NV Index
            tpm.NvDefineSpace(TpmRh.Owner, useAuth, temp);
            // 进行 Password 授权
            nvHandle.SetAuth(useAuth);
            // 写入证书摘要
            tpm.NvWrite(nvHandle, nvHandle, digest, 0);
            return len;
        }
    }
}
```

代码 18-10 的 Main 方法详细解释如下：

(1) 定义密码,步骤与代码 18-2 一致,此处不再赘述。

(2) 调用 StoreCertDigest 方法。

(3) 调用 ReadCertDigest 方法(将在 18.4.2 节实现)。

代码 18-10 的 StoreCertDigest 方法详细解释如下:

(1) 定义 NV Index 的 HANDLE。

(2) 读入 X.509 格式的证书文件数据,存储至 data 数组。

(3) 计算 data 数组的摘要,存储至 digest 数组。

(4) 创建 PolicyTree 对象。

(5) 调用 PolicyTree 对象的 Create 方法,传入 PolicyAce 数组,其中仅包含 TpmPolicyCommand 类型的表达式对象,限定用户在使用 Policy 的情况下,只能调用名称为 NvRead 的方法。

(6) 调用 GetPolicyDigest 方法计算 Policy 摘要。

(7) 定义 NvPublic 模板,第 1 个参数为指向 NV Index 的 HANDLE;第 2 个参数指定 TpmAlgId.Sha1;第 3 个参数设置为 NvAttr.Policyread | NvAttr.Authwrite,表示读写授权分离,即读取操作基于 Policy 授权,写入操作基于 Password 授权;第 4 个参数为 Policy 摘要;第 5 个参数指定证书摘要长度。

(8) 调用 tpm 实例的 NvDefineSpace 方法分配内存空间,第 1 个参数为 TpmRh.Owner,表示使用存储分层;第 2 个参数为用户密码数组,仅用于保护写入操作;第 3 个参数为 NvPublic 模板。

(9) 调用 nvHandle.SetAuth 方法,为写入操作进行 Password 授权。

(10) 调用 tpm 实例的 NvWrite 方法写入证书摘要,第 1 个参数与第 2 个参数均为指向 NV Index 的 HANDLE;第 3 个参数指定证书摘要长度;第 4 个参数指定 0。

18.4.2 读取证书摘要

定义并实现名称为 ReadCertDigest 的方法,从 NV Index 中读取证书摘要。虽然在定义 NV Index 时曾声明读取操作无须 Password 授权,但并不表示无须创建与填充 Session 对象。"无须 Password 授权"是指不需要通过直接或间接提供密码的方式来证明用户身份,但是依然需要计算 Policy 摘要并填充 Session 对象,表明行为意图是 Read 操作,无须身份认证。

读取证书摘要后,重新计算证书摘要并与之比对,如果一致,则证明证书完整。

使用 C++读取证书摘要的过程见代码 18-11。

代码 18-11 使用 C++读取证书摘要

```
void ReadCertDigest(Tpm2 tpm, int len)
{
    TPM_HANDLE nvHandle = TPM_HANDLE::NV(5003);

    // 定义 Policy
    PolicyCommandCode policyCmd(TPM_CC::NV_Read);
    PolicyTree p(policyCmd);
    // 设置 NV Index 的名称
    NV_ReadPublicResponse nvPub = tpm.NV_ReadPublic(nvHandle);
```

```
    nvHandle.SetName(nvPub.nvName);
    // 创建 Session 对象
    AUTH_SESSION sess = tpm.StartAuthSession(TPM_SE::POLICY, hashAlg);
    p.Execute(tpm, sess);
    // 读取证书摘要(无须提供凭据)
    ByteVec dataRead = tpm[sess].NV_Read(nvHandle, nvHandle, len, 0);
    // 输出证书摘要
    std::cout << "Cert digest: " << dataRead << endl;
    tpm.FlushContext(sess);

    // 自行实现比对证书摘要的过程(略)
}
```

代码 18-11 的详细解释如下：

(1) 定义 NV Index 的 HANDLE。

(2) 定义 PolicyCommandCode 类型的表达式对象，限定用户只能调用名称为 NV_Read 的方法。

(3) 创建 PolicyTree 对象，将 PolicyCommandCode 表达式对象作为其参数。

(4) 读取并设置 NV Index 的名称。

(5) 调用 tpm 实例的 StartAuthSession 方法创建 Session 对象。

(6) 调用 PolicyTree 对象的 Execute 方法计算 Policy 摘要。

(7) 调用 tpm 实例的 NV_Read 方法读取证书摘要，第 1 个参数与第 2 个参数均为指向 NV Index 的 HANDLE；第 3 个参数指定证书摘要长度；第 4 个参数指定 0。注意，通过语法 tpm[sess]关联了 tpm 实例与 Session 对象。读取结果存储至 dataRead 数组。

(8) 输出 dataRead 数组。

(9) 调用 tpm 实例的 FlushContext 方法清理 Session 对象。

程序运行结果如图 18-5 所示。

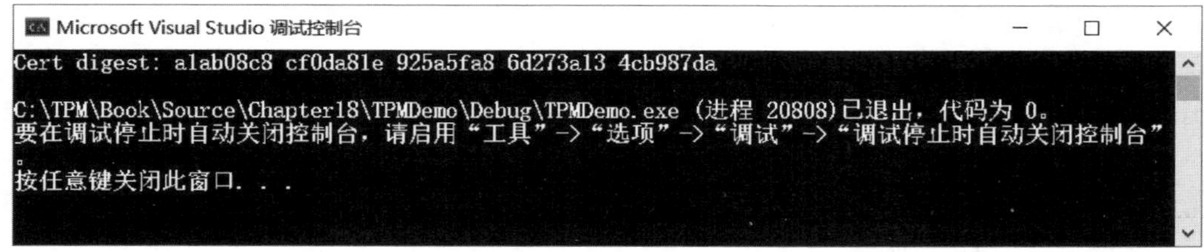

图 18-5 使用 C++读取证书摘要

使用 C#读取证书摘要的过程见代码 18-12。

代码 18-12 使用 C#读取证书摘要

```
private static void ReadCertDigest(Tpm2 tpm, int len)
{
    TpmHandle nvHandle = TpmHandle.NV(5003);

    // 定义 Policy
    PolicyTree p = new PolicyTree(hashAlg);
```

```
        p.Create(new PolicyAce[]
        {
            new TpmPolicyCommand(TpmCc.NvRead),
        });
        // 设置 NV Index 的名称
        byte[] name;
        tpm.NvReadPublic(nvHandle, out name);
        nvHandle.SetName(name);
        // 创建 Session 对象
        AuthSession sess = tpm.StartAuthSessionEx(TpmSe.Policy, hashAlg);
        sess.RunPolicy(tpm, p);
        // 读取证书摘要(无须提供凭据)
        byte[] dataRead = tpm[sess].NvRead(nvHandle, nvHandle, (ushort)len, 0);
        // 输出证书摘要
        string dataHex = BitConverter.ToString(dataRead).Replace("-", "").ToLower();
        Console.WriteLine("Cert digest: " + dataHex);
        tpm.FlushContext(sess);

        // 自行实现比对证书摘要的过程(略)
    }
```

代码 18-12 的详细解释如下：

(1) 定义 NV Index 的 HANDLE。

(2) 创建 PolicyTree 对象。

(3) 调用 PolicyTree 对象的 Create 方法，传入 PolicyAce 数组，其中仅包含 TpmPolicyCommand 类型的表达式对象，限定用户只能调用名称为 NvRead 的方法。

(4) 读取并设置 NV Index 的名称。

(5) 调用 tpm 实例的 StartAuthSessionEx 方法创建 Session 对象。

(6) 调用 Session 对象的 RunPolicy 方法计算 Policy 摘要。

(7) 调用 tpm 实例的 NvRead 方法读取证书摘要，第 1 个参数与第 2 个参数均为指向 NV Index 的 HANDLE；第 3 个参数指定证书摘要长度；第 4 个参数指定 0。注意，通过语法 tpm[sess]关联了 tpm 实例与 Session 对象。读取结果存储至 dataRead 数组。

(8) 调用 BitConverter.ToString 方法将 dataRead 数组转换为十六进制字符串，存储至 dataHex 变量。

(9) 输出 dataHex 变量。

(10) 调用 tpm 实例的 FlushContext 方法清理 Session 对象。

程序运行结果如图 18-6 所示。

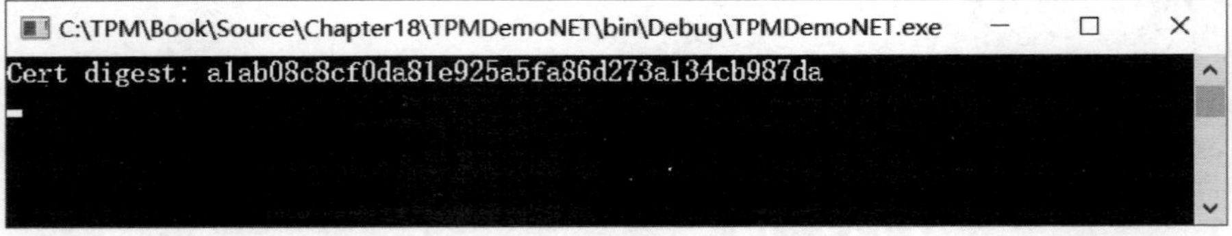

图 18-6 使用 C#读取证书摘要

18.5 存储计数器

NV Index 不仅可以存储字节数据类型，还能作为计数器使用，称为 NV Counter。NV Counter 存储的值是单向的，只能向上累加，不能向下减少，即使完全删除并重建 NV Counter，也无法重置计数。

18.5.1 累加计数器

定义并实现名称为 SetCounter 的方法，在其中定义 NV Counter 并循环 5 次累加计数值。

使用 C++累加计数器的过程见代码 18-13。

代码 18-13 使用 C++累加计数器

```
int main()
{
    // 连接 TPM,略

    // 定义存储分层密码
    const char * ownerpwd = "E(H + MbQe";
    ByteVec ownerAuth(ownerpwd, ownerpwd + strlen(ownerpwd));
    // 定义 NV Counter 密码
    const char * cpwd = "password";
    ByteVec useAuth(cpwd, cpwd + strlen(cpwd));
    // 在访问存储分层之前,需要进行 Password 授权
    tpm._AdminOwner.SetAuth(ownerAuth);
    // 累加计数器
    SetCounter(tpm, useAuth);
    // 读取计数器(待 18.5.2 节实现)
    ReadCounter(tpm, useAuth);
}

void SetCounter(Tpm2 tpm, ByteVec& useAuth)
{
    TPM_HANDLE nvHandle = TPM_HANDLE::NV(5004);

    // 如果 NV Counter 已存在则将其删除
    tpm._AllowErrors().NV_UndefineSpace(TPM_RH::OWNER, nvHandle);
    // 定义 NV Counter 模板
    TPMS_NV_PUBLIC temp(nvHandle,
        hashAlg,
        TPMA_NV::AUTHREAD | TPMA_NV::AUTHWRITE |
        TPMA_NV::COUNTER,
        null,
        8);
    // 创建 NV Counter
    tpm.NV_DefineSpace(TPM_RH::OWNER, useAuth, temp);
    // 进行 Password 授权
    nvHandle.SetAuth(useAuth);
    // 循环 5 次累加计数器
```

```
        for (int i = 0; i < 5; ++i)
        {
            tpm.NV_Increment(nvHandle, nvHandle);
        }
    }
```

代码 18-13 的 main 方法详细解释如下：

(1) 定义密码，步骤与代码 18-1 一致，此处不再赘述。

(2) 调用 SetCounter 方法。

(3) 调用 ReadCounter 方法(将在 18.5.2 节实现)。

代码 18-13 的 SetCounter 方法详细解释如下：

(1) 定义 NV Counter 的 HANDLE。

(2) 定义 TPMS_NV_PUBLIC 模板，第 3 个参数在 Password 授权属性的基础上增加 TPMA_NV::COUNTER，表示存储的是计数器类型的数据。

(3) 调用 tpm 实例的 NV_DefineSpace 方法分配内存空间。

(4) 调用 nvHandle.SetAuth 方法，进行 Password 授权。

(5) 调用 tpm 实例的 NV_Increment 方法累加计数器的值，循环 5 次执行。

使用 C# 累加计数器的过程见代码 18-14。

代码 18-14　使用 C# 累加计数器

```
namespace TPMDemoNET
{
    class Program
    {
        private static TpmAlgId hashAlg = TpmAlgId.Sha1;

        static void Main(string[] args)
        {
            // 连接 TPM，略

            // 定义存储分层密码
            string ownerpwd = "E(H+MbQe";
            byte[] ownerAuth = Encoding.ASCII.GetBytes(ownerpwd);
            // 定义 NV Counter 密码
            string cpwd = "password";
            byte[] useAuth = Encoding.ASCII.GetBytes(cpwd);
            // 在访问存储分层之前，需要进行 Password 授权
            tpm.OwnerAuth.AuthVal = ownerAuth;
            // 累加计数器
            SetCounter(tpm, useAuth);
            // 读取计数器(待 18.5.2 节实现)
            ReadCounter(tpm, useAuth);
        }

        private static void SetCounter(Tpm2 tpm, byte[] useAuth)
        {
            TpmHandle nvHandle = TpmHandle.NV(5004);
```

```
            // 如果 NV Counter 已存在则将其删除
            tpm._AllowErrors().NvUndefineSpace(TpmRh.Owner, nvHandle);
            // 定义 NV Counter 模板
            var temp = new NvPublic(nvHandle,
                hashAlg,
                NvAttr.Authread | NvAttr.Authwrite |
                NvAttr.Counter,
                null,
                8);
            // 创建 NV Counter
            tpm.NvDefineSpace(TpmRh.Owner, useAuth, temp);
            // 进行 Password 授权
            nvHandle.SetAuth(useAuth);
            // 循环 5 次累加计数器
            for (int i = 0; i < 5; ++i)
            {
                tpm.NvIncrement(nvHandle, nvHandle);
            }
        }
    }
}
```

代码 18-14 的 Main 方法详细解释如下：

(1) 定义密码，步骤与代码 18-2 一致，此处不再赘述。

(2) 调用 SetCounter 方法。

(3) 调用 ReadCounter 方法(将在 18.5.2 节实现)。

代码 18-14 的 SetCounter 方法详细解释如下：

(1) 定义 NV Counter 的 HANDLE。

(2) 定义 NvPublic 模板，第 3 个参数在 Password 授权属性的基础上增加 NvAttr.Counter，表示存储的是计数器类型的数据。

(3) 调用 tpm 实例的 NvDefineSpace 方法分配内存空间。

(4) 调用 nvHandle.SetAuth 方法，进行 Password 授权。

(5) 调用 tpm 实例的 NvIncrement 方法累加计数器的值，循环 5 次执行。

18.5.2　读取计数器

定义并实现名称为 ReadCounter 的方法，从 NV Counter 中读取计数器的值。

使用 C++读取计数器的过程见代码 18-15。

代码 18-15　使用 C++读取计数器

```
void ReadCounter(Tpm2 tpm, ByteVec& useAuth)
{
    TPM_HANDLE nvHandle = TPM_HANDLE::NV(5004);

    // 进行 Password 授权
    nvHandle.SetAuth(useAuth);
    // 读取计数器
    ByteVec dataRead = tpm.NV_Read(nvHandle, nvHandle, 8, 0);
```

```
    // 输出数值
    std::cout << "Counter: " << dataRead << endl;
}
```

代码 18-15 的详细解释如下：

(1) 定义 NV Counter 的 HANDLE。

(2) 调用 nvHandle.SetAuth 方法，进行 Password 授权。

(3) 调用 tpm 实例的 NV_Read 方法读取计数器的值，读取结果存储至 dataRead 数组。

(4) 输出 dataRead 数组。

程序运行结果如图 18-7 所示。

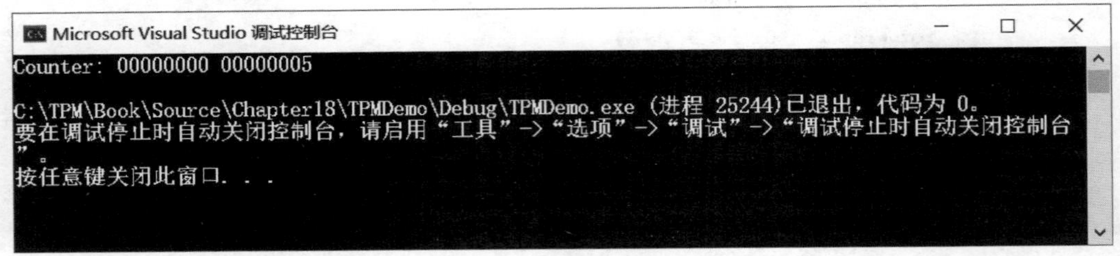

图 18-7　使用 C++读取计数器

使用 C# 读取计数器的过程见代码 18-16。

代码 18-16　使用 C# 读取计数器

```
private static void ReadCounter(Tpm2 tpm, byte[] useAuth)
{
    TpmHandle nvHandle = TpmHandle.NV(5004);

    // 进行 Password 授权
    nvHandle.SetAuth(useAuth);
    // 读取计数器
    byte[] dataRead = tpm.NvRead(nvHandle, nvHandle, 8, 0);
    // 输出数值
    string dataHex = BitConverter.ToString(dataRead).Replace("-", "").ToLower();
    Console.WriteLine("Counter: " + dataHex);
}
```

代码 18-16 的详细解释如下：

(1) 定义 NV Counter 的 HANDLE。

(2) 调用 nvHandle.SetAuth 方法，进行 Password 授权。

(3) 调用 tpm 实例的 NvRead 方法读取计数器的值，读取结果存储至 dataRead 数组。

(4) 调用 BitConverter.ToString 方法将 dataRead 数组转换为十六进制字符串，存储至 dataHex 变量。

(5) 输出 dataHex 变量。

程序运行结果如图 18-8 所示。

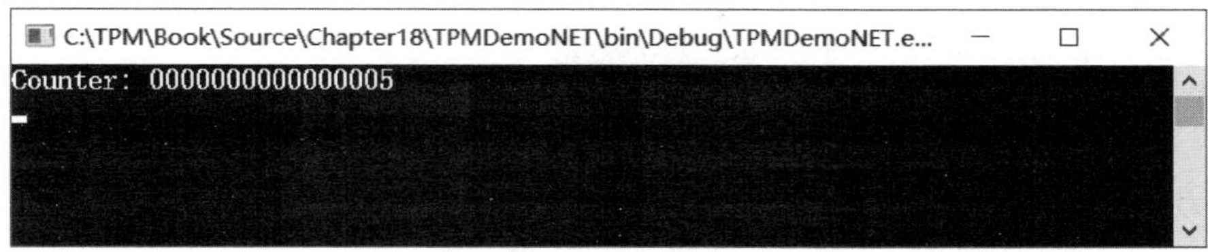

图 18-8 使用 C#读取计数器

18.6 存储 HASH 扩展摘要

NV Index 的另一项用途是存储 HASH 扩展摘要。HASH 扩展常用于审计系统变更或人员行为,例如,对连续的事务日志计算 HASH 扩展,最终得到一系列事件的摘要结果;当审计人员进行审计时,通过对这些事务日志按顺序重新计算摘要,就能确定事件记录是否完整、是否有人中途篡改或执行了非法操作。

18.6.1 扩展摘要

定义并实现名称为 ExtendData 的方法,在其中定义可扩展类型的 NV Index,然后分别进行两次 HASH 扩展运算。

使用 C++扩展摘要的过程见代码 18-17。

代码 18-17 使用 C++扩展摘要

```
int main()
{
    // 连接 TPM,略

    // 定义存储分层密码
    const char * ownerpwd = "E(H+MbQe";
    ByteVec ownerAuth(ownerpwd, ownerpwd + strlen(ownerpwd));
    // 定义 NV Index 密码
    const char * cpwd = "password";
    ByteVec useAuth(cpwd, cpwd + strlen(cpwd));
    // 在访问存储分层之前,需要进行 Password 授权
    tpm._AdminOwner.SetAuth(ownerAuth);
    // 扩展摘要
    ExtendData(tpm, useAuth);
    // 读取摘要(待 18.6.2 节实现)
    ReadExtendedData(tpm, useAuth);
}

void ExtendData(Tpm2 tpm, ByteVec& useAuth)
{
    TPM_HANDLE nvHandle = TPM_HANDLE::NV(5005);

    // 如果 NV Index 已存在则将其删除
    tpm._AllowErrors().NV_UndefineSpace(TPM_RH::OWNER, nvHandle);
    // 定义可扩展类型的 NV Index 模板
    TPMS_NV_PUBLIC temp(nvHandle,
```

```
        hashAlg,
        TPMA_NV::AUTHREAD | TPMA_NV::AUTHWRITE |
        TPMA_NV::EXTEND,
        null,
        20);
    // 创建 NV Index
    tpm.NV_DefineSpace(TPM_RH::OWNER, useAuth, temp);
    // 进行 Password 授权
    nvHandle.SetAuth(useAuth);
    // 扩展摘要
    TPM_HASH hash = TPM_HASH::FromHashOfString(hashAlg, "abc");
    tpm.NV_Extend(nvHandle, nvHandle, hash.digest);
    hash = TPM_HASH::FromHashOfString(hashAlg, "def");
    tpm.NV_Extend(nvHandle, nvHandle, hash.digest);
}
```

代码 18-17 的 main 方法详细解释如下：

（1）定义密码，步骤与代码 18-1 一致，此处不再赘述。

（2）调用 ExtendData 方法。

（3）调用 ReadExtendedData 方法（将在 18.6.2 节实现）。

代码 18-17 的 ExtendData 方法详细解释如下：

（1）定义 NV Index 的 HANDLE。

（2）定义 TPMS_NV_PUBLIC 模板，第 3 个参数在 Password 授权属性的基础上增加 TPMA_NV::EXTEND，表示存储的是可扩展类型的摘要。

（3）调用 tpm 实例的 NV_DefineSpace 方法分配内存空间。

（4）调用 nvHandle.SetAuth 方法，进行 Password 授权。

（5）调用 TPM_HASH::FromHashOfString 方法计算字符串摘要。

（6）调用 tpm 实例的 NV_Extend 方法扩展摘要。

（7）重复执行步骤(5)与步骤(6)。

使用 C# 扩展摘要的过程见代码 18-18。

代码 18-18　使用 C# 扩展摘要

```
namespace TPMDemoNET
{
    class Program
    {
        private static TpmAlgId hashAlg = TpmAlgId.Sha1;

        static void Main(string[] args)
        {
            // 连接 TPM,略

            // 定义存储分层密码
            string ownerpwd = "E(H+MbQe";
            byte[] ownerAuth = Encoding.ASCII.GetBytes(ownerpwd);
            // 定义 NV Index 密码
            string cpwd = "password";
            byte[] useAuth = Encoding.ASCII.GetBytes(cpwd);
```

```
            // 在访问存储分层之前,需要进行 Password 授权
            tpm.OwnerAuth.AuthVal = ownerAuth;
            // 扩展摘要
            ExtendData(tpm, useAuth);
            // 读取摘要(待 18.6.2 节实现)
            ReadExtendedData(tpm, useAuth);
        }

        private static void ExtendData(Tpm2 tpm, byte[] useAuth)
        {
            TpmHandle nvHandle = TpmHandle.NV(5005);

            // 如果 NV Index 已存在则将其删除
            tpm._AllowErrors().NvUndefineSpace(TpmRh.Owner, nvHandle);
            // 定义可扩展类型的 NV Index 模板
            var temp = new NvPublic(nvHandle,
                hashAlg,
                NvAttr.Authread | NvAttr.Authwrite |
                NvAttr.Extend,
                null,
                20);
            // 创建 NV Index
            tpm.NvDefineSpace(TpmRh.Owner, useAuth, temp);
            // 进行 Password 授权
            nvHandle.SetAuth(useAuth);
            // 扩展摘要
            TpmHash hash = TpmHash.FromData(
                hashAlg, Encoding.ASCII.GetBytes("abc"));
            tpm.NvExtend(nvHandle, nvHandle, hash.digest);
            hash = TpmHash.FromData(
                hashAlg, Encoding.ASCII.GetBytes("def"));
            tpm.NvExtend(nvHandle, nvHandle, hash.digest);
        }
    }
}
```

代码 18-18 的 Main 方法详细解释如下：

(1) 定义密码，步骤与代码 18-2 一致，此处不再赘述。

(2) 调用 ExtendData 方法。

(3) 调用 ReadExtendedData 方法(将在 18.6.2 节实现)。

代码 18-18 的 ExtendData 方法详细解释如下：

(1) 定义 NV Index 的 HANDLE。

(2) 定义 NvPublic 模板，第 3 个参数在 Password 授权属性的基础上增加 NvAttr.Extend，表示存储的是可扩展类型的摘要。

(3) 调用 tpm 实例的 NvDefineSpace 方法分配内存空间。

(4) 调用 nvHandle.SetAuth 方法，进行 Password 授权。

(5) 调用 TpmHash.FromData 方法计算字符串摘要。

(6) 调用 tpm 实例的 NvExtend 方法扩展摘要。

(7) 重复执行步骤(5)与步骤(6)。

18.6.2 读取摘要

定义并实现名称为 ReadExtendedData 的方法，从 NV Index 中读取扩展后的摘要，然后重新计算字符串的摘要并与之进行比对。

使用 C++读取摘要的过程见代码 18-19。

代码 18-19 使用 C++读取摘要

```
void ReadExtendedData(Tpm2 tpm, ByteVec& useAuth)
{
    TPM_HANDLE nvHandle = TPM_HANDLE::NV(5005);

    // 进行 Password 授权
    nvHandle.SetAuth(useAuth);
    // 读取摘要
    ByteVec dataRead = tpm.NV_Read(nvHandle, nvHandle, 20, 0);
    // 以 HASH 扩展方式重新计算字符串的摘要
    TPM_HASH hash1 = TPM_HASH::FromHashOfString(hashAlg, "abc");
    TPM_HASH hash2 = TPM_HASH::FromHashOfString(hashAlg, "def");
    TPM_HASH hash(hashAlg);
    hash.Extend(hash1.digest);
    hash.Extend(hash2.digest);
    ByteVec expected = hash.digest;
    // 输出读取的摘要与重新计算的摘要
    std::cout << "Digest: " << dataRead << endl
        << "Expected: " << expected << endl;
}
```

代码 18-19 的详细解释如下：

(1) 定义 NV Index 的 HANDLE。

(2) 调用 nvHandle.SetAuth 方法，进行 Password 授权。

(3) 调用 tpm 实例的 NV_Read 方法读取摘要，读取结果存储至 dataRead 数组。

(4) 调用 TPM_HASH::FromHashOfString 方法重新计算字符串的摘要。

(5) 创建 TPM_HASH 对象，存储至 hash 变量。

(6) 调用 hash.Extend 方法扩展步骤(4)生成的摘要。

(7) 调用 hash.digest 属性获取最终摘要结果，存储至 expected 数组。

(8) 输出 dataRead 数组与 expected 数组。

程序运行结果如图 18-9 所示。

图 18-9 使用 C++读取摘要

使用C#读取摘要的过程见代码18-20。

代码18-20 使用C#读取摘要

```
private static void ReadExtendedData(Tpm2 tpm, byte[] useAuth)
{
    TpmHandle nvHandle = TpmHandle.NV(5005);

    // 进行 Password 授权
    nvHandle.SetAuth(useAuth);
    // 读取摘要
    byte[] dataRead = tpm.NvRead(nvHandle, nvHandle, 20, 0);
    // 以 HASH 扩展方式重新计算字符串的摘要
    TpmHash hash1 = TpmHash.FromData(hashAlg, Encoding.ASCII.GetBytes("abc"));
    TpmHash hash2 = TpmHash.FromData(hashAlg, Encoding.ASCII.GetBytes("def"));
    TpmHash hash = new TpmHash(hashAlg);
    hash.Extend(hash1.digest);
    hash.Extend(hash2.digest);
    byte[] expcted = hash.digest;
    // 输出读取的摘要与重新计算的摘要
    string dataHex = BitConverter.ToString(dataRead).Replace("-", "").ToLower();
    string expctedHex = BitConverter.ToString(expcted).Replace("-", "").ToLower();
    Console.WriteLine("Digest: " + dataHex);
    Console.WriteLine("Expected: " + expctedHex);
}
```

代码18-20的详细解释如下：

（1）定义NV Index的HANDLE。

（2）调用nvHandle.SetAuth方法，进行Password授权。

（3）调用tpm实例的NvRead方法读取摘要，读取结果存储至dataRead数组。

（4）调用TpmHash.FromData方法重新计算字符串的摘要。

（5）创建TpmHash对象，存储至hash变量。

（6）调用hash.Extend方法扩展步骤(4)生成的摘要。

（7）调用hash.digest属性获取最终摘要结果，存储至expected数组。

（8）调用BitConverter.ToString方法将dataRead数组转换为十六进制字符串，存储至dataHex变量。

（9）调用BitConverter.ToString方法将expected数组转换为十六进制字符串，存储至expectedHex变量。

（10）输出dataHex数组与expectedHex数组。

程序运行结果如图18-10所示。

图18-10 使用C#读取摘要

18.7 本章小结

本章首先介绍了 NV Index 的基础概念。NV Index 类似于计算机内存，并且能够提供持久化的数据存储能力，数据不随计算机重启或断电而消失。NV Index 支持 Password 授权或 Policy 授权，不仅如此，NV Index 还支持读写分离的授权模型，这是 Key 对象所不具备的。随后通过示例演示了 NV Index 的基础应用场景，例如读写简单数据、读写证书摘要、读写计数器以及读写 HASH 扩展摘要。

第19章

NV Index高级功能

本章将通过两个较为复杂的示例进一步演示 NV Index 的高级应用场景。

假设系统管理员在 TPM 中创建了上百个 Key 对象,并且为每个 Key 对象分配了不同的初始密码,现由于某种安全原因,需要变更这些 Key 对象的初始密码,毫无疑问这将是一场管理灾难,因为系统管理员不得不逐一修改每个 Key 对象的密码,耗费大量的时间与人力成本。那么,是否有一种便捷的方式批量修改密码呢? 这正是本章第 1 个示例将要研究与解决的问题,它与 TPM 的日常管理任务相关。

NV Index 不仅能够存储用户数据,其存储的数据本身也能为其他 TPM 对象提供授权能力,这是基于 PolicyNV 实现的。第 2 个示例将演示 PolicyNV 的使用方式,它将 TPM 对象与 NV Index 存储的数据进行绑定,只有当 NV Index 中的数据满足特定的逻辑条件时,用户才能访问相应的 TPM 对象。

19.1 PolicySecret 授权

当有多个 TPM 对象需要管理时,如果为每个对象单独分配密码,可能会对系统管理员的工作造成沉重负担,系统管理员不仅需要牢记这些密码,还必须依照企业制定的密码策略定期修改密码。如果密码遗失或遗忘,就会导致某个 Key 对象无法访问,造成上层应用系统瘫痪。

TPM 提供基于 Policy 转移授权行为的方式,称为 PolicySecret。PolicySecret 将 1 个或 1 组 TPM 对象的授权过程转移至某个中立的 NV Index。简单来说,就是只需对单个 NV Index 进行 Password 授权,即可访问与之关联的全部 TPM 对象集合。如此一来,TPM 对象的授权行为以间接的方式转移至 NV Index。作为系统管理员,只需关注单个 NV Index 的安全性即可。当需要变更密码时,只需修改单个 NV Index 的密码,无须逐一修改每个 TPM 对象的密码。

19.2 PolicySecret 示例

本节示例演示 PolicySecret 的使用方式。首先定义 NV Index 并分配初始密码,它将作为承载授权转移行为的工具，即允许用户在对此 NV Index 进行 Password 授权后，能够直接访问其他 TPM 对象（如 Key 对象）。当创建 NV Index 时，无须写入数据，因为只是利用其充当授权转移的工具，并不关心其存储的内容。

然后，创建 PolicySecret 类型的表达式对象并指定 NV Index，表示绑定 PolicySecret 摘要的 TPM 对象的授权过程将被转移至 NV Index。分别创建 AES Key 对象与 RSA Key 对象，并为它们绑定相同的 PolicySecret 摘要。

最后，通过修改 NV Index 的密码，间接地"修改"AES Key 对象与 RSA Key 对象的"密码"。当密码修改成功后，使用新密码对 NV Index 进行授权，测试 AES Key 对象与 RSA Key 对象是否能正常加密与签名。

19.2.1 创建空的 NV Index

创建空的 NV Index 并分配初始密码。当然，也可以在其中存储一些数据，但是这样做没有任何意义，因为 NV Index 仅作为授权转移的工具，所以无须关心其存储的内容。

在定义 NV Index 模板时，不仅需要设置基于密码的读写模式，还需要绑定 PolicyCommandCode 表达式对象的摘要。虽然 PolicyCommandCode 表达式对象限定用户只能修改密码，但是这种限制仅作用于管理行为，与读写操作无关。

使用 C++创建空的 NV Index 的过程见代码 19-1。

代码 19-1 使用 C++创建空的 NV Index

```
void StoreEmptyData(Tpm2 tpm, ByteVec& useAuth)
{
    TPM_HANDLE nvHandle = TPM_HANDLE::NV(5006);

    // 如果 NV Index 已存在则将其删除
    tpm._AllowErrors().NV_UndefineSpace(TPM_RH::OWNER, nvHandle);
    // 定义用于修改密码的 Policy
    PolicyCommandCode policyCmd(TPM_CC::NV_ChangeAuth);
    PolicyAuthValue policyAuthValue;
    PolicyTree p(policyCmd, policyAuthValue);
    // 计算 Policy 摘要
    TPM_HASH policyDigest = p.GetPolicyDigest(hashAlg);
    // 定义 NV Index 模板
    TPMS_NV_PUBLIC temp(nvHandle,
        hashAlg,
        TPMA_NV::AUTHREAD | TPMA_NV::AUTHWRITE,
        policyDigest,
        0);
    // 创建 NV Index
    tpm.NV_DefineSpace(TPM_RH::OWNER, useAuth, temp);
    // 进行 Password 授权
    nvHandle.SetAuth(useAuth);
    // 写入空数据
    ByteVec data { };
    tpm.NV_Write(nvHandle, nvHandle, data, 0);
}
```

代码 19-1 的详细解释如下：

(1) 定义 NV Index 的 HANDLE。

(2) 定义 PolicyCommandCode 类型的表达式对象,限定用户只能调用名称为 NV_ChangeAuth 的方法。NV_ChangeAuth 方法用于修改 NV Index 的密码。

(3) 定义 PolicyAuthValue 类型的表达式对象。

(4) 创建 PolicyTree 对象,组合 PolicyAuthValue 与 PolicyCommandCode 表达式对象。此 PolicyTree 可以理解为:使用基于密码的 Policy 授权只能调用 NV_ChangeAuth 方法,即用此 Policy 摘要填充的 Session 对象只能执行修改密码命令,而不能执行其他任何操作。但是,这不表示不能读写 NV Index,因为依然可以使用 Password 授权(非 Policy 授权)执行读写操作。

(5) 调用 GetPolicyDigest 方法计算 Policy 摘要。

(6) 定义 TPMS_NV_PUBLIC 模板,第 3 个参数设置为 TPMA_NV::AUTHREAD | TPMA_NV::AUTHWRITE,表示读写操作均需要 Password 授权(但是无须关心读写操作);第 4 个参数为 Policy 摘要;第 5 个参数指定数据长度 0,限制只能写入空数据。需要注意的是,Policy 授权用于管理行为(修改密码),而 Password 授权(TPMA_NV::AUTHREAD、TPMA_NV::AUTHWRITE)用于读写操作,两者可以共存。

(7) 调用 tpm 实例的 NV_DefineSpace 方法分配内存空间。

(8) 调用 nvHandle.SetAuth 方法,进行 Password 授权。

(9) 调用 tpm 实例的 NV_Write 方法写入空数据。

使用 C#创建空的 NV Index 的过程见代码 19-2。

代码 19-2 使用 C#创建空的 NV Index

```
private static void StoreEmptyData(Tpm2 tpm, byte[] useAuth)
{
    TpmHandle nvHandle = TpmHandle.NV(5006);

    // 如果 NV Index 已存在则将其删除
    tpm._AllowErrors().NvUndefineSpace(TpmRh.Owner, nvHandle);
    // 定义用于修改密码的 Policy
    PolicyTree p = new PolicyTree(hashAlg);
    p.Create(new PolicyAce[]
    {
        new TpmPolicyAuthValue(),
        new TpmPolicyCommand(TpmCc.NvChangeAuth),
    });
    // 计算 Policy 摘要
    TpmHash policyDigest = p.GetPolicyDigest();
    // 定义 NV Index 模板
    var temp = new NvPublic(nvHandle,
        hashAlg,
        NvAttr.Authread | NvAttr.Authwrite,
        policyDigest,
        0);
    // 创建 NV Index
    tpm.NvDefineSpace(TpmRh.Owner, useAuth, temp);
    // 进行 Password 授权
    nvHandle.SetAuth(useAuth);
```

```
        // 写入空数据
        byte[] data = { };
        tpm.NvWrite(nvHandle, nvHandle, data, 0);
    }
```

代码 19-2 的详细解释如下：

(1) 定义 NV Index 的 HANDLE。

(2) 创建 PolicyTree 对象。

(3) 调用 PolicyTree 对象的 Create 方法，传入 PolicyAce 数组，其中包含两个表达式对象。TpmPolicyCommand 类型的表达式对象限定用户只能调用名称为 NvChangeAuth 的方法，此方法用于修改 NV Index 的密码；PolicyAuthValue 类型的表达式对象表示用户需要 Password 授权。此 PolicyTree 可以理解为：使用基于密码的 Policy 授权只能调用 NvChangeAuth 方法，即用此 Policy 摘要填充的 Session 对象只能执行修改密码命令，而不能执行其他任何操作。但是，这不表示不能读写 NV Index，因为依然可以使用 Password 授权(非 Policy 授权)执行读写操作。

(4) 调用 GetPolicyDigest 方法计算 Policy 摘要。

(5) 定义 NvPublic 模板，第 3 个参数设置为 NvAttr. Authread | NvAttr. Authwrite，表示读写操作均需要 Password 授权(但是无须关心读写操作)；第 4 个参数为 Policy 摘要；第 5 个参数指定数据长度 0，限制只能写入空数据。需要注意的是，Policy 授权用于管理行为(修改密码)，而 Password 授权(NvAttr. Authread、NvAttr. Authwrite)用于读写操作，两者可以共存。

(6) 调用 tpm 实例的 NvDefineSpace 方法分配内存空间。

(7) 调用 nvHandle. SetAuth 方法，进行 Password 授权。

(8) 调用 tpm 实例的 NvWrite 方法写入空数据。

19.2.2 创建测试 Key

分别创建两个 Key 对象，并通过 PolicySecret 表达式对象绑定 19.2.1 节定义的 NV Index 实现授权转移。具体过程为：首先定义名称为 CreateSomeKeys 的方法，在其中创建 PolicySecret 类型的表达式对象，绑定 19.2.1 节定义的 NV Index。然后分别创建 RSA Key 对象与 AES Key 对象，绑定 PolicySecret 摘要。如此一来，就成功地将 RSA Key 对象与 AES Key 对象的授权过程转移至 NV Index，无须再为 RSA Key 对象或 AES Key 对象设置密码。

CreateSomeKeys 方法返回 RSA Key 对象与 AES Key 对象的 HANDLE 数组。

使用 C++创建测试 Key 对象的过程见代码 19-3。

代码 19-3 使用 C++创建测试 Key 对象

```
vector < TPM_HANDLE > CreateSomeKeys(Tpm2 tpm, ByteVec& useAuth)
{
    TPM_HANDLE nvHandle = TPM_HANDLE::NV(5006);

    // 读取 NV Index 的公共部分
```

```
        NV_ReadPublicResponse nvPub = tpm.NV_ReadPublic(nvHandle);
        // 定义 Policy
        PolicySecret ps(false, null, null, 0, nvPub.nvName);
        ps.SetAuthorizingObjectHandle(nvHandle);
        PolicyTree p(ps);
        // 计算 Policy 摘要
        TPM_HASH policyDigest = p.GetPolicyDigest(hashAlg);
        // 定义 RSA Key 模板
        TPMT_PUBLIC temp1(hashAlg,
            TPMA_OBJECT::sign | TPMA_OBJECT::sensitiveDataOrigin,
            policyDigest,
            TPMS_RSA_PARMS(null, TPMS_SCHEME_RSASSA(hashAlg), 2048, 65537),
            TPM2B_PUBLIC_KEY_RSA());
        // 创建 RSA Key 对象
        CreatePrimaryResponse rsaResp =
            tpm.CreatePrimary(TPM_RH::OWNER, null, temp1, null, null);
        // 定义 AES Key 模板
        TPMT_PUBLIC temp2(hashAlg,
            TPMA_OBJECT::decrypt | TPMA_OBJECT::sign |
            TPMA_OBJECT::sensitiveDataOrigin,
            policyDigest,
            TPMS_SYMCIPHER_PARMS(Aes128Cfb),
            TPM2B_DIGEST_SYMCIPHER());
        // 创建 AES Key 对象
        CreatePrimaryResponse aesResp =
            tpm.CreatePrimary(TPM_RH::OWNER, null, temp2, null, null);
        vector<TPM_HANDLE> handles;
        handles.push_back(rsaResp.handle);
        handles.push_back(aesResp.handle);
        return handles;
    }
```

代码 19-3 的详细解释如下：

（1）定义 NV Index 的 HANDLE。

（2）调用 tpm 实例的 NV_ReadPublic 方法读取 NV Index 的公共区域，命令响应结果存储至 nvPub 变量。

（3）定义 PolicySecret 类型的表达式对象，其构造函数的第 1 个参数为 false，不使用 Nonce；第 5 个参数为 nvPub.nvName 属性，表示 NV Index 的名称；其他参数为 0 或 null。

（4）调用 ps.SetAuthorizingObjectHandle 方法设置 NV Index 的 HANDLE，即期望转移授权的目标对象。

（5）创建 PolicyTree 对象，将 PolicySecret 表达式对象作为其参数。

（6）调用 GetPolicyDigest 方法计算 Policy 摘要。

（7）定义 RSA Key 模板，绑定 Policy 摘要。

（8）调用 tpm 实例的 CreatePrimary 方法创建 RSA Key 对象。

（9）定义 AES Key 模板，绑定 Policy 摘要。

（10）调用 tpm 实例的 CreatePrimary 方法创建 AES Key 对象。

（11）创建 vector<TPM_HANDLE>类型的数组，包含 RSA Key 对象与 AES Key 对

象的 HANDLE。

（12）返回 vector 数组。

使用 C＃创建测试 Key 对象的过程见代码 19-4。

代码 19-4　使用 C＃创建测试 Key 对象

```
private static TpmHandle[] CreateSomeKeyes(Tpm2 tpm, byte[] useAuth)
{
    TpmHandle nvHandle = TpmHandle.NV(5006);

    // 设置 NV Index 的名称
    byte[] name;
    tpm.NvReadPublic(nvHandle, out name);
    nvHandle.SetName(name);
    // 定义 Policy
    TpmPolicySecret ps = new TpmPolicySecret(nvHandle, false, 0, null, null);
    PolicyTree p = new PolicyTree(hashAlg);
    p.Create(new PolicyAce[]
    {
        ps
    });
    // 计算 Policy 摘要
    TpmHash policyDigest = p.GetPolicyDigest();
    // 定义 RSA Key 模板
    var temp1 = new TpmPublic(hashAlg,
        ObjectAttr.Sign | ObjectAttr.SensitiveDataOrigin,
        policyDigest,
        new RsaParms(new SymDefObject(), new SchemeRsassa(hashAlg), 2048, 65537),
        new Tpm2bPublicKeyRsa());
    SensitiveCreate sensCreate = new SensitiveCreate(null, null);
    // 创建 RSA Key 对象
    TpmPublic keyPublic;
    CreationData creationData;
    TkCreation creationTicket;
    byte[] creationHash;
    TpmHandle rsaHandle =
        tpm.CreatePrimary(TpmRh.Owner, sensCreate, temp1, null, null,
                          out keyPublic, out creationData,
                          out creationHash, out creationTicket);
    // 定义 AES Key 模板
    var temp2 = new TpmPublic(hashAlg,
        ObjectAttr.Decrypt | ObjectAttr.Sign |
        ObjectAttr.SensitiveDataOrigin,
        policyDigest,
        new SymcipherParms(Aes128Cfb),
        new Tpm2bDigestSymcipher());
    // 创建 AES Key 对象
    TpmHandle aesHandle =
        tpm.CreatePrimary(TpmRh.Owner, sensCreate, temp2, null, null,
                          out keyPublic, out creationData,
                          out creationHash, out creationTicket);
    TpmHandle[] handles = new TpmHandle[]
    {
```

```
        rsaHandle,
        aesHandle
    };
    return handles;
}
```

代码 19-4 的详细解释如下：

(1) 定义 NV Index 的 HANDLE。

(2) 调用 tpm 实例的 NvReadPublic 方法读取 NV Index 自动生成的名称，然后调用 nvHandle. SetName 方法设置此名称。

(3) 定义 TpmPolicySecret 类型的表达式对象，其构造函数的第 1 个参数为指向 NV Index 的 HANDLE；第 2 个参数为 false，不使用 Nonce；其他参数为 0 或 null。

(4) 创建 PolicyTree 对象。

(5) 调用 PolicyTree 对象的 Create 方法，传入 PolicyAce 数组，其中仅包含 TpmPolicySecret 表达式对象。

(6) 调用 GetPolicyDigest 方法计算 Policy 摘要。

(7) 定义 RSA Key 模板，绑定 Policy 摘要。

(8) 调用 tpm 实例的 CreatePrimary 方法创建 RSA Key 对象。

(9) 定义 AES Key 模板，绑定 Policy 摘要。

(10) 调用 tpm 实例的 CreatePrimary 方法创建 AES Key 对象。

(11) 创建 TpmHandle 数组，包含 RSA Key 对象与 AES Key 对象的 HANDLE。

(12) 返回 TpmHandle 数组。

19.2.3 统一修改密码

统一修改密码实际上不是真的去批量修改 TPM 对象的密码，而是通过修改 NV Index 的密码，间接地影响其关联的 TPM 对象集合的安全性。

本节示例定义并实现名称为 ChangeAuthOnce 的方法，在其中首先修改 NV Index 的密码，然后使用新密码对 NV Index 进行授权，最后分别使用 RSA Key 对象与 AES Key 对象签名、加密一段数据，验证利用 NV Index 自身的授权访问其他 Key 对象的能力。

使用 RSA Key 对象或 AES Key 对象之前，需要创建 Session 对象并使用 PolicySecret 摘要填充授权区域。但是，无须为 RSA Key 对象或 AES Key 对象单独进行 Password 授权 (RSA Key 对象与 AES Key 对象自身也未设置密码)，因为 PolicySecret 仅要求用户证明其具有访问 NV Index 的权限，所以只需调用 nvHandle. SetAuth 方法对 NV Index 进行 Password 授权即可。

使用 C++统一修改密码的过程见代码 19-5。

代码 19-5 使用 C++统一修改密码

```
void ChangeAuthOnce(
    Tpm2 tpm, ByteVec& useAuth, ByteVec& data, vector < TPM_HANDLE > & handles)
{
    TPM_HANDLE nvHandle = TPM_HANDLE::NV(5006);
```

```
    // 定义新的密码
    const char * cpwd = "newpassword";
    ByteVec newAuth(cpwd, cpwd + strlen(cpwd));
    // 定义用于修改密码的 Policy
    PolicyCommandCode policyCmd(TPM_CC::NV_ChangeAuth);
    PolicyAuthValue policyAuthValue;
    PolicyTree p(policyCmd, policyAuthValue);
    // 设置 NV Index 的名称
    NV_ReadPublicResponse nvPub = tpm.NV_ReadPublic(nvHandle);
    nvHandle.SetName(nvPub.nvName);
    // 使用旧密码进行授权
    nvHandle.SetAuth(useAuth);
    // 创建用于修改密码的 Session 对象
    AUTH_SESSION sess = tpm.StartAuthSession(TPM_SE::POLICY, hashAlg);
    p.Execute(tpm, sess);
    // 修改 NV Index 的密码
    tpm[sess].NV_ChangeAuth(nvHandle, newAuth);
    // 使用新密码进行授权
    nvHandle.SetAuth(newAuth);
    // 定义用于访问 Key 对象的 Policy
    PolicySecret ps(false, null, null, 0, nvHandle.GetName());
    ps.SetAuthorizingObjectHandle(nvHandle);
    PolicyTree p2(ps);
    // 创建用于访问 Key 对象 Session
    AUTH_SESSION sess2 = tpm.StartAuthSession(TPM_SE::POLICY, hashAlg);
    p2.Execute(tpm, sess2);
    // 读取 RSA Key 对象与 AES Key 对象的 HANDLE
    TPM_HANDLE& rsaHandle = handles[0];
    TPM_HANDLE& aesHandle = handles[1];
    // 签名测试
    HashResponse hash = tpm.Hash(data, hashAlg, TPM_RH_NULL);
    ByteVec digest = hash.outHash;
    auto sign = tpm[sess2].Sign(rsaHandle, digest, TPMS_NULL_SIG_SCHEME(), null);
    p2.Execute(tpm, sess2);
    // 加密测试
    ByteVec iv(16);
    auto encrypted =
        tpm[sess2].EncryptDecrypt(aesHandle, (BYTE)0, TPM_ALG_ID::CFB, iv, data);
    tpm.FlushContext(sess);
    tpm.FlushContext(sess2);
    // 输出原始数据、签名数据、加密数据
    std::cout <<
        "Data: " << data << endl <<
        "Signature: " << sign -> toBytes() << endl <<
        "Encrypted: " << encrypted.outData << endl;
}
```

代码 19-5 的详细解释如下：

(1) 定义 NV Index 的 HANDLE。

(2) 定义名称为 newAuth 的字节数组，存储新的 NV Index 密码。

(3) 定义与代码 19-1 相同的 Policy，存储至 p 变量。

(4) 读取并设置 NV Index 的名称。

(5) 调用 nvHandle. SetAuth 方法，使用初始密码进行授权。

(6) 调用 tpm 实例的 StartAuthSession 方法创建 Session 对象，存储至 sess 变量。

(7) 调用 p. Execute 方法计算 Policy 摘要，填充 sess 对象用于修改密码过程。

(8) 调用 tpm 实例的 NV_ChangeAuth 方法修改 NV Index 的密码，第 1 个参数为指向 NV Index 的 HANDLE；第 2 个参数为 newAuth 数组，即新密码。注意，通过语法 tpm[sess]关联了 tpm 实例与 sess 对象。

(9) 调用 nvHandle. SetAuth 方法，使用 newAuth 数组(新密码)重新进行授权。

(10) 定义与代码 19-3 相同的 Policy，存储至 p2 变量。

(11) 调用 tpm 实例的 StartAuthSession 方法创建新的 Session 对象，存储至 sess2 变量。

(12) 调用 p2. Execute 方法计算 Policy 摘要，填充 sess2 对象用于签名与加密过程。

(13) 从 vector 数组中读取 RSA Key 对象与 AES Key 对象的 HANDLE，分别存储至 rsaHandle 变量与 aesHandle 变量。

(14) 使用 rsaHandle 与 sess2 对象签名 data 数组。

(15) 使用 aesHandle 与 sess2 对象加密 data 数组。

(16) 调用 tpm 实例的 FlushContext 方法清理 Session 对象。

(17) 分别输出原始数据、签名数据、加密数据。

使用 C# 统一修改密码的过程见代码 19-6。

代码 19-6 使用 C# 统一修改密码

```
private static void ChangeAuthOnce(
    Tpm2 tpm, byte[] useAuth, byte[] data, TpmHandle[] handles)
{
    TpmHandle nvHandle = TpmHandle.NV(5006);

    // 定义新的密码
    string pwd = "newpassword";
    byte[] newAuth = Encoding.ASCII.GetBytes(pwd);
    // 定义用于修改密码的 Policy
    PolicyTree p = new PolicyTree(hashAlg);
    p.Create(new PolicyAce[]
    {
        new TpmPolicyAuthValue(),
        new TpmPolicyCommand(TpmCc.NvChangeAuth),
    });
    // 设置 NV Index 的名称
    byte[] name;
    tpm.NvReadPublic(nvHandle, out name);
    nvHandle.SetName(name);
    // 使用旧密码进行授权
    nvHandle.SetAuth(useAuth);
    // 创建用于修改密码的 Session 对象
    AuthSession sess = tpm.StartAuthSessionEx(TpmSe.Policy, hashAlg);
    sess.RunPolicy(tpm, p);
    // 修改 NV Index 的密码
    tpm[sess].NvChangeAuth(nvHandle, newAuth);
    // 使用新密码进行授权
```

```
        nvHandle.SetAuth(newAuth);
        // 定义用于访问 Key 对象的 Policy
        TpmPolicySecret ps = new TpmPolicySecret(nvHandle, false, 0, null, null);
        PolicyTree p2 = new PolicyTree(hashAlg);
        p2.Create(new PolicyAce[]
        {
            ps
        });
        // 创建用于访问 Key 对象 Session
        AuthSession sess2 = tpm.StartAuthSessionEx(TpmSe.Policy, hashAlg);
        sess2.RunPolicy(tpm, p2);
        // 读取 RSA Key 对象与 AES Key 对象的 HANDLE
        TpmHandle rsaHandle = handles[0];
        TpmHandle aesHandle = handles[1];
        // 签名测试
        TkHashcheck ticket;
        byte[] digest = tpm.Hash(data, TpmAlgId.Sha1, TpmRh.Null, out ticket);
        var sign = tpm[sess2].Sign(
            rsaHandle, digest, null, TpmHashCheck.Null()) as SignatureRsassa;
        sess2.RunPolicy(tpm, p2);
        // 加密测试
        byte[] iv = new byte[16];
        byte[] ivOut;
        byte[] encrypted =
            tpm[sess2].EncryptDecrypt(aesHandle, 0, TpmAlgId.Cfb, iv, data, out ivOut);
        tpm.FlushContext(sess);
        tpm.FlushContext(sess2);
        // 输出原始数据、签名数据、加密数据
        string dataHex = BitConverter.ToString(data).Replace("-", "").ToLower();
        string signHex = BitConverter.ToString(sign.sig).Replace("-", "").ToLower();
        string encryptedHex = BitConverter.ToString(encrypted)
                                        .Replace("-", "").ToLower();
        Console.WriteLine("Data: " + dataHex);
        Console.WriteLine("Signature: " + signHex);
        Console.WriteLine("Encrypted: " + encryptedHex);
    }
```

代码 19-6 的详细解释如下：

(1) 定义 NV Index 的 HANDLE。

(2) 定义名称为 newAuth 的字节数组，存储新的 NV Index 密码。

(3) 定义与代码 19-2 相同的 Policy，存储至 p 变量。

(4) 读取并设置 NV Index 的名称。

(5) 调用 nvHandle.SetAuth 方法，使用初始密码进行授权。

(6) 调用 tpm 实例的 StartAuthSessionEx 方法创建 Session 对象，存储至 sess 变量。

(7) 调用 sess.RunPolicy 方法计算 p 对象的 Policy 摘要，用于修改密码过程。

(8) 调用 tpm 实例的 NvChangeAuth 方法修改 NV Index 的密码，第 1 个参数为指向 NV Index 的 HANDLE；第 2 个参数为 newAuth 数组，即新密码。注意，通过语法 tpm[sess]关联了 tpm 实例与 sess 对象。

(9) 调用 nvHandle.SetAuth 方法，使用 newAuth 数组(新密码)重新进行授权。

(10) 定义与代码 19-4 相同的 Policy,存储至 p2 变量。

(11) 调用 tpm 实例的 StartAuthSessionEx 方法创建新的 Session 对象,存储至 sess2 变量。

(12) 调用 sess2. RunPolicy 方法计算 p2 对象的 Policy 摘要,用于签名与加密过程。

(13) 从 TpmHandle 数组中读取 RSA Key 对象与 AES Key 对象的 HANDLE,分别存储至 rsaHandle 变量与 aesHandle 变量。

(14) 使用 rsaHandle 与 sess2 对象签名 data 数组。

(15) 使用 aesHandle 与 sess2 对象加密 data 数组。

(16) 调用 tpm 实例的 FlushContext 方法清理 Session 对象。

(17) 分别输出原始数据、签名数据、加密数据。

19.2.4 集成测试

集成测试是将 19.2.1 节～19.2.3 节示例定义的各个方法串联起来,即依次调用 StoreEmptyData、CreateSomeKeyes 以及 ChangeAuthOnce 方法。需要注意的是,无论是进行签名或加密,自始至终都无须为 RSA Key 对象或 AES Key 对象提供密码,它们的授权都依赖 NV Index 的密码。

使用 C++集成测试 PolicySecret 的过程见代码 19-7。

代码 19-7 使用 C++集成测试 PolicySecret

```
#include <iostream>
#include "Tpm2.h"
using namespace TpmCpp;
#define null { }

TPM_ALG_ID hashAlg = TPM_ALG_ID::SHA1;
TPMT_SYM_DEF_OBJECT Aes128Cfb(TPM_ALG_ID::AES, 128, TPM_ALG_ID::CFB);

int main()
{
    // 连接 TPM,略

    // 定义存储分层密码
    const char * ownerpwd = "E(H+MbQe";
    ByteVec ownerAuth(ownerpwd, ownerpwd + strlen(ownerpwd));
    // 定义 NV Index 初始密码
    const char * cpwd = "password";
    ByteVec useAuth(cpwd, cpwd + strlen(cpwd));
    // 定义明文数据
    const char * cstr = "Doge barking at the moon";
    ByteVec data(cstr, cstr + strlen(cstr));
    // 在访问存储分层之前,需要进行 Password 授权
    tpm._AdminOwner.SetAuth(ownerAuth);

    StoreEmptyData(tpm, useAuth);
    vector<TPM_HANDLE> handles = CreateSomeKeyes(tpm, useAuth);
    ChangeAuthOnce(tpm, useAuth, data, handles);
}
```

程序运行结果如图 19-1 所示，可以看到依次输出了原始数据(Data)、签名数据(Signature)以及加密数据(Encrypted)。

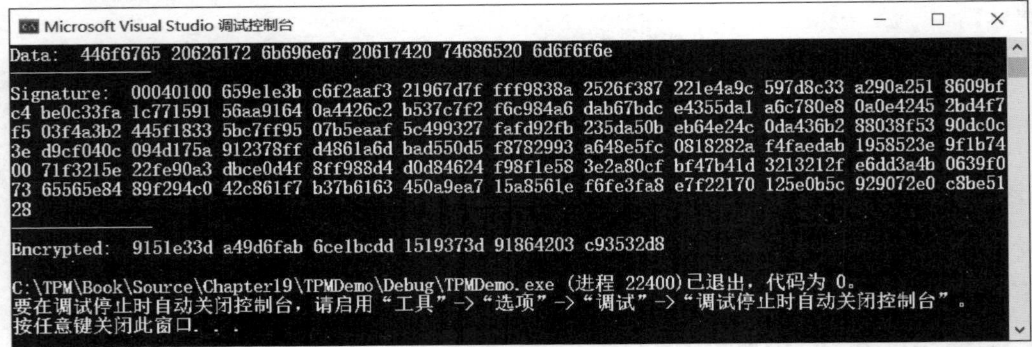

图 19-1 使用 C++集成测试 PolicySecret

使用 C#集成测试 PolicySecret 的过程见代码 19-8。

代码 19-8 使用 C#集成测试 PolicySecret

```
using System;
using System.Text;
using Tpm2Lib;
namespace TPMDemoNET
{
    class Program
    {
        private static TpmAlgId hashAlg = TpmAlgId.Sha1;
        private static SymDefObject Aes128Cfb =
            new SymDefObject(TpmAlgId.Aes, 128, TpmAlgId.Cfb);

        static void Main(string[] args)
        {
            // 连接 TPM,略

            // 定义存储分层密码
            string ownerpwd = "E(H+MbQe";
            byte[] ownerAuth = Encoding.ASCII.GetBytes(ownerpwd);
            // 定义 NV Index 初始密码
            string cpwd = "password";
            byte[] useAuth = Encoding.ASCII.GetBytes(cpwd);
            // 定义明文数据
            string cstr = "Doge barking at the moon";
            byte[] data = Encoding.ASCII.GetBytes(cstr);
            // 在访问存储分层之前,需要进行 Password 授权
            tpm.OwnerAuth.AuthVal = ownerAuth;

            StoreEmptyData(tpm, useAuth);
            TpmHandle[] handles = CreateSomeKeyes(tpm, useAuth);
            ChangeAuthOnce(tpm, useAuth, data, handles);
        }
    }
}
```

程序运行结果如图 19-2 所示，可以看到依次输出了原始数据（Data）、签名数据（Signature）以及加密数据（Encrypted）。

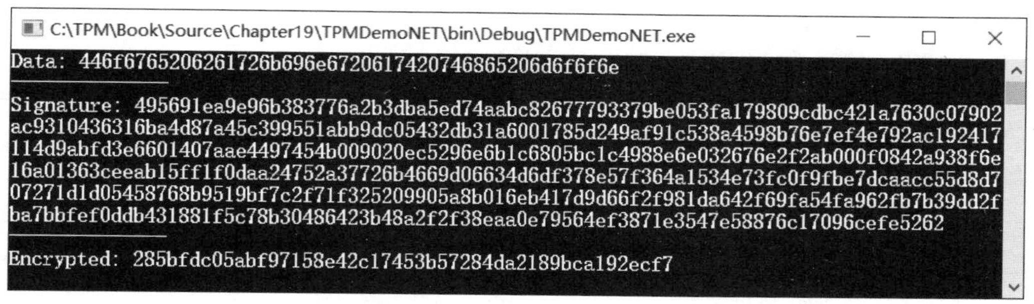

图 19-2 使用 C# 集成测试 PolicySecret

19.3 PolicyNV 授权

PolicyNV 与 PolicySecret 类似，也能实现授权转移，不同之处在于 PolicySecret 只能支持单一的 Password 授权方式，而 PolicyNV 支持更灵活的逻辑关系运算，它基于 NV Index 存储的数据进行授权。

例如，PolicyNV 支持这样的业务场景：当 NV Index 存储的数据等于 123 时，允许访问某些 Key 对象；当 NV Index 存储的数据发生改变，并且不等于 123 时，则禁止访问这些 Key 对象。

Policy NV 将 1 个或 1 组 TPM 对象的授权过程转移至某个中立的 NV Index 所存储的数据。通过对单个 NV Index 存储的数据进行逻辑运算，即可访问与之关联的 TPM 对象集合。逻辑运算条件包括等于、不等于、大于、小于。

19.4 PolicyNV 示例

本节示例演示 PolicyNV 的使用方式。首先定义 NV Index，它将作为承载授权转移行为的工具。当其存储的数据等于特定字符串时，允许用户直接访问其他 TPM 对象（如 Key 对象）。

然后，创建 PolicyNV 类型的表达式对象，指定 NV Index 并以“相等”（Equal）作为逻辑运算条件，表示绑定 PolicyNV 摘要的 TPM 对象的授权过程将被转移至 NV Index 自身存储的数据。创建签名类型的 Key 对象并绑定 PolicyNV 摘要。

最后，对 NV Index 进行 Password 授权，在 NV Index 存储的数据未发生改变的情况下，应当能够直接使用 Key 对象进行签名，而无须为 Key 对象单独进行 Password 授权（Key 对象自身也未设置密码）。

19.4.1 创建持有数据的 NV Index

首先创建 NV Index 并在其中存储一段数据。与 PolicySecret 不同的是，应当特别关注 NV Index 存储的数据，因为在计算 PolicyNV 摘要时，TPM 会判断 NV Index 实际存储的数据是否与 PolicyNV 表达式对象绑定的数据相同，也就是说 NV Index 存储的数据不能发生改变。如果数据一致，则授权成功；如果数据不一致，则授权失败。

使用 C++创建持有数据的 NV Index 的过程见代码 19-9。

代码 19-9 使用 C++创建持有数据的 NV Index

```
void StoreDataForNVPolicy(Tpm2 tpm, ByteVec& useAuth, ByteVec& data)
{
    TPM_HANDLE nvHandle = TPM_HANDLE::NV(5007);

    // 如果 NV Index 已存在则将其删除
    tpm._AllowErrors().NV_UndefineSpace(TPM_RH::OWNER, nvHandle);
    // 定义 NV Index 模板
    TPMS_NV_PUBLIC temp(nvHandle,
        hashAlg,
        TPMA_NV::AUTHREAD | TPMA_NV::AUTHWRITE,
        null,
        32);
    // 创建 NV Index
    tpm.NV_DefineSpace(TPM_RH::OWNER, useAuth, temp);
    // 进行 Password 授权
    nvHandle.SetAuth(useAuth);
    // 写入一些数据
    tpm.NV_Write(nvHandle, nvHandle, data, 0);
}
```

代码 19-9 的详细解释如下：

(1) 定义 NV Index 的 HANDLE。

(2) 定义 TPMS_NV_PUBLIC 模板，第 3 个参数设置为 TPMA_NV::AUTHREAD | TPMA_NV::AUTHWRITE，表示读写操作均需要 Password 授权；第 4 个参数指定 null，表示不使用 Policy 授权；第 5 个参数指定数据长度。

(3) 调用 tpm 实例的 NV_DefineSpace 方法分配内存空间。

(4) 调用 nvHandle.SetAuth 方法，进行 Password 授权。

(5) 调用 tpm 实例的 NV_Write 方法写入 data 数组。

使用 C#创建持有数据的 NV Index 的过程见代码 19-10。

代码 19-10 使用 C#创建持有数据的 NV Index

```
private static void StoreDataForNVPolicy(Tpm2 tpm, byte[] useAuth, byte[] data)
{
    TpmHandle nvHandle = TpmHandle.NV(5007);

    // 如果 NV Index 已存在则将其删除
    tpm._AllowErrors().NvUndefineSpace(TpmRh.Owner, nvHandle);
    // 定义 NV Index 模板
    var temp = new NvPublic(nvHandle,
        hashAlg,
        NvAttr.Authread | NvAttr.Authwrite,
        null,
        32);
```

```
    // 创建 NV Index
    tpm.NvDefineSpace(TpmRh.Owner, useAuth, temp);
    // 进行 Password 授权
    nvHandle.SetAuth(useAuth);
    // 写入一些数据
    tpm.NvWrite(nvHandle, nvHandle, data, 0);
}
```

代码 19-10 的详细解释如下：

(1) 定义 NV Index 的 HANDLE。

(2) 定义 NvPublic 模板，第 3 个参数设置为 NvAttr.Policyread | NvAttr.Policywrite，表示读写操作均需要 Password 授权；第 4 个参数指定 null，表示不使用 Policy 授权；第 5 个参数指定数据长度。

(3) 调用 tpm 实例的 NvDefineSpace 方法分配内存空间。

(4) 调用 nvHandle.SetAuth 方法，进行 Password 授权。

(5) 调用 tpm 实例的 NvWrite 方法写入 data 数组。

19.4.2 创建签名类型的 Key

创建签名类型的 Key 对象，并通过 PolicyNV 表达式对象绑定 19.4.1 节定义的 NV Index 实现授权转移。具体过程为：首先定义名称为 CreateKeyWithNVPolicy 的方法，在其中创建 PolicyNV 类型的表达式对象，绑定 19.4.1 节定义的 NV Index，表示期望 NV Index 存储的数据等于特定的值。然后创建 Key 对象，绑定 PolicyNV 摘要。如此一来，就成功地将 Key 对象的授权过程转移至 NV Index 持有的数据，无须再为 Key 对象设置密码。

CreateKeyWithNVPolicy 方法返回 Key 对象的 HANDLE。

使用 C++创建签名类型的 Key 对象的过程见代码 19-11。

代码 19-11 使用 C++创建签名类型的 Key 对象

```
TPM_HANDLE CreateKeyWithNVPolicy(Tpm2 tpm, ByteVec& useAuth, ByteVec& data)
{
    TPM_HANDLE nvHandle = TPM_HANDLE::NV(5007);

    // 读取 NV Index 的公共部分
    NV_ReadPublicResponse nvPub = tpm.NV_ReadPublic(nvHandle);
    // 定义 Policy
    PolicyNV pn(data, nvPub.nvName, 0, TPM_EO::EQ);
    PolicyTree p(pn);
    // 计算 Policy 摘要
    TPM_HASH policyDigest = p.GetPolicyDigest(hashAlg);
    // 定义 Key 模板
    TPMT_PUBLIC temp(hashAlg,
        TPMA_OBJECT::sign | TPMA_OBJECT::sensitiveDataOrigin,
        policyDigest,
        TPMS_RSA_PARMS(null, TPMS_SCHEME_RSASSA(hashAlg), 2048, 65537),
        TPM2B_PUBLIC_KEY_RSA());
    // 创建 Key 对象
    CreatePrimaryResponse resp =
```

```
        tpm.CreatePrimary(TPM_RH::OWNER, null, temp, null, null);
    return resp.handle;
}
```

代码 19-11 的详细解释如下：

(1) 定义 NV Index 的 HANDLE。

(2) 调用 tpm 实例的 NV_ReadPublic 方法读取 NV Index 的公共区域，命令响应结果存储至 nvPub 变量。

(3) 定义 PolicyNV 类型的表达式对象，其构造函数的第 1 个参数为 data 数组，即 NV Index 存储的数据；第 2 个参数为 nvPub.nvName 属性，表示 NV Index 的名称；第 3 个参数指定 0；第 4 个参数为 TPM_EO::EQ，表示逻辑关系为相等(Equal)。此 Policy 可以理解为：名称为 nvPub.nvName 的 NV Index 存储的数据必须等于 data 数组。

(4) 创建 PolicyTree 对象，将 PolicyNV 表达式对象作为其参数。

(5) 调用 GetPolicyDigest 方法计算 Policy 摘要。

(6) 定义签名类型的 TPMT_PUBLIC 模板，绑定 Policy 摘要。

(7) 调用 tpm 实例的 CreatePrimary 方法创建 Key 对象。

(8) 返回 Key 对象的 HANDLE。

使用 C# 创建签名类型的 Key 对象的过程见代码 19-12。

代码 19-12　使用 C# 创建签名类型的 Key 对象

```
private static TpmHandle CreateKeyWithNVPolicy(
    Tpm2 tpm, byte[] useAuth, byte[] data)
{
    TpmHandle nvHandle = TpmHandle.NV(5007);

    // 读取 NV Index 的名称
    byte[] name;
    tpm.NvReadPublic(nvHandle, out name);
    // 定义 Policy
    TpmPolicyNV pn = new TpmPolicyNV(name, data, 0, Eo.Eq);
    PolicyTree p = new PolicyTree(hashAlg);
    p.Create(new PolicyAce[]
    {
        pn
    });
    // 计算 Policy 摘要
    TpmHash policyDigest = p.GetPolicyDigest();
    // 定义 Key 模板
    var temp = new TpmPublic(hashAlg,
        ObjectAttr.Sign | ObjectAttr.SensitiveDataOrigin,
        policyDigest,
        new RsaParms(new SymDefObject(), new SchemeRsassa(hashAlg), 2048, 65537),
        new Tpm2bPublicKeyRsa());
    SensitiveCreate sensCreate = new SensitiveCreate(null, null);
    // 创建 Key 对象
    TpmPublic keyPublic;
    CreationData creationData;
```

```
    TkCreation creationTicket;
    byte[] creationHash;
    TpmHandle handle = tpm.CreatePrimary(TpmRh.Owner, sensCreate, temp, null, null,
                                         out keyPublic, out creationData,
                                         out creationHash, out creationTicket);
    return handle;
}
```

代码 19-12 的详细解释如下：

(1) 定义 NV Index 的 HANDLE。

(2) 调用 tpm 实例的 NvReadPublic 方法读取 NV Index 自动生成的名称，存储至 name 变量。

(3) 定义 PolicyNV 类型的表达式对象，其构造函数的第 1 个参数为 name 变量，表示 NV Index 的名称；第 2 个参数为 data 数组，即 NV Index 存储的数据；第 3 个参数指定 0；第 4 个参数为 Eo. Eq，表示逻辑关系为相等(Equal)。此 Policy 可以理解为：名称为 name 的 NV Index 存储的数据必须等于 data 数组。

(4) 创建 PolicyTree 对象。

(5) 调用 PolicyTree 对象的 Create 方法，传入 PolicyAce 数组，其中仅包含 PolicyNV 表达式对象。

(6) 调用 GetPolicyDigest 方法计算 Policy 摘要。

(7) 定义签名类型的 TpmPublic 模板，绑定 Policy 摘要。

(8) 调用 tpm 实例的 CreatePrimary 方法创建 Key 对象。

(9) 返回 Key 对象的 HANDLE。

19.4.3 以授权转移方式签名

定义并实现名称为 TestKeyWithNVPolicy 的方法，在其中首先对 NV Index 进行 Password 授权，然后使用 Key 对象签名一段数据，验证利用 NV Index 自身的授权访问其他 Key 对象的能力。

使用 Key 对象之前，需要创建 Session 对象并使用 PolicyNV 摘要填充授权区域。然而，无须为 Key 对象单独进行 Password 授权(Key 对象自身也未设置密码)，因为 PolicyNV 要求用户仅需证明其具有访问 NV Index 的权限，并且 NV Index 实际存储的数据与 PolicyNV 表达式对象绑定的数据一致即可，所以不仅需要调用 nvHandle. SetAuth 方法对 NV Index 进行 Password 授权，还需要注册回调函数，用于在评估 PolicyNV 摘要时，向 TPM 告知有关 NV Index 的信息。

使用 C++以授权转移方式签名的过程见代码 19-13。

代码 19-13 使用 C++以授权转移方式签名

```
PolicyNVCallbackData nvData;

void TestKeyWithNVPolicy(
    Tpm2 tpm, ByteVec& useAuth, ByteVec& data, TPM_HANDLE& handle)
{
```

```
    TPM_HANDLE nvHandle = TPM_HANDLE::NV(5007);

    // 设置 NV Index 的名称
    NV_ReadPublicResponse nvPub = tpm.NV_ReadPublic(nvHandle);
    nvHandle.SetName(nvPub.nvName);
    // 定义 Policy
    PolicyNV pn(data, nvHandle.GetName(), 0, TPM_EO::EQ);
    PolicyTree p(pn);
    // 进行 Password 授权
    nvHandle.SetAuth(useAuth);
    // 注册回调函数
    nvData.AuthHandle = nvHandle;
    nvData.NvIndex = nvHandle;
    p.SetPolicyNvCallback(&MyPolicyNVCallback);
    // 创建 Session 对象
    AUTH_SESSION sess = tpm.StartAuthSession(TPM_SE::POLICY, hashAlg);
    p.Execute(tpm, sess);
    // 计算字符串摘要
    TPM_HASH hash = TPM_HASH::FromHashOfString(hashAlg, "abc");
    ByteVec digest = hash.digest;
    // 签名摘要
    auto sign = tpm[sess].Sign(handle, digest, TPMS_NULL_SIG_SCHEME(), null);
    // 输出签名数据
    std::cout << "Signature: " << sign->toBytes() << endl;
    // 尝试修改 NV Index 存储的数据
    const char * cstr = "Now we've changed the data";
    ByteVec dataNew(cstr, cstr + strlen(cstr));
    tpm.NV_Write(nvHandle, nvHandle, dataNew, 0);
    // 计算摘要时将引发异常
    try {
        p.Execute(tpm, sess);
    }
    catch (exception) {
        std::cout << "Policy Failed" << endl;
    }
    tpm.FlushContext(sess);
}

PolicyNVCallbackData MyPolicyNVCallback(const string& _tag)
{
    return nvData;
}
```

代码 19-13 的详细解释如下：

(1) 声明 PolicyNVCallbackData 类型的全局变量 nvData，用于向回调函数传递有关 NV Index 的信息。

(2) 定义名称为 TestKeyWithNVPolicy 的方法。

(3) 在 TestKeyWithNVPolicy 方法中定义 NV Index 的 HANDLE。

(4) 读取并设置 NV Index 的名称。

(5) 定义与代码 19-11 相同的 Policy。

(6) 调用 nvHandle.SetAuth 方法,进行 Password 授权。

(7) 将 nvData 对象的 AuthHandle 与 NvIndex 属性设置为 NV Index 的 HANDLE,然后调用 PolicyTree 对象的 SetPolicyNvCallback 方法注册名称为 MyPolicyNVCallback 的回调函数。

(8) 调用 tpm 实例的 StartAuthSession 方法创建 Session 对象。

(9) 调用 PolicyTree 对象的 Execute 方法计算 Policy 摘要。

(10) 使用 Key 对象签名字符串的摘要。

(11) 定义名称为 dataNew 的字节数组,存储新字符串的字节数据。

(12) 调用 tpm 实例的 NV_Write 方法写入 dataNew 数组。

(13) 再次尝试计算 Policy 摘要,将语句放入 try…catch 语句块中。由于步骤(12)改变了 NV Index 的数据,因此当计算 PolicyNV 摘要时,TPM 发现其绑定的数据与 NV Index 实际存储的数据不一致,此步骤将抛出异常。

(14) 调用 tpm 实例的 FlushContext 方法清理 Session 对象。

(15) 定义名称为 MyPolicyNVCallback 的回调函数。

(16) 在 MyPolicyNVCallback 函数中返回 nvData 对象,其包含 NV Index 的 HANDLE。

使用 C# 以授权转移方式签名的过程见代码 19-14。

代码 19-14　使用 C# 以授权转移方式签名

```
private static void TestKeyWithNVPolicy(
    Tpm2 tpm, byte[] useAuth, byte[] data, TpmHandle handle)
{
    TpmHandle nvHandle = TpmHandle.NV(5007);

    // 设置 NV Index 的名称
    byte[] name;
    tpm.NvReadPublic(nvHandle, out name);
    nvHandle.SetName(name);
    // 定义 Policy
    TpmPolicyNV pn = new TpmPolicyNV(name, data, 0, Eo.Eq);
    PolicyTree p = new PolicyTree(hashAlg);
    p.Create(new PolicyAce[]
    {
        pn
    });
    // 进行 Password 授权
    nvHandle.SetAuth(useAuth);
    // 注册回调函数
    p.SetNvCallback((PolicyTree policyTree,
                    TpmPolicyNV ace,
                    out SessionBase authorizingSession,
                    out TpmHandle authorizedEntityHandle,
                    out TpmHandle nvHandleIs) =>
    {
        authorizedEntityHandle = nvHandle;
        nvHandleIs = nvHandle;
        authorizingSession = nvHandle.Auth;
    });
    // 创建 Session 对象
    AuthSession sess = tpm.StartAuthSessionEx(TpmSe.Policy, hashAlg);
```

```
        sess.RunPolicy(tpm, p);
        // 计算字符串摘要
        TpmHash hash = TpmHash.FromData(hashAlg, Encoding.ASCII.GetBytes("abc"));
        byte[] digest = hash.digest;
        // 签名摘要
        var sign = tpm[sess].Sign(
            handle, digest, null, TpmHashCheck.Null()) as SignatureRsassa;
        // 输出签名数据
        string signHex = BitConverter.ToString(sign.sig).Replace("-", "").ToLower();
        Console.WriteLine("Signature: " + signHex);
        // 尝试修改 NV Index 存储的数据
        string cstr = "Now we've changed the data";
        byte[] dataNew = Encoding.ASCII.GetBytes(cstr);
        tpm.NvWrite(nvHandle, nvHandle, dataNew, 0);
        // 计算摘要时将引发异常
        try {
            sess.RunPolicy(tpm, p);
        }
        catch (Exception ex) {
            Console.WriteLine("Policy Failed");
        }
        tpm.FlushContext(sess);
    }
```

代码 19-14 的详细解释如下：

（1）定义 NV Index 的 HANDLE。

（2）读取并设置 NV Index 的名称。

（3）定义与代码 19-12 相同的 Policy。

（4）调用 nvHandle.SetAuth 方法，进行 Password 授权。

（5）调用 PolicyTree 对象的 SetNvCallback 方法注册匿名回调函数。在回调函数中，将 authorizedEntityHandle 与 nvHandleIs 参数设置为 NV Index 的 HANDLE；将 authorizingSession 参数设置为 NV Index 的 Auth 属性。

（6）调用 tpm 实例的 StartAuthSessionEx 方法创建 Session 对象。

（7）调用 Session 对象的 RunPolicy 方法计算 Policy 摘要。

（8）使用 Key 对象签名字符串的摘要。

（9）定义名称为 dataNew 的字节数组，存储新字符串的字节数据。

（10）调用 tpm 实例的 NvWrite 方法写入 dataNew 数组。

（11）再次尝试计算 Policy 摘要，将语句放入 try…catch 语句块中。由于步骤（10）改变了 NV Index 的数据，因此当计算 PolicyNV 摘要时，TPM 发现其绑定的数据与 NV Index 实际存储的数据不一致，此步骤将抛出异常。

（12）调用 tpm 实例的 FlushContext 方法清理 Session 对象。

19.4.4 集成测试

将 19.4.1 节～19.4.3 节示例定义的各个方法串联起来，即依次调用 StoreDataForNVPolicy、CreateKeyWithNVPolicy 以及 TestKeyWithNVPolicy 方法。需要注意的是，整个过程没有为 Key 对象提供密码，其授权依赖 NV Index 的密码与存储的数据。

使用 C++集成测试 PolicyNV 的过程见代码 19-15。

代码 19-15 使用 C++集成测试 PolicyNV

```
#include <iostream>
#include "Tpm2.h"
using namespace TpmCpp;
#define null { }

TPM_ALG_ID hashAlg = TPM_ALG_ID::SHA1;

PolicyNVCallbackData nvData;

int main()
{
    // 连接 TPM,略

    // 定义存储分层密码
    const char * ownerpwd = "E(H+MbQe";
    ByteVec ownerAuth(ownerpwd, ownerpwd + strlen(ownerpwd));
    // 定义 NV Index 密码
    const char * cpwd = "password";
    ByteVec useAuth(cpwd, cpwd + strlen(cpwd));
    // 定义明文数据
    const char * cstr = "Doge barking at the moon";
    ByteVec data(cstr, cstr + strlen(cstr));
    // 在访问存储分层之前,需要进行 Password 授权
    tpm._AdminOwner.SetAuth(ownerAuth);

    StoreDataForNVPolicy(tpm, useAuth, data);
    TPM_HANDLE handle = CreateKeyWithNVPolicy(tpm, useAuth, data);
    TestKeyWithNVPolicy(tpm, useAuth, data, handle);
}
```

程序运行结果如图 19-3 所示,可以看到输出了签名数据(Signature)。控制台窗口下方的 Policy Failed 表示在评估 Policy 摘要时引发了异常,因为 NV Index 存储的数据在这之前已经发生了改变。

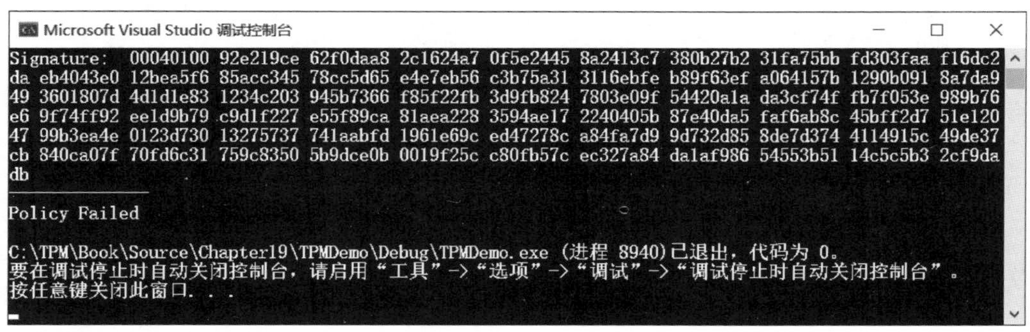

图 19-3 使用 C++集成测试 PolicyNV

使用 C#集成测试 PolicyNV 的过程见代码 19-16。

代码 19-16 使用 C# 集成测试 PolicyNV

```
using System;
using System.Text;
using Tpm2Lib;
namespace TPMDemoNET
{
    class Program
    {
        private static TpmAlgId hashAlg = TpmAlgId.Sha1;

        static void Main(string[] args)
        {
            // 连接 TPM,略

            // 定义存储分层密码
            string ownerpwd = "E(H+MbQe";
            byte[] ownerAuth = Encoding.ASCII.GetBytes(ownerpwd);
            // 定义 NV Index 密码
            string cpwd = "password";
            byte[] useAuth = Encoding.ASCII.GetBytes(cpwd);
            // 定义明文数据
            string cstr = "Doge barking at the moon";
            byte[] data = Encoding.ASCII.GetBytes(cstr);
            // 在访问存储分层之前,需要进行 Password 授权
            tpm.OwnerAuth.AuthVal = ownerAuth;

            StoreDataForNVPolicy(tpm, useAuth, data);
            TpmHandle handle = CreateKeyWithNVPolicy(tpm, useAuth, data);
            TestKeyWithNVPolicy(tpm, useAuth, data, handle);
        }
    }
}
```

程序运行结果如图 19-4 所示，可以看到输出了签名数据(Signature)。控制台窗口下方的 Policy Failed 表示在评估 Policy 摘要时引发了异常，因为 NV Index 存储的数据在这之前已经发生了改变。

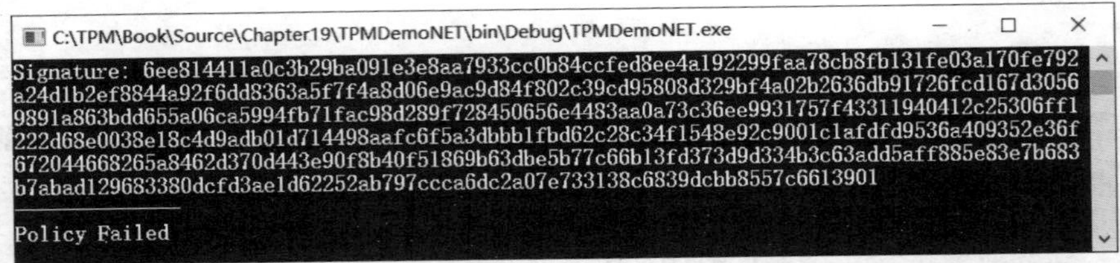

图 19-4 使用 C# PolicyNV 集成测试

19.5 本章小结

NV Index 不仅能够存储用户数据，还能为其他 TPM 对象提供授权能力。本章通过示例演示了基于 NV Index 实现授权转移的两种方式。

第 1 种授权转移方式是 PolicySecret，它将 TPM 对象的授权过程转移至 NV Index 的

密码，用户只需对 NV Index 进行 Password 授权，就能访问绑定了 PolicySecret 摘要的 TPM 对象集合。

第 2 种授权转移方式是 PolicyNV，它将 TPM 对象的授权过程转移至 NV Index 存储的数据，即只需确保 NV Index 实际存储的数据与 PolicyNV 表达式对象绑定的数据一致，就能访问绑定了 PolicyNV 摘要的 TPM 对象集合。